Michael Hübler

**NEW WORK:
MENSCHLICH – DEMOKRATISCH – AGIL**

Michael Hübler

NEW WORK: MENSCHLICH DEMOKRATISCH AGIL

Wie Sie Teams und Organisationen erfolgreich in eine digitale Zukunft führen

Bibliografische Information der Deutschen Nationalbibliothek
Die Deutsche Nationalbibliothek verzeichnet diese Publikation
in der Deutschen Nationalbibliografie; detaillierte bibliografische
Daten sind im Internet über *http://dnb.dnb.de* abrufbar.

metro**politan** – ein Imprint des Walhalla Fachverlags

1. Auflage 2018
© Walhalla u. Praetoria Verlag GmbH & Co. KG, Regensburg
Alle Rechte, insbesondere das Recht der Vervielfältigung und Verbreitung
sowie der Übersetzung, vorbehalten. Kein Teil des Werkes darf in
irgendeiner Form (durch Fotokopie, Datenübertragung oder ein anderes
Verfahren) ohne schriftliche Genehmigung des Verlages reproduziert oder
unter Verwendung elektronischer Systeme gespeichert, verarbeitet,
vervielfältigt oder verbreitet werden.
Produktion: Walhalla Fachverlag, 93042 Regensburg
Umschlaggestaltung: init Kommunikationsdesign, Bad Oeynhausen
Printed in Germany
ISBN 978-3-96186-016-6

DANK

Ich danke von ganzem Herzen meiner fehlerfindefreudigen Frau, meiner familieninternen Qualitätskontrolle, die mein sonniges Gemüt dazu zwingt, genauer hinzusehen und meine Konzepte solange zu überarbeiten, bis sie Hand und Fuß haben.

Inhalt

Einleitende Worte		13
1	**Agilität und Digitalisierung geht uns alle an**	**17**
1.1	**Agilität zu Urzeiten**	19
1.2	**Zurück in der Jetztzeit**	22
1.3	**Was bedeutet Agilität?**	27
1.3.1	Agiles Denken bedeutet nicht, planlos zu sein	27
1.3.2	Grenzen der Agilität	29
1.3.3	Quo vadis, Personalabteilung?	34
1.4	**Digitalisierung als Antreiber**	35
1.5	**Zusammenhänge zwischen Digitalisierung und Agilität**	39
1.6	**Wie agil müssen wir werden?**	41
1.6.1	Aktive oder reaktive Agilität	42
1.6.2	Der Einstieg in die agile Organisation	44
1.7	**Menschlichkeit und New Work in agitalen Zeiten**	45
1.7.1	Digitalisierung ist amoralisch	45
1.7.2	Was bedeutet Menschlichkeit?	46
1.7.3	Disruptiv? Evolutionär!	48
1.7.4	Die siebte Stufe der digitalen Entwicklung	49
1.7.5	Agil-demokratische Werte	51
1.7.6	Agil-demokratische Rahmenbedingungen	54
2	**Ein agital-demokratisches Mindset als Rahmenmodell**	**59**
2.1	**Evolutionsstufen von Organisationen**	61
2.1.1	Die Zeit der mächtigen Männer	62
2.1.2	Konsequenzen der Evolutionslogik für agile Organisationen	63
2.1.3	Das Herz der Organisation	65
2.2	**Der agitale Neustart**	65

2.3	**Präsenz in der Gegenwart – Vertrauen in die Zukunft**	**68**
2.3.1	Eine Fraktallogik für den Führungsmittelbau	69
2.3.2	Der Zusammenhang zwischen Apfelsamen und Früchten	69
2.4	**Die fünf Bausteine eines agital-demokratischen Mindsets**	**71**
2.5	**Crashkurs Kulturveränderung**	**74**
2.5.1	Veränderungen am Kulturraster	74
2.5.2	Der Dysfunktionen-Check	76
2.6	**Lenkung der richtigen Hebel**	**78**
2.7	**Der Kunde als strategischer Feedbackgeber**	**81**
2.7.1	Der Kunde denkt kurzfristig und in Preisen	82
2.7.2	Langfristige und kurzfristige Kundeninteressen	83
2.7.3	Agitale Prozesse	84
2.7.2	Prozessentschlackung	86
3	**Führungskräfte im agitalen Spannungsfeld**	**89**
3.1	**Folgen der Digitalisierung für Führungskräfte**	**91**
3.2	**Managen oder Führen?**	**93**
3.3	**Moderne Führungshaltungen**	**95**
3.3.1	Es ist die Haltung, nicht die Methode	95
3.3.2	Hierarchien in agilen Demokratien	97
3.3.3	Haltungen bieten Orientierung	100
3.3.4	Von Orientierungen zum Selbstmanagement	103
3.3.5	Ohne Feedback keine Weiterentwicklung	104
3.3.6	Vertrauen und Kontrolle in digitalen Zeiten	105
3.3.7	Transparente Führung	108
3.3.8	Die Führungskraft als Gastgeber	112
3.4	**Das Konzept des Mikroleaderships**	**117**
3.5	**Leitfragen für Führungskräfte**	**119**
3.6	**Agiles Führen und Demokratie: ein Zwischenfazit**	**121**
4	**Feedback statt starrer Ziele**	**123**
4.1	**Feedback als zentraler Baustein agilen Denkens**	**125**
4.1.1	Die natürlichste Rückmeldung der Welt	126
4.1.2	Die Sinnhaftigkeit seltsamer Ideen	128
4.1.3	Die Macht kleiner Schritte	129
4.1.4	Feedback auf Augenhöhe	130

4.2	Mit Feedback das Selbstmanagement der Mitarbeiter fördern	131
4.2.1	Führen mit Feedback	131
4.2.2	Feedback als Erwartungsabgleich	134
4.2.3	Motivation, Kritik und Feedback	137
4.2.4	Systemisches Feedback in evolutionären Prozessen	139
4.2.5	Feedback als Balance-Akt	142
4.2.6	Feedback als kontextbezogene Rückmeldung	149
4.3	Feedback, Agilität und Demokratie – ein Zwischenfazit	150
5	**Gamification statt Fehlermanagement**	**153**
5.1	Mehr gestalten, weniger planen	155
5.2	Training oder Ernstfall?	157
5.2.1	Training und Probehandeln	160
5.2.2	Spielen bedeutet Wachsen	162
5.2.3	Improtheater: Annehmen statt Blockieren	164
5.3	Spielerische Feedbacksysteme	166
5.4	Der epische Rahmen als Bindungskitt	169
5.5	Design Thinking: Über Personae und Prototypen	170
5.5.1	Grobe Zielorientierung aus Sicht der Nutzer	173
5.5.2	Informationssammlung	174
5.5.3	Muster erkennen	177
5.5.4	Ideenfindungsphase	179
5.5.5	Erstellen von Prototypen	180
5.5.6	Bewertungs- und Testphase	183
5.6	Prototyping mit der Krefa-Methode	185
5.7	Appreciative Inquiry und Storytelling	189
5.8	Gamification, Agilität und Demokratie – ein Zwischenfazit	194
6	**Vernetzung und Wissensaustausch**	**197**
6.1	Connectivity	199
6.2	Komplex oder kompliziert?	200
6.3	Komplexität erfordert wertebasierte Entscheidungen	203
6.3.1	Warum Wahrheit und Logik nicht mehr ausreichen	203
6.3.2	Es geht um Werte, nicht um Fakten!	206
6.3.3	Komplexität erfordert provokante Führungskräfte	207

6.4	Kooperationen als soziale Basis für Agilität	209
6.4.1	Warum wir kooperieren	209
6.4.2	Ist die Tendenz zur Kooperation angeboren?	213
6.4.3	Kooperationsförderer	215
6.4.4	Das perfekte Team	219
6.5	Kooperationen im digitalen Zeitalter	228
6.5.1	Communities of Practice zur digitalen Teambildung	228
6.5.2	Weblogs: Ideal für Diskussionen und Entscheidungen	230
6.5.3	Wikis: Ideal zur Lösungssuche in Prozessentwicklungen	231
6.5.4	Der Nutzen von Wikis und Weblogs	232
6.5.5	Expertennetzwerke als Kooperationsbasen	233
6.6	Kooperationen, Agilität und Demokratie – ein Zwischenfazit	235
7	**Mit demokratischen Strukturen zu mehr Agilität**	**237**
7.1	Die Form bestimmt den Inhalt	239
7.1.1	Die Macht des Kontextes	242
7.1.2	Raum- und Gruppensettings	243
7.1.3	Rollen statt Hierarchien	244
7.2	Mit soziokratischen Strukturen das Selbstmanagement der Mitarbeiter fördern	249
7.2.1	Konsententscheidungen	250
7.2.2	Kreise und Zirkel	251
7.2.3	Wahlen in soziokratischen Organisationen	255
7.2.4	Verantwortungsübernahme im Team	258
7.3	Demokratische Entscheidungen im Team	268
7.3.1	Entscheidungsthemen	268
7.3.2	Entscheidungsplattformen und -tools	271
7.4	Antifragile Strukturen	281
7.5	Fragebogen zur agil-demokratischen Organisationsentwicklung	283
7.6	Demokratische Strukturen und Agilität – letztes Zwischenfazit	285
8	**Die agital-demokratische Transformation**	**287**
8.1	Vom agital-demokratischen Mindset zur Umsetzung	289
8.1.1	Betriebsblindheit	289
8.1.2	Der Drei-Schritte-Plan	290
8.1.3	Vom Konkreten zum großen Ganzen	294

8.2	Der ethische Rahmen	299
8.3	**Umsetzung der Erkenntnisse im Rahmen eines agitalen Transformations-Workshops**	**302**
8.3.1	Veränderung der Organisationskultur	303
8.3.2	Agile Prozesse in einer digitalisierten Welt	307
8.3.3	Agilität aus Kundensicht	309
8.3.4	Auf dem Weg zu einer agitalen Führungskultur	311
8.3.5	Wie Mitarbeiter agital laufen lernen und ihr Selbstmanagement erweitern	313
8.3.6	Vernetzung der Workshop-Ideen	315
8.3.7	Umsetzung der Workshop-Ideen	317
8.3.8	Umgang mit Widerständen	319

Alte Arbeit – neue Arbeit 323
Literatur 325

Einleitende Worte

Agilität ist für mich ein sehr persönliches Thema. Als Schüler bewegte ich mich notentechnisch grundsätzlich zwischen 3 und 4 – wenn es gut lief. Physikalische Formeln oder Englisch-Vokabeln gingen nicht in meinen Kopf. Ein wenig Faulheit spielte sicherlich auch eine Rolle. Doch hauptsächlich lag es daran, dass ich schlicht länger brauchte, um etwas zu begreifen. Im Gegensatz zu meinem älteren Bruder, der sich selbst wissenschaftliche Texte nur einmal durchzulesen brauchte, um sie sowohl zu verstehen, als auch um sie sich zu merken. Soviel zum Thema gerechte Verteilung der Gene.

Jedenfalls ließ ich bei jeder besseren Note als einer 3 im Geiste die Sektkorken knallen. Immerhin schaffte ich mein Abitur mit 3,2 und erwarb mir damit die Chance, etwas zu tun, von dem ich dachte, meine Fähigkeiten besser einbringen zu können. Die ewige Suche nach dem passenden Deckel zu (m)einem Topf. Diplom-Pädagogik beziehungsweise Erziehungswissenschaften in der altehrwürdigen Bamberger Fakultät für Pädagogik, Psychologie und Philosophie als zutiefst geisteswissenschaftliches Fach, war vermutlich die beste Wahl, die ich treffen konnte. Davon abgesehen, dass ich dadurch meine Frau fand (oder sie mich?), erfuhr ich im Studium und später in der Praxis, in welchen Kompetenzen ich gut war: Beziehungsarbeit und Menschen (an)leiten.

Heute leite ich eine Laienschauspielgruppe, eine Impro-Theatergruppe, bin 1. Vorstand eines ehrenamtlichen Vereins, coache, berate und trainiere jedes Jahr Hunderte von Führungskräften im Rahmen von Coachings, Mediationen und Seminaren und verfasse schon wieder ein neues Buch. Und das seit über zehn Jahren. Wie es dazu kam?

Als es vor etwa zwölf Jahren in meinem ersten richtigen Job kriselte und ich mich auf die Suche nach einer neuen Tätigkeit machte, stellte ich mir zwei Fragen:

1. Was kannst du richtig schlecht?
2. Wovor hast du Angst?

Die Antwort lautete: Vor Menschen stehen und Vorträge halten.

EINLEITENDE WORTE

Und in welchem Job geht das am besten? Natürlich als Trainer und Coach, zumindest aus meiner damaligen Sicht.

Damit war mein Weg vorgezeichnet. Warum sollte ich mich auf eine Stelle bewerben, die so ähnlich aussah wie das, was ich gerade hinter mir ließ? Kurzum: Ich hatte Lust, etwas komplett Neues anzugehen. Ich hatte Lust auf eine echte Herausforderung.

Herausforderungen jedoch haben es so an sich, mit Fallen gespickt zu sein. Meine ersten beiden Bücher schrieb ich, um die Erfahrungen aus meinen ersten Trainings- und Coaching-Jahren zusammenzufassen. Leider hatte ich damals keinen Verlag und damit keinen Lektor. Zwar stehe ich nach wie vor hinter den Inhalten meiner alten Bücher über neurobiologische Erkenntnisse und Entscheidungsfindung. Doch sich damals keinen externen Lektor zu gönnen, war ein Fehler, den ich heute nicht mehr machen würde. Aber aus Erfahrungen, vor allem negativen, wird man bekanntlich klug. Trainings von damals, die ich thematisch immer noch bediene, führe ich heute ebenfalls komplett anders durch. All das könnte ich nicht, hätte ich in meinem Leben nicht so viele Fehler gemacht und das Feedback meines Umfelds aufgenommen, verdaut und verarbeitet. So führte jedes kurzfristige Scheitern zu einem langfristigen Erfolg. Jedes Chaos verschaffte mir größere Klarheit. Jede Erfahrung schärfte meine Intuition. Hätte ich damals nicht mit dem Schreiben und Veröffentlichen angefangen, hätte ich heute keinen großartigen Verlag mit einer wunderbaren Lektorin. Wäre ich nicht das Wagnis eingegangen, mit Ende 30 Trainings für Führungskräfte in den 50ern, allwissende Ärzte und hartgesottene Betriebsräte zu geben ... und immer wieder auf mitunter harte Kritik zu stoßen, stünde ich nicht da, wo ich heute stehe. Meine agile Grundeinstellung hat mich dahin gebracht, wo ich heute bin.

Auch bei der Digitalisierung überwiegen für mich die positiven Seiten. Nie war es für einen Trainer leichter, Bücher zu schreiben, an einen Verlag zu kommen, sich mit Kollegen auszutauschen, über XING Auftraggeber zu finden und per Meetup themenspezifische Stammtische zu gründen.

Und dennoch frage ich mich, wie es weitergeht. CCen wir uns bald zu Tode? Implodieren unsere Gehirne, weil wir bereits jetzt in Informationen ertrinken? Stellen wir extra einen Coach an, der uns unseren digitalen Fastenplan persönlich auf den Leib schneidert?

Ist die Agilität der heilige Gral für die Servicewüste Deutschland, wie es aktuell verkauft wird? Oder führt uns die stetige Selbst- und Überoptimierung des agilen Denkens in den gesellschaftlichen Kollaps?

EINLEITENDE WORTE

Und was hast du so?
Ich hab die Reaktionskrankheit.
Was?
Nennt man Adaptivitäts-Syndrom.
Ach das. Das hatte ich letztes Jahr. Drei Monate Analog-Klinik und alles war wieder gut. Das geht schnell wieder vorbei. Die Kasse zahlt ja, seitdem die Krankheit offiziell anerkannt ist.

Damit es nicht so weit kommt, sollten wir der umtriebigen, juvenilen Agilität zwei reife, erwachsene Geschwister mit Namen Demokratie und Ethik zur Seite stellen. Es wäre schade, verkäme Agilität, insbesondere in der digitalen Form, zum Selbstzweck oder würde nach einer grassierenden Burnout-Welle von der Bildfläche verschwinden. Dafür haben die Prinzipien der Agilität zu viel zu bieten.

Dann jedoch heißt es: Freie Fahrt voraus in Richtung demokratischer Agitalisierung.[1] Eine Welt, in der wir eine Menge Spaß haben können, wenn wir unserem typisch deutschen Perfektionismus Zügel anlegen und uns auf das Chaos dort draußen einlassen. Eine Welt der Improvisation und der Prototypen. Eine Welt, in der niemand stört, sondern sich alle an einem Prozess Beteiligten, Kunden, Mitarbeiter und Führungskräfte, auf einen Gruppen-Flow einlassen, um Dienstleistungen und Produkte gemeinsam zu gestalten. Wo es weder Kritik noch Lob gibt, sondern lediglich Rückmeldungen zur Standortergründung und Weiterentwicklung. Eine Welt, in der es nur noch gutartige Hierarchien gibt, in denen Führungskräfte und Mitarbeiter sich gegenseitig mit Ehrlichkeit, Ernsthaftigkeit und Respekt begegnen.

Wir befinden uns bereits mitten in einem riesigen Transformationsprozess. Vor Gott und im Internet sind alle gleich. Die Agilität reißt uns mit wie ein Fluss im Frühjahr nach der Schneeschmelze. Wir können nach wie vor die Augen verschließen und das „Ich bin nicht da"-Spielchen spielen. Eine beliebte Zusatz-App dieses Spiels lautet „Ich habe keine Zeit und bin wahnsinnig gestresst", auch in der Variante „Wir sind total unterbesetzt" immer wieder gerne genommen.

Oder wir gehen das agitale Wagnis ein, fragen uns nicht, was fehlt, sondern was der Hintergrund des Fehlens ist, trauen unseren Mitarbeitern autonome Entscheidungsprozesse zu, virtuell oder face-to-face, geben ihnen in Richtung Agilität ein Paket Stabilität mit auf den Weg, um das Chaos einzudämmen, führen frisch-freche Feedbackkulturen ein, von oben nach unten, von unten nach oben und zur Seite, wenn es um Kunden geht, installieren eine moderne Führungskultur, in der es wich-

---
[1] Eben hatte ich mich gefreut, wie kreativ ich bin, dann allerdings erkannt, dass ich nicht der einzige mit Vernetzungsfantasien bin (vgl. https://blog.ewerk.com/tag/agital/).

tiger ist, im Prozess mit den Mitarbeitern kritische Themen auszudiskutieren, als Ziele vorzugeben und betrachten Fehler endlich als das, was sie sind: Rückmeldungen aus der Umwelt und Richtungsanzeiger zur evolutionären Weiterentwicklung.

Gewinnen könnten wir eine Menge. Mitarbeiter könnten zufriedener sein, von glücklich will ich gar nicht sprechen. Denn was sich Mitarbeiter am meisten wünschen – darin sind sich zahlreiche Umfragen einig –, ist die Möglichkeit autonomer Gestaltung. Vielleicht macht es sie sogar gesünder. Gestaltende und mitbestimmende Mitarbeiter wiederum bescheren ihren Organisationen innovativere Ideen, die im nächsten Schritt die Kunden zufriedener machen. All dies wiederum verfeinert durch Feedbackprozesse das demokratische Grundverständnis, Führungs-, Feedback- und Fehlerkultur.

Der Dreh- und Angelpunkt dieser bescheidenen Utopie ist und bleibt die Agilität:

Die Entwicklung eines agilen Mindsets

```
Soziokratie/Demokratie          Digitalisierung als         Innovationen
                                Treiber und Verstärker
Lern- und entwicklungs-
freudige Fehler-                Agiles Mindset              Zufriedene Kunden
und Feedbackkultur
Kollegial-agile                                             Zufriedene Mitarbeiter
Führungskultur
                                Feedbackschleife
                                Lessons learned

                                Agitale Ethik
```

1
AGILITÄT UND DIGITALISIERUNG GEHT UNS ALLE AN

1.1 Agilität zu Urzeiten

Ein Blick in die Evolution 1:[2]
Die semipermeable Membran

Das Meer weckte schon immer Sehnsüchte in uns. Am Strand stehen. In die Ferne blicken. Damit einhergehend die Frage: Wie mag es wohl auf der anderen Seite des Meeres aussehen?

Vor Millionen von Jahren entstanden die ersten Bausteine unseres Lebens in unseren Ozeanen. Mitten im Getümmel der Weltmeere war es aufgrund der turbulenten Strömungen unmöglich, dass sich verschiedene Stoffe paaren konnten. Doch am Rande vulkanischer Tiefseeschlote, in einem etwas geschützteren Raum, bildeten sich erst Aminosäuren, dann Peptide, dann Proteine und wurden schließlich, einige Paarungen später, zu unserer DNS, unserer Desoxyribonukleinsäure, dem Speicher unseres genetischen Codes. Dieses muntere Treiben setzte sich fort bis zum nächsten großen Krach. Was wir heute als zum Glück sehr seltene Naturkatastrophen wie Tsunamis und Seebeben kennen, war damals an der Tagesordnung. Also musste sich die Evolution etwas einfallen lassen, um nicht ständig von vorne anzufangen. Vielleicht war es dieses uralte Bild, das uns den Mythos von Sisyphos bescherte. Die Evolution jedenfalls kam auf die glorreiche Idee, eine Schutzhülle um die Proteine, die DNS und all die anderen wertvollen Stoffe zu bauen. So konnten Beziehungen aufrechterhalten werden. Die Stoffe bekamen eine Art Heimat und konnten sich im geschützten Rahmen verbinden und weiterentwickeln. Und jetzt kommt der Clou der ganzen Geschichte: Die Zellwände, mit denen wir heute noch leben, bestehen aus einer semipermeablen Membran. Wichtige Nährstoffe lassen sie durch, Giftstoffe blocken sie ab.[3]

---

[2] Wie Sie der arabischen Ziffer entnehmen, wird es nicht die einzige Evolutionsmetapher bleiben. In der Tat ziehen sich metaphorische Bilder durch das gesamte Buch, 15 Stück an der Zahl, um Sie bei Ihrer Mission zu unterstützen, Ihren Mitarbeitern die Vorzüge der Agilität nahezulegen. Sie sind frei, davon reichhaltig Gebrauch zu machen. Sollten Sie weniger auf Evolutionsmetaphern stehen, helfen Ihnen vielleicht die Witze, die ich inhaltsspezifisch zu den jeweiligen Unterthemen ausgesucht habe.

[3] Vgl. Schätzing, S. 44 ff.

AGILITÄT UND DIGITALISIERUNG GEHT UNS ALLE AN

Dieser kurze Einblick in die Evolution beinhaltet alles, was eine agile Organisation ausmacht: Es gibt keinen allmächtigen Gott, keinen CEO und keine allwissenden Führungskräfte, die auf die Idee einer semipermeablen Membran kommen würden. Eine halbdurchlässige Hülle ist schlichtweg Teil unserer Biologie, um unseren inneren Zellen eine sichere Heimstatt zu bieten und gleichzeitig durch Nährstoffe – nennen wir sie Informationen von außen – am Leben zu erhalten und weiterzuentwickeln. Warum also nicht unseren Abteilungen, Teams und einzelnen Mitarbeitern etwas bieten, in dem sie sich sowohl sicher fühlen als auch die Möglichkeit haben, sich kontinuierlich weiterzuentwickeln?

Gleichzeitig bietet diese Metapher alles, was Sie brauchen, um Ihre Mitarbeiter auf dem Weg in Richtung agitaler Organisation mitzunehmen. Das Bild der Zellen vermittelt den Zusammenhalt, ist kreativ und lebendig und verdeutlicht zudem ein langfristiges Durchhaltevermögen. Immerhin ist der Mensch ein Erfolgsmodell, wenn auch ein sehr widersprüchliches. Die Idee dahinter lautet: Wir entwickeln uns so oder so weiter. Wir können uns darauf einlassen oder uns wehren. Es liegt an uns, wie wir mit Umwelteinflüssen umgehen.

Die Welt, in der wir leben, bezeichnen viele als feindselig und disruptiv. Lassen wir das nicht die Kleinzeller der Urzeit hören. Obwohl, vielleicht lagen die Disruptionen von damals gar nicht an den schwarzen Meeresrauchern, sondern am Humor der Proteine, die mit ihrem lauten Lachen ... aber das ist eine andere Geschichte. Überhaupt dieser Begriff. Disruptiv! Was für ein schlechter Treppenwitz. Ein Blick in die Geschichtsbücher würde uns vor einer solchen Bezeichnung bewahren. Der 100-jährige Krieg war disruptiv. Der Erste Weltkrieg. Das Dritte Reich natürlich. Und im London zu der Zeit von Jack the Ripper war es auch nicht gerade gemütlich. Damals hatten die Menschen allerdings keine Zeit, sich Gedanken über solche abstrakten Begriffe zu machen.

Die Beule, die du im Gesicht hast ... sieht nicht gut aus.
Ja, ja die Pest. Wir leben in disruptiven Zeiten.

Wahrscheinlich haben wir immer noch zu viel Zeit. Wahrscheinlich geht es uns immer noch zu gut. Wahrscheinlich haben wir zu wenige lebensbedrohliche Probleme.

Geschichten transportieren Werte

Wollen Sie Ihre Mitarbeiter mit einer Metapher oder einem Bild wie diesem an Ihre Idee heranführen, sollten Sie sich klar machen, welche Werte Sie transportieren wollen.

Was wollen Sie Ihren Mitarbeitern vermitteln? Vielleicht folgende Botschaften:

- Wir müssen zusammenhalten. Lasst uns innovativ unsere eigene Zukunft in die Hand nehmen.
  oder
- Die Zeiten werden härter. Doch den Mutigen gehört die Welt.

Die Digitalisierung schafft Organisationen ab, die sich mit Pseudowerten am Leben halten. Dafür erschafft sie aus dem Nichts Unternehmen, die allein aufgrund einer Idee Erfolg haben. Die Idee lässt sich klauen und kopieren. Ideen und Werte müssen aber auch gelebt werden.

Reflexion: Ihre tragende Idee

- *Wofür steht Ihre Organisation?*
- *Welche Idee hält alles zusammen?*
- *Wird diese Idee Ihre Organisation auch morgen noch durch die Weltmeere tragen?*

1.2 Zurück in der Jetztzeit

Ich komme weder aus der IT, noch aus dem Projektmanagement. Mein Schwerpunkt liegt im Coaching und Training von Führungskräften. Die IT arbeitet seit 20 Jahren mit agilen Projektmanagement-Methoden. Die Produktzyklen, der Anpassungsdruck, die Kundenwünsche sind hier ohnehin viel schneller getaktet. Und doch ist die agile Welt als Führungs- und Organisationsentwicklungsthema, nicht zuletzt über die Digitalisierung, in Ansätzen bereits in der restlichen Arbeitswelt angekommen.

Ein Gespräch mit einem Vorstand im kommunalen Bereich heute Morgen:
„Und woran arbeiten Sie gerade so, Herr Hübler?"
„Agiles Management."
„Aha ... Und was ist das?"
„Der Versuch, weniger zu planen und stattdessen adaptiver mit einer sich schnell wandelnden Welt zurechtzukommen. Dafür brauchen wir Leistungsteams, die sich darauf einlassen, selbstorganisatorischer zu werden und mehr Verantwortung zu übernehmen.
„Ach was. Genau da stecken wir gerade drin. Bei den ganzen Umbrüchen, die wir momentan wegzustecken haben, geht es nicht mehr ohne selbstverantwortliche Teams. Wenn die nicht oftmals so rückwärtsgewandt wären!"

Ich arbeite seit zwölf Jahren als Coach, Mediator und Trainer. Unterhaltungen wie diese häufen sich seit etwa fünf Jahren. Gespräche, die Ihnen vermutlich ebenso bekannt sind.

Auch bei Tätigkeiten, von denen viele Arbeitnehmer bisher dachten, das Leben wäre ein langer, ruhiger Fluss, wird die Notwendigkeit adaptiv-agilen[4] Handelns gnadenlos vorangetrieben.[5] Der technologische Wandel und die Digitalisierung vernetzen nach und nach jeden mobilen und immobilen „Schreibtisch". Kunden sind zunehmend besser informiert und stellen aufgrund dessen höhere Ansprüche an Dienstleistungen und Produkte. Die Globalisierung wirft Unternehmen aus Ländern auf den Markt, die wir lediglich von Bildern mit einem Meer von Gewürzsäcken kannten, die früher allenfalls romantisch von unseren Küchenwän-

---

[4] Agilität hätte im Ursprung Adaptivität heißen und damit die Fähigkeit bezeichnen sollen, sich wechselnden Umständen evolutionär anzupassen. Aber wahrscheinlich war der Begriff der Adaptivität den Gründervätern und -müttern zu wenig sexy. Jetzt haben wir den Salat und stellen uns unter einem agilen Manager einen ewig wuselnden Menschen mit Hummeln im Hintern vor.
[5] Vgl. Häusling, Agile Organisationen, S. 17 ff.

den größten. Auch intern brodelt es in der Teamkantine. Manch einer verzweifelt bei der Bestellung eines bloßen Bleistifts. Ohne Corporate Logo erscheint dieser undenkbar.

Das Lean Management postulierte schon vor vielen Jahren: Ein Prozess, der keinen Wert schöpft, gehört abgeschafft.[6] Die dampfende Kaffeemaschine war damit nicht gemeint. Das Corporate Logo auf jedem Gebrauchsgegenstand allerdings schon.

Dabei würde er doch so gerne gestalten und sich einbringen, der Mitarbeiter. Laut einer Studie des Gallup-Instituts beantworteten nur 20 Prozent von 1,7 Millionen Teilnehmern die Frage „Können Sie an Ihrem Arbeitsplatz das tun, was Sie am besten können?" mit einem Ja.[7] Reicht uns das?

Reflexion: Ihre genuinen Aufgaben als Führungskraft

- *Wie lautet unser Organisationszweck?*
- *Worin besteht meine Aufgabe als Führungskraft?*
- *Welche Tätigkeiten sind dafür zwingend nötig?*
- *Welche Tätigkeiten, die ich dennoch mache, sind dafür unnötig?*
- *Welche Meetings, Besprechungen, Dienstanweisungen, Massenmails, könnten wir uns sparen?*
- *Welche Tätigkeiten wären stattdessen sinnvoller zur Erfüllung meiner Aufgabe und unseres Organisationszwecks?*

Der demografische Wandel ersetzt die sich verabschiedenden Babyboomer durch die in die Arbeitswelt drängende Generation Y und katapultiert uns mitten hinein in einen enormen Wertewandel-Sandsturm. Ein Wertewandel, der zu mehr Individualisierung[8] und Flexibilisierung führt. Die Generation Y (Why!) verlangt logische Erklärungen und wünscht sich eine individuellere Führung. Sie wechselt schneller den Job und will mobiler arbeiten. Kurzum: Es wird eine Menge Staub aufgewirbelt und viele Organisationen fürchten sich weniger vor dem Chaos durch die Staubwolke, als vielmehr vor der Klarheit, wenn sich die Staubwolke wieder lichtet.

---

[6] Vgl. Scheller, S. 46
[7] Vgl. Lind, S. 214, in: Sattelberger et al.
[8] Glauben wir soziologischen Untersuchungen, verfügen junge Menschen kaum noch über weltverbessernde Visionen wie bei den 68ern. Damit fehlt ihnen eine Vorstellung ihrer Rolle in der Welt, was sie automatisch in den Individualismus drängt. Manche reagieren reaktiv-agil auf ihre Umwelt, um möglichst gut durchs Leben zu kommen. Andere verfolgen einen aktiv-agilen Ansatz, um ihre Karriere voranzubringen. Individualistisch ist beides.

AGILITÄT UND DIGITALISIERUNG GEHT UNS ALLE AN

> **Blick in die Evolution 2:**
> **Jede Generation ist anders**
>
> Die Evolution kennt kein „Weiter so". Jede Reaktion der Umwelt führt zu einer Variation einer Vielzahl an „Angeboten" und der Selektion des erfolgreichsten Modells. Zu diesem Anpassungsdruck von außen kommt das Faktum, dass bereits durch die Vermischung der männlichen und weiblichen Gene in jeder neuen Generation ein komplett neuer Genmix entsteht.[9]

Angestellte vernetzen ihr Wissen mithilfe von Dokumenten-Management-Systemen und Wissensplattformen. Kommunen rüsten sich für die Digitalisierung. Die Bürger sollen und wollen mehr partizipieren, wie die beredten Bestrebungen der Stadt Nürnberg zur Einbeziehung junger Bürger in den Prozess der Bewerbung zur Kulturhauptstadt bezeugen.[10]

Mitarbeiter und Führungskräfte klagen über immer weniger Zeit. Wollen sie nicht als unfähig gelten, bleibt ihnen nichts anderes übrig, als ihre eigene Rolle und damit die Rollen und Verantwortlichkeiten ihrer Teamleiter und Teams von Grund auf neu zu definieren. Unsere alten Modelle, bestehend aus Hierarchien, Planung und Fehlervermeidung sind zu zeitraubend und stressintensiv. Unser Führungs- und Organisationsmodell der Perfektionierung und Kontrolle mag in Zeiten standardisierter Massenproduktion funktioniert haben. In unserer heutigen Zeit individueller Probleme verhindert dieses alte Modell des Denkens so lange eine Entscheidung, bis sich die Welt wieder verändert und wir von neuem mit dem Denk- und Entscheidungsprozess beginnen müssen. Ein Teufelskreis, der verzweifelt auf der Couch von Zeit- und Stressmanagement-Trainern liegt. Die wirklichen Ursachen bleiben außen vor.

Mittendrin in einer agitalen Welt

Dabei stehen wir seit Jahren mittendrin im Labyrinth der schönen neuen Wirtschaftswelt. Agile Methoden sind keine Neuschöpfungen der letzten zehn Jahre, Lean Management gibt es seit den 1990ern. Wissensmanagementsysteme, Prozessmanagement, agiles Projektmanagement, beziehungsorientiertes Führen, Management by Walking around – alles Bausteine, die mehr oder weniger agil ablaufen.

---

[9] Vgl. Glaubrecht, S. 33, in: Grolle
[10] Da ich in einigen hippen Gruppen unterwegs bin, hätte ich mich beinahe zu einer solchen Gruppe angemeldet, bis ich merkte, dass ich das Höchstalter von 28 Jahren knapp überschritten habe. So geht Diversity!

ZURÜCK IN DER JETZTZEIT

Wie sehr ein agiles Management in unserem Handeln verankert ist, wenn auch nicht in unserem Denken, zeigt sich an einigen Beispielen:

- Der Zugriff auf Dokumenten-Management-Systeme sowie die Arbeit mit Wikis und Weblogs oder Wissenslandkarten finden in einer Schattenkultur statt und umgehen klammheimlich etablierte Hierarchien. Ziehe ich benötigtes Wissen aus meinem digitalen Umfeld, brauche ich niemanden mehr, der mir dieses Wissen abnickt. Die Abnicker würden in unserer Welt der komplexen, schnellen Entscheidungen ohnehin zu spät kommen.
- Mobile Lernsysteme wie moodle oder ilias ermöglichen ein Lernen von überall und jederzeit. Solche Systeme sind insbesondere spannend, wenn sie mit Wissensmanagementplattformen und Dokumenten-Management-Systemen gekoppelt werden und so durch stetige Feedbackprozesse ein direktes Während-der-Arbeit-Lernen ermöglichen. Damit könnte sich im besten Fall der Wunschtraum von Personalabteilungen nach einem lebenslangen Lernen für wenig Geld erfüllen.
- Die Managementliteratur ist voll von psychologischen Konzepten, die in den letzten Jahrzehnten in Führung, Moderation, Marketing und Kreativitätsabläufe einflossen. Auch hier tröpfelt agiles Denken in die Alltagsprozesse, teils bewusst, teils unbewusst, was jedoch zumeist unter der Oberfläche versickert. So mancher fragt sich, warum eine Methode nicht funktioniert. Warum werden unsere Feedbacksysteme, wie beispielsweise Dialogrunden zwischen Führungskräften und Mitarbeitern, so selten genutzt? Warum werden Gamification-Versuche nicht so angenommen, wie wir uns das wünschen? Ein agiles Denken kann nur Früchte tragen, wenn es in einem agil-demokratischen Boden, einer agil-demokratischen Kultur verankert ist.
- Der gesamte mediatorische Bereich verdeutlicht den Aspekt der Selbstorganisation. Der Kern einer Mediation ist nicht der allmächtige Richterspruch, sondern die Fähigkeit, gemeinsam zu einer für alle Beteiligten befriedigenden Lösung zu kommen. Das funktioniert nur, wenn alle sich als Quellen eines Flusses verstehen, der nach und nach zu einem gemeinsamen Strom wird. Sicherlich gibt es eine Ursprungsquelle, eine Person, die mehr einbringt. Dennoch tragen alle Quellen, auch die Querschläger im Team, dazu bei, den Strom zu etwas Einzigartigem zu gestalten.

Diese Beispiele zeigen, dass es nicht ausreicht, agitale Methoden halbherzig einzuführen, um sie nachhaltig zu etablieren. Ansonsten bleibt es in vielen Organisationen bei einem Stückwerk. Das allein wäre nicht so schlimm, haben doch agile Methoden und die Digitalisierung von Prozessen einen Wert an sich: Sie sparen Zeit und Stress,

AGILITÄT UND DIGITALISIERUNG GEHT UNS ALLE AN

da wir uns mit agilem Denken und agilen Haltungen von dem Mythos verabschieden, uns mit einer perfekten Planung die Zukunft herbeizudichten. So können einzelne agile Vorgehensweisen sehr wohl in einzelnen Abteilungen etabliert sein, während die restliche Organisation anders tickt, die Agilität des Sonderlings jedoch duldet oder sogar vor dem Hintergrund besonderer Umstände fördert. Zumal nicht jede Abteilung agil handeln muss, dazu später mehr. Schlimm wird es erst, wenn der Rest der Organisation die Bestrebungen des Ausreißers durch festgefahrene Strukturen und eine rückwärtsgewandte Kultur zunichtemacht, was allzu oft passiert. Dann treffen Teams keine autonomen Entscheidungen mehr. Und Dokumenten-Management-Systeme, Wikis und Sharepoint-Plattformen werden nicht so genutzt, wie sie sollten. Vielleicht ist es doch nicht erlaubt, seine Zeit im Intranet zu „vergeuden". Oder es fehlt das Vertrauen der Mitarbeiter, dass das gepostete Problem am Monatsende wie ein Boomerang zurückkommt und den Problembesitzer bösartig am Schädel trifft. Die Erlaubnis und das Vertrauen in die Mitarbeiter, ihre Zeit sinnvoll nutzen zu wollen, sind Führungshaltungen, die Autonomie und die Nutzung digitaler Entscheidungshilfen erst ermöglichen.

Auch die mediative Denke, dass unterschiedliche Meinungen gemeinsam ein Ganzes ergeben und zu dem Teamgedanken führen, den wir uns wünschen, findet sich noch zu oft ausschließlich in Konflikt- und Problemfällen wieder, statt als Grundlage einer kooperativen Zusammenarbeit zu gelten.

Ähnlich ergeht es Kreativmethoden aus dem Projektmanagement. Wir werden noch sehen, dass die Ideen hinter Methoden wie Design Thinking, Open Space oder Appreciative Inquiry nicht neu sind. Vieles war schon einmal da und wird heute als die preisgekrönte Sau durch's Dorf getrieben. Wenn es hilft, meinetwegen. Verändert sich die Grundhaltung von Führung und Management nicht entscheidend, werden diese Methoden weiterhin ein Nischendasein fristen und so manche agilen Coaches nach aufreibenden Jahren die Flinte ins Korn werfen lassen. Ein Heldendasein ohne Rückendeckung ist niemals von Dauer.

Agilität und Digitalisierung geht jeden an, der mit einem digitalen Endgerät verbunden ist und über dieses Gerät Arbeitsaufträge bekommt. Jeden, der in einem Team arbeitet. Jeden, der Kunden betreut und diesen ein Produkt oder eine Dienstleistung angedeihen lässt. Jeden, der in irgendeiner Weise Teil einer Wertschöpfungskette ist.

Beduinen reiten von Oase zu Oase. Sie denken bereits beim Verlassen einer Oase an die nächste. Touristen hingegen denken nach dem Verlassen einer Oase an die Strapazen der Wüste.
Was sind Sie: Ein agitaler Beduine oder ein Tourist?

1.3 Was bedeutet Agilität?

1.3.1 Agiles Denken bedeutet nicht, planlos zu sein

Laut dem allgemeinen Agilen Manifest ist der oberste Sinn agilen Vorgehens, den Kunden glücklich zu machen. Alle Prozesse sind strategisch auf den Kunden ausgerichtet.[11] Böse Zungen behaupten, agil zu arbeiten führe langfristig zu einer neuen Burnout-Welle. Nun ist Agilität eine Philosophie und keine bloße leistungssteigernde Maßnahme. Mitarbeiter darauf zu trimmen, sich ausschließlich am Kunden zu orientieren, um ihn glücklich zu machen, ohne Verinnerlichung dieser Philosophie, erscheint mir unmöglich. Genau daran scheitern viele Unternehmen. Mitarbeiter, die nicht mitziehen, brauchen nicht vor einem Burnout bewahrt werden. Doch was ist mit der schönen neuen New Economy-Welt aus Kollegen, die tatsächlich den Unternehmer im Unternehmen verkörpern und damit die agile Philosophie mit jeder Zelle ihres Körpers leben?

Die Orientierung am Kunden ist sicherlich richtig und wichtig, zumal der Kunde lange Zeit keinen Platz in Organisationen hatte. Wie André Häusling schreibt: „Und wo ist der Kunde in Ihrem Organigramm?"[12]

Er durfte bezahlen, sollte aber glücklich über Produkt und Dienstleistung sein. Das Feedback der Kunden in Produkte einzubauen dauerte bei den langen Produktzyklen und Massenproduktionswaren der letzten Jahrzehnte viel zu lange. So blieb es meist bei einer Abfrage, woraufhin zu wenig passierte. Der Kunde dachte sich: Was soll's? Es gibt andere Unternehmen, die mich besser bedienen. Sprach's, verschwand und kaufte sich einen anderen Drucker, nur um fünf Jahre später wieder bei seinem vorherigen Anbieter zu landen.

Andere böse Zungen behaupten, Agilität wäre chaotisch. Agilität bedeutet nicht, dass nicht mehr geplant wird. Vor einem Gespräch mit einem Mitarbeiter oder Kunden sollte ich mir ein paar Gedanken machen, um gut vorbereitet in die Situation zu gehen.

Was also hilft mir, als Mitarbeiter oder Führungskraft sicher in Situationen, Gespräche oder Meetings zu gehen? Ein Minimum an Wissen? – Kann nicht schaden. Die Reflexion vergangener Projekte? – Wäre auch nicht schlecht. Bisherige Erfahrungen mit dem Kunden? – Durchaus sinnvoll. Sich ein paar Fragen zu den Wünschen und Bedürfnissen des Teams zurechtzulegen, wäre ebenso interessant. Wissen ist

---

[11] Vgl. Scheller, S. 215. Hätte ich das Buch von Scheller als digitales Dokument und würde in die Suchmaske das Wort „Kunde" eingeben, hätte ich bis zum Ende der Suche die Zeit, mir ein Steak zu braten.
[12] Vgl. Häusling, Agile Organisationen, S. 63

AGILITÄT UND DIGITALISIERUNG GEHT UNS ALLE AN

nichts Schlechtes, solange man nicht den Fehler macht, die Vergangenheit mit der Zukunft zu verwechseln: Die Vergangenheit lässt sich erklären – die Zukunft wird anders verlaufen.

Ansonsten gilt, was ich später im Kapitel über Führung vertiefen werde: Haltung, Haltung und nochmals Haltung. Sie werden sehen: Mit Ruhe, Offenheit und einer neugierigen, fragenden Einstellung kommen Sie weiter als mit einer 100-prozentigen Vorbereitung, die es ohnehin nicht gibt. Weil es im Fall der Fälle doch anders kommt. Hier gilt sinngemäß der Spruch des ansonsten nicht gerade durch philosophische Tiefen auffallenden Mike Tyson: „Jeder hat einen Plan – bis er was auf die Fresse bekommt."

Aufbauend auf der 20/80-Regel denken eine agile Führungskraft und ein agiles Team in Szenarien und planen in Prototypen. Im Umgang mit komplexen Situationen geht es nicht anders, als eine Situation von vielen verschiedenen Perspektiven aus zu betrachten, einen Prototypen auf die Reise zu schicken und diesen aufgrund der Rückmeldungen stetig zu verfeinern. So könnten Sie als Führungskraft in einem Mitarbeitergespräch ein Thema wie „Unzufriedener Kunde" als Testballon in die Luft werden. Nicht als Vorwurf, sondern als Frage, ob es wirklich so ist und was daran verändert werden kann. Im agilen Denken kommt es nicht darauf an, am Ziel „Der Mitarbeiter muss sich verändern" festzuhalten, sondern spielerisch Szenarien durchzudenken, in denen Verfehlungen aus Kundensicht häufig oder drastisch passieren, sich Schritt für Schritt an dem Thema abzuarbeiten und so den ursprünglichen Prototypen „Unzufriedener Kunde" nach und nach zu verfeinern.

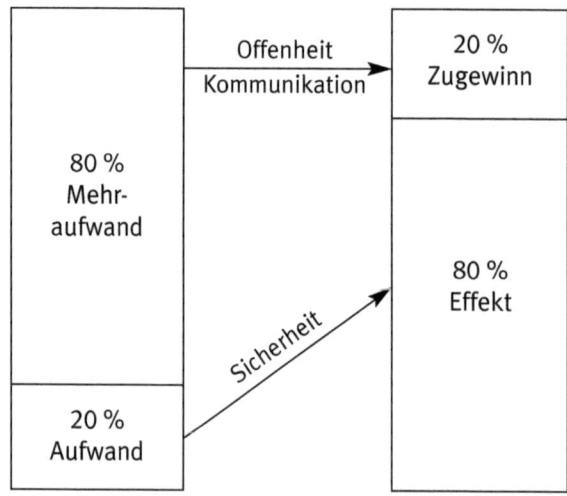

Diese Vorgehensweise, die auf eine Vielzahl von Situationen und Zielen übertragbar ist, führt automatisch dazu, langfristig unnötige Tätigkeiten und Pläne zu unterlassen, die auf dem Weg zwischen Zielsetzung und Zielerreichung entstehen. Als Führungskraft kann ich nicht wissen, was in meinem Mitarbeiter vor sich geht. Genauso wenig wie Mitarbeiter wissen, was Kunden denken, auch wenn uns das Marketing das gerne weißmachen würde. Ich kann nur Vermutungen anstellen, die ich anschließend prüfe.[13]

Gleichzeitig ergibt das schrittweise Vorgehen des agilen Denkens eine Dynamik aufgrund der höheren spürbaren Effizienz (die Dinge richtig tun) und Effektivität (die richtigen Dinge tun) und damit eine Motivation, die in Planungen in aller Regel verloren geht. Das Aufgehen im Tun, der Flow ist es, was den Reiz an einer agilen Vorgehensweise ausmacht und bereits mindestens die halbe IT-Welt mit dem Virus der Agilität ansteckte.

Beinahe nebenbei werden Sie als Führungskraft merken, dass eine Vorgehensweise, die Themen Schritt für Schritt gemeinsam mit dem Mitarbeiter klärt, Sie nicht (mehr) in die Bredouille bringt, am Engagement Ihrer Mitarbeiter zu (ver-)zweifeln. Angestrebte Ziele und Vorgehensweisen entstehen auf dem gemeinsamen Weg und sind damit wesentlich motivierender als bei aufoktroierten Zielen.

1.3.2 Grenzen der Agilität

Dennoch gilt es, bei aller Euphorie ein paar Aspekte zu beachten:

Innovationen: Kurz- oder langfristig?

Sagte Steve Jobs nicht einmal (sinngemäß): „Der Kunde hat keine Ahnung. Innovationen entstehen aus Vorgaben des Unternehmens." Aus eigener Erfahrung weiß ich, dass manche meiner Angebote, insbesondere die schrägen, wie die Mischung aus Improtheater und Konfliktmanagement[14], die ich gemeinsam mit einer Improtheaterkollegin anbiete, niemals zustande gekommen wären, hätte ich mich ausschließlich an Kundenwünschen orientiert.

Zudem gibt es die bekannte Regel, dass unzufriedene Kunden sich beschweren, während sich zufriedene Kunden denken: „Nix gsagt isch gnug globt". Verändere ich

---

[13] Marketing 4.0 würde ich sagen, wenn ich diese .0-Geschichten nicht so albern fände.
[14] Der Autor freut sich über einen Besuch auf: www.inka-training.de

AGILITÄT UND DIGITALISIERUNG GEHT UNS ALLE AN

mein Angebot aufgrund eines unzufriedenen Kunden, erschaffe ich damit unter Umständen zehn neue Unglückliche.

Der Dreh- und Angelpunkt für innovative Ideen muss daher bei der Organisation liegen, die aus jahrelanger Erfahrung weiß, wann sie etwas verändern und wann sie Geduld haben sollte. Der Kunde übernimmt lediglich die Verfeinerung.

Ohnehin stellt sich die Frage der Qualität einer Innovation. Dienen faltbare Minidrohnen wirklich dazu, Kundenbeziehungen Flügel zu verleihen? Wie häufig so eine Drohne für knapp 23 Euro in die Lüfte steigt, ist fraglich. Dafür ist das Produkt superbillig und so neu und hipp wie der nächste Klick auf YouTube. Und wenn die Innovation abstürzt, kommt eben die nächste dran. Der Kunde ist ohnehin so ungeduldig wie ein YouTube-User. Die meisten Videos dort werden angeklickt, wenn sie unter einer Minute dauern. Oder ist es innovativ, ein Produkt in den Händen zu halten, das mich ein halbes Leben lang begleiten wird?

Der Soziologe Gerhard Schulze vertritt die Meinung, dass es keine eindeutige Antwort auf solche Fragen gibt. Grund dafür ist, dass der neue Menschentyp sein Heil nicht mehr in der Konsumsteigerung sucht, sondern in Selbstgenügsamkeit und in gerechter Nutzung bestehender Möglichkeiten.[15] Besitz war gestern – Sharing lautet heute die Devise. Vielleicht gilt das auch bald für unsere oberflächliche Eventkultur von vorgestern und echte Gefühle treten wieder in den Vordergrund. Hätte damit das letzte Stündchen von incentives geschlagen?

Glücklicherweise gibt es agile Ansätze, die weit über deren Lean Management-Ursprünge hinausreichen und Strategien nicht nur aus Kundenperspektive, sondern aus der Sicht aller Beteiligten betrachten. Der Mitbegründer der Haufe-umantis AG, Hermann Arnold, bezeichnet sie als Architekten des Transformationsprozesses: Mitarbeiter, Führungskräfte, Personalabteilung, Betriebsrat, Geschäftsführer, Kunden, Aktionäre, Aufsichtsrat und Geschäftspartner haben alle ihren Anteil an der Strategieentwicklung der Organisation.[16] Gemäß dem Gesetz der erforderlichen Varietät von W. Ross Ashby bleibt uns auch nichts anderes übrig, um mit komplexen Situationen umzugehen: Störungen in komplexen Systemen werden am besten mithilfe eines ebenso komplexen Systems gesteuert.[17] Eine Verantwortungsteilung in Organisationen, um neue Lösungen zu finden und Innovationen zu entwickeln, ist daher kein Selbstzweck oder eine Zubilligung an demokratischere Strukturen in der Mitarbeiterschaft, sondern pure Notwendigkeit.

---

[15] Vgl. Heinzlmaier, Theorie und Praxis der Jugend-Soziologie, unter: https://www.jugendkultur.at/wp-content/uploads/Graz-2014-Joanneum1-1.pdf
[16] Vgl. Arnold, S. 257 ff.
[17] Vgl. Oesterreich/Schröder, S. 20, in: Sattelberger et al.

Sollten unsere Produkte und Dienstleistungen in Anbetracht von Umweltkatastrophen, US-amerikanischer Geisterstädte und radikal-politischer Umbrüche nicht ein wenig mehr Stabilität und Sicherheit vermitteln? Bei aller Flexibilität ist es vermutlich das, was Uber und Airbnb ausmachen: eine Plattform für jede Taxifahrt und eine für jede Hotelbuchung. Mir scheint, Uber und Airbnb haben es verstanden, während manche Politiker lediglich so tun, als ob.

Ethik und Jugendwahn

Weiterhin stellt sich mir die Frage, inwieweit ich aus Kundenwünschen ethische Grundsätze generiere? Kunden agieren in der Mehrheit weitgehend nach dem ökonomischen Prinzip und entscheiden sich am liebsten für das am schnellsten lieferbare, schönste und billigste Produkt. Die Langlebigkeit ist wichtig. Moralische Aspekte wie Kinderarbeit oder Umweltzerstörungen und Nachhaltigkeit spielen ebenso eine Rolle, verstecken sich jedoch am Grabbeltisch der Panikkäufe hinter unserem Lustzentrum, sobald die roten Preisreduzierungsschilder in unserem Nucleus accumbens zu blinken beginnen. Auch unternehmerische Verfehlungen sind schnell vergessen, wenn der Preis stimmt. Gesellschaftliche Entrüstungen scheinen eine Erinnerungszeit von etwa drei Monaten zu haben. Gleiches gilt für gehypte „Produkte" wie den „Schulz-Zug"[18], dessen Komet so schnell wieder fiel wie er aufstieg. Zum Gruseln.

Weniger zu planen und sich stattdessen mehr an aktuellen Begebenheiten zu orientieren, erscheint im Hinblick darauf, dass viele unserer Pläne in der heutigen Zeit ohnehin nicht mehr funktionieren, nicht nur wichtig, sondern in manchen Kontexten überlebensnotwendig. Ein Hochwasser oder Fukushima zur richtigen Zeit und – schwupps – sitzt ein grün-grauhaariger Bürstenschnitt im schwäbischen Oval-Office. Ethisch-moralische Grundsätze als Klammer für unternehmerische Strategien und Aktivitäten dürfen jedoch nicht unter den Tisch fallen. Die moralische Verantwortung liegt auf beiden Seiten des Wahl-, Entscheidungs- und Verkaufstischs. Die agile Manie der hauptsächlichen Fokussierung auf den Kunden führt unsere Unternehmen langfristig in den Abgrund. Wird die Spirale der ständigen Optimierung stetig weiter getrieben, werden zusätzlich zu den Mitarbeitern auch Unternehmen ausbrennen. Mir scheint, als hätten Marketing-Experten ausschließlich die Zielgruppe der 10-bis 35-Jährigen im Blick, von der frühen Jugend bis zur Postadoleszenz. Und da 40 das neue 30 ist, fallen die auch noch mit hinein. Die Juvenilisierung unserer

---

[18] Ein Online-Game, das nach dem kometenhaften Aufstieg von Martin Schulz als SPD-Vorsitzender entwickelt wurde.

Gesellschaft bis ins hohe Alter nimmt erschreckende Züge an. Die Jugend jedoch prägt die Meinungsbildung einer Gesellschaft stärker als alle anderen Gruppen. Sie ist erlebnishungrig, abwechslungsbedürftig, neugierig und expressiv.[19] Kein Wunder, dass es kaum noch Marken wie Nivea oder Brandt gibt, deren Optik sich über die Jahre kaum veränderte.

> *Gespräch mit einer Verkäuferin im Drogeriemarkt:*
> *Schäumt eine Rasiercreme genauso wie Rasierschaum?*
> *Vermutlich ja. Aber die Marketingmenschen glauben, dass das Wort Creme freundlicher zur Haut ist als ein Schaum.*

Orientieren wir uns hauptsächlich agil am Kunden, werden wir eines schönen Tages explodieren vor lauter Regal-Wechsel, Shampoo mit Toffee-Geruch, Chili- und Kaffee-Extrakten für besonders wache Haare und verbaler Euphemismen. Die meinungsbildende, juvenile Hauptzielgruppe will es so. Der Markt folgt willig.

Was jedoch würde passieren, würden wir die markenrelevanten Zielgruppen nicht nur mit einem kurzen Like-Klick abholen, sondern in die Entwicklungsprozesse von Produkten und Dienstleistungen demokratisch einbinden? Die Ergebnisse könnten uns überraschen: Im Rahmen eines solchen innovativen Prozesses würde nicht nur das kurz getaktete Belohnungszentrum der Zielgruppe angetriggert, das auf jeden Klick mit einer Ausschüttung von Endorphinen reagiert, als säßen wir immer noch am Lagerfeuer und hörten ein Knacksen im Dunkeln, sondern zusätzlich deren Neocortex, ihr langfristiges, planerisches Denken. Mit einem Mal spielen neben der kurz getakteten Lust auch Werte eine Rolle. Erinnern wir uns noch einmal an die Sharing-Communitys junger Menschen. Willkommen in der Welt des erwachsenen Verantwortungsbewusstseins!

Der Mitarbeiter als Human Resource

Dem Kunden als Umweltfaktor und Nutzer Nummer Eins eine größere Rolle zuzugestehen, erscheint aus agiler Sicht absolut sinnvoll. Zu lange kochten Organisationen in ihrem eigenen Sud. Damit treten allerdings die Personen in den Hintergrund, die Organisationen am Laufen halten: die Mitarbeiter. In manchen Branchen und Arbeitszweigen werden die Mitarbeiter tatsächlich in den Burnout getrieben, durch einen digitalen Kontrollwahn, Entgrenzung der Arbeitszeiten, Arbeitsverdichtung

---

[19] Vgl. Heinzlmaier

und Powerstunden, die mit AC/DCs „Hells Bells" eingeläutet werden[20] und den prekären Freelancern kurz vor Feierabend (wieso Feierabend?) noch einmal richtig Feuer unterm Hintern machen sollen.

Nach meiner Auffassung sollten Agilität und das Feedback von Kunden deshalb nicht als Entschuldigung dienen, einem Gott namens „Höher, Schneller, Weiter" zu huldigen (auch wenn die FDP in der letzten Bundestagswahl wieder mächtig zulegte), sondern sich auf einem guten Lernlevel einzunisten. Es könnte sein, dass dies für ein halbes Jahr sinnvoll ist, um seine Erfahrungen auf dieser Stufe nachhaltig zu vertiefen, anstatt wie Super Mario von Bildschirm zu Bildschirm zu springen. Oder um es mit den Worten meiner Frau zu sagen: „Jetzt haben sie im Supermarkt schon wieder die Produkte umgestellt. Das nervt!" – die Kunden vermutlich ebenso wie die Mitarbeiter. Früher kannte man sich in seinem Lieblingsdiscounter aus wie im heimischen Wohnzimmer – deutschlandweit! Die Zeiten sind offensichtlich vorbei. Oder ist genau das der perfide Plan der Supermarkt-Innenarchitekten? Du brauchst ewig, bis du deine Lieblingsprodukte gefunden hast und kaufst dabei umso mehr Sachen ein, die du gar nicht brauchst?

In anderen Tätigkeitsfeldern werden die Mitarbeiter sich weigern, das Spiel mitzuspielen. Agile Haltungen und agiles Denken haben viel zu bieten, um auf der Basis eines Proto-Perfektionismus gelassener mit Stress umzugehen und sich als Mitarbeiter und Mensch stetig weiterzuentwickeln. Wird der Mitarbeiter primär als Human Resource betrachtet, kommt seine Weigerung gegen das neue große Ding vollkommen zu recht. Zudem steht aus meiner Sicht der Mitarbeiter in der Wertschöpfungskette vor dem Kunden. Ohne Mitarbeiter produziert niemand Produkte und niemand verkauft sie. Und an der Servicetheke sind Mitarbeiter die Visitenkarte einer Organisation. Die Mitarbeiter zu wenig zu beachten ist so, als würden wir uns auf eine Schiffsreise begeben ohne Ausguck, Bootsmann und Ruderer. Niemand hisst die Segel. Niemand kocht. Und niemand schrubbt das Deck.

Achten wir nicht auf diese Rahmenbedingungen, könnte es uns mit der Agilität und den Segnungen der Digitalisierung so ergehen wie dem Fischer mit seiner Frau: Alles neu, alles bunt, alles glänzt. Und doch sind wir niemals zufrieden. Eines schönen Tages wachen wir auf und merken, dass wir vor einem Scherbenhaufen stehen und es im Leben um etwas gänzlich anderes gehen sollte.

Jede agile Idee und Methode sollten wir daher kritisch darauf untersuchen, ob sie zu einer höheren Zufriedenheit der Mitarbeiter, zu mehr Gestaltungsmöglichkeiten, Demokratisierung und Selbstverantwortung im Sinne des New Work-Gedankens führen oder zu neuen Abhängigkeiten und einer Enthumanisierung der Arbeit. Das

---

[20] Vgl. Dörre, S. 110, in: Sattelberger et al.

AGILITÄT UND DIGITALISIERUNG GEHT UNS ALLE AN

New Work-Konzept geht auf den austro-amerikanischen Sozialphilosophen Frithjof Bergmann zurück und beschäftigt sich mit den arbeitsverbessernden Möglichkeiten, die Digitalisierungsmaßnahmen mit sich bringen.[21]

1.3.3 Quo vadis, Personalabteilung?

Wenn wir in agilen Organisationen ein lebenslanges Lernen durch Fehler, Kunden und voneinander, live und direkt oder per Wissensplattform installieren, wenn wir Mitarbeiterjahresgespräche abschaffen und stattdessen einen dauerhaften gegenseitigen Feedback-Austausch zwischen Führungskraft und Mitarbeiter anregen, stellt sich folgende Frage: Brauchen wir noch Personalabteilungen, die Leistungsbeurteilungen erstellen und Weiterbildungseinheiten organisieren?

> **BEISPIEL: POSITIONIERUNG DER PERSONALABTEILUNG**
>
> Eine kleine Anekdote aus meinem eigenen Erfahrungsschatz verdeutlicht die Dramatik: Mitte 2017 wurde ich als Berater für eine Kommune zum Thema Digitalisierung angeheuert. Angetrieben wurde der Transformationsprozess von der IT- und Organisationsabteilung. Die Personalabteilung wurde mehrmals gebeten, sich in den Prozess einzubringen. Mit geringer Resonanz. Offensichtlich sahen die Verantwortlichen im Personalmanagement kaum einen Bedarf oder wussten nicht, wie sie sich positionieren sollten, weshalb sie den ersten von drei großen Workshops für die gesamte Führungsriege komplett verschliefen. Erst im Anschluss – vermutlich durch den guten, alten Flurfunk – wurde ihnen klar, was hier im Gange war und dass die Personalabteilung in der digitalen Transformation eine entscheidende Rolle spielen muss.

Ähnlich wie Führung sich in agilen Organisationen neu positionieren muss, kommen Personalabteilungen nicht umhin, sich neu aufzustellen und andere Aufgaben zu übernehmen.[22] Warum sich nicht dem Faktor Mensch agil annehmen und sich im Hintergrund der Steuerung agiler Lernprozesse unterstützend widmen? Der Weg von einer traditionellen zur agilen Organisation ist lang und holprig. Oftmals werden alle Beteiligten überfordert sein von den kulturellen Umbrüchen und der Komplexität der Transformation, die dieser Weg mit sich bringt. Ein wenig Unterstützung

---

[21] Vgl. www.gruenderszene.de/lexikon/begriffe/new-work
[22] Vgl. Häusling, Agile Organisationen, S. 83 ff.

vonseiten der Personalabteilung kann nur nützlich sein. Denn eins muss uns klar sein: Transformationen fallen nicht vom Himmel oder entstehen, sobald wir mit einem Workshop den Ball ins Rollen gebracht haben. Transformationen von dieser Dimension erfordern ein dauerhaftes Engagement aller Beteiligten, insbesondere, weil hinter dem Thema Agilität eine neue, ungewohnte, für manche schmerzhafte Philosophie als Basis unseres zukünftigen Handelns steht: mehr Spontaneität, mehr Vertrauen, mehr Demokratie.

Agilität braucht Grenzen, um nicht vor lauter Kreativität und Anpassungslust zu explodieren. Agilität braucht einen ethischen Rahmen, auf der Basis klarer Werte und Überzeugungen, damit zur Ergänzung stetiger selbstaktualisierender Feedbackprozesse eine stabile Haltung hinzukommt, um nicht nur heute, sondern auch morgen noch kraftvoll zubeißen zu können. Den Freiraum, der durch die vermeintliche Arbeitslosigkeit von Personalabteilungen entsteht, könnten diese nutzen, um den Überblick über die Entwicklung der Organisation und humanen Potenziale inklusive der Sorge um die Grenzen dieser Entwicklung zu behalten.

> **Reflexion: Die Zukunft unserer Personalabteilung**
>
> *Wie agiert unsere Personalabteilung aktuell und was wünsche ich mir schon lange von unseren Personalern?*

1.4 Digitalisierung als Antreiber

Wie der Computer unsere Welt, respektive unsere Arbeitswelt veränderte, erfolgte – entgegen dem marktschreierischen Begriff der Disruptivität – nicht auf einen Schlag, sondern stufenweise über einen längeren Zeitraum hinweg:[23]

1. In den 1950er-Jahren galten Computer als klobige Automaten, die mechanische Tätigkeiten nach einem fest vorgegebenen Muster verrichteten. Damit reduzierten sich einfache Tätigkeiten beispielsweise am Fließband. Die Industrie freute sich, die Gewerkschaften begannen zu zittern.
2. In den 1970er-Jahren kamen transportablere Computer auf den Markt, die eine individuellere Nutzung als Werkzeug ermöglichten. Computer begannen, uns unser Leben mittels Tabellenkalkulationen und Textverarbeitungsprogrammen zu

---
[23] Vgl. Schröder, S. 14

erleichtern. Manchmal mehr, manchmal weniger. Der Jubel in dieser Phase war jedenfalls auf allen Seiten groß.
3. Durch den Siegeszug des Internets seit den 1990er-Jahren war es möglich, mit einem kleinen Laptop jederzeit und überall auf Daten zuzugreifen, die zuvor an einen festen Arbeitsplatz gebunden waren. Das erfordert enorme Anforderungen an die Gestaltung von Telearbeitsplätzen hinsichtlich der Datensicherheit, Ergonomie des Arbeitsplatzes sowie des Selbstmanagements der Mitarbeiter. Größere Freiheiten erfordern nun einmal mehr Kompetenzen und eine größere Verantwortung.
4. Anfang des neuen Jahrzehnts stieg das Internet zur Plattform auf. Ressourcen zur Erfüllung einer Tätigkeit wurden damit komplett ausgelagert. Airbnb benötigt keine Betten und Uber keine Taxis. Die Unternehmen erkannten, dass sie die Ressource Arbeit an den Meistbietenden (siehe MyHammer) vergeben konnten. Damit stellt sich die Frage, wieviel Verbundenheit zu einem Unternehmen vorhanden sein muss oder ob die Dienstleistungsunternehmen der Zukunft ausschließlich Jobs-on-Demand zur Verfügung stellen, insbesondere wenn man den Kunden als Hilfsmitarbeiter betrachtet, wie es uns die Scannerkassen bei Media Markt oder Online-Überweisungen vormachen. Fairerweise muss man dazu ergänzen, dass die Nutzungsmöglichkeit des Internets als Plattform es vielen Menschen erst ermöglicht, am Arbeitsleben oder an sozialen Netzwerken teilzuhaben.
5. Ebenfalls seit Beginn der Nuller-Jahre wurden Computer zu unserem treuen Begleiter, der uns, unseren Körper und unsere Persönlichkeit durch diverse Applikationen auf den neuesten Stand bringt: Unsere Uhr misst unseren Puls. Unser Smartphone zeigt uns, wie das Wetter wird und welche Termine wir haben. Ein Fitnessprogramm zeigt uns an, wann es genug ist mit dem Tippen und ich aufstehen und ein paar Dehnübungen machen sollte. Ich selbst spüre das ja nicht mehr.

Die Technologie nimmt uns eine Menge Denkleistungen ab, macht uns aber gleichermaßen unselbstständig, was wir erst merken, wenn unsere Geräte den Dienst aufgeben und wir plötzlich die Wolken selbst deuten oder uns an unsere Termine erinnern sollten. Diese wachsende Abhängigkeit und Unselbstständigkeit sind kritisch zu sehen, wollen wir im Zuge der Agilität Teams oder einzelne Mitarbeiter am Heimarbeitsplatz zu mehr Selbstmanagement anleiten. Wie soll Selbstorganisation funktionieren, wenn Menschen eine App brauchen, um sich daran zu erinnern, dass sie etwas essen sollten? Damit verbunden ist gleichzeitig eine ständige Erreichbarkeit bis hin zur Überwachung von der Führungsseite, die es ebenso zu klären gilt.[24]

---

[24] Ebd. S. 117 ff.

6. Auf der sechsten Stufe dieser Entwicklung gilt der Computer als Prophet. Dank größerer Datenleistungen auf ultrakleinen Chips sind unsere kleinen Rechenmonster in der Lage, Big Data über alles und jeden zu sammeln und mittels künstlicher Intelligenz auszuwerten. Bisherige Ergebnisse sind jedoch noch nicht wirklich zufrieden stellend. Roboter können durch große Menschenmengen navigieren, sind damit allerdings so beschäftigt, dass wenig andere Tätigkeiten möglich sind. Und erfahrene Ärzte treffen ihre besten Entscheidungen nach wie vor aufgrund ihres Bauchgefühls. Zu detaillierte Datenmengen wirken bei Diagnosen oft hinderlich. All das wird sich bald ändern. Algorithmen lernen mit jedem bearbeiteten Fall dazu und werden dadurch dynamisch intelligent. Damit könnten in Zukunft zusätzlich zu einfachen Routinearbeiten auch Dienstleistungen und Beratungstätigkeiten von Computern übernommen werden. Bald werden keine polnischen Pflegekräfte mehr importiert. Stattdessen bringen Replikanten das Essen zu den Patienten. Wenn ich an meinen letzten Klinikaufenthalt und die überarbeiteten und genervten Pflegekräfte denke, könnte das ein großer Fortschritt sein. Dass dies funktioniert, und zwar nicht einmal schlecht – schlecht im Sinne von „unmenschlich" –, zeigt die Studie eines amerikanischen Psychologen, der nacheinander zwei Hunde zum Beziehungsaufbau in ein Altersheim schickte. Der erste war echt, der zweite mechanisch. Beide wurden gestreichelt und zu beiden bauten die älteren Menschen laut eigenen Angaben eine Beziehung auf.[25]

Diejenigen, die ernsthaft von einer disruptiven Digitalisierung sprechen, haben offensichtlich die letzten 25 Jahre verschlafen oder setzen auf die Panikkarte. Spätestens seit dem Millenium hätten wir wissen können, dass hier ein Bob einen Schneeberg hinuntersaust und wir uns entscheiden müssen, ob wir unsere Schienbeine opfern, um ihn aufzuhalten, oder aufspringen und den Fahrtwind genießen.

Die Innovationszyklen werden sich nicht beschränken lassen. Die Globalisierung bleibt uns erhalten und damit der Druck, an den eigenen Rentabilitätsschrauben zu drehen. Die Kunden werden nicht von heute auf morgen wieder so geduldig, nachsichtig und so leicht zufrieden zu stellen sein wie in den 1980er-Jahren. Unser Ökosystem wird sich nicht spontan erholen: „Wisst ihr was? War nur ein Scherz. Mir geht's prima. Ozonloch, Plastik im Meer, Erderwärmung. Schwamm drüber. Da hab ich euch sauber an der Nase herumgeführt."

Solange die Generation Y brav in die Universitäten strömte, konnten die Unternehmen noch den Kopf in den Sand stecken. Diese Schonzeit ist vorbei. Die meisten dieser jungen Menschen kennen den Arbeitsplatz, wie wir ihn kennen, mit Schreib-

---
[25] Vgl. Liebermeister, S. 115

AGILITÄT UND DIGITALISIERUNG GEHT UNS ALLE AN

tisch, Blümchen und Familienbild ohnehin nicht mehr. Sie fordern alleine durch ihre Vielzahl dazu auf, sich mit dem Thema Digitalisierung zu beschäftigen.

Wenn Sie schon einmal per Airbnb unterwegs waren, kennen Sie vermutlich die erste Frage, die nach der Ankunft gestellt wird. Sie lautet nicht „Wo ist das Bad?" oder „Wo ist die Küche?", sondern: „Wie lautet das WLAN-Passwort?". Wen interessieren im Hotel noch die Frühstückszeiten? Lässt sich doch alles googeln – wenn nur das WLAN funktioniert!

Auch die Sehnsucht nach einer werteorientierten, menschlichen Führung als Gegenpol zur eiskalten Technologisierung wird ebenso wenig verstummen. „Agilität" und „Digitalisierung" sind nicht die einzigen Buzz-Words der letzten Jahre, sondern ebenso „Menschlichkeit".

Die Digitalisierung als Treiber, Megaeinfluss und Metathema zwingt uns, uns mit Themen auseinanderzusetzen, die wir als lange bearbeitet ansahen. Zum Beispiel die Beschäftigung mit unserem Menschenbild. Gehen wir davon aus, dass der Mensch grundsätzlich gut und fleißig ist, können wir ihn innerhalb bestimmter Grenzen laufen lassen, um mit einem digitalen Endgerät in der Hand weit entfernt vom direkten Zugriff seiner Führungskraft autonom-agile Entscheidungen zu treffen. Mit einem negativen Menschenbild im Hinterkopf wird uns das schwerfallen.

Wir kommen nicht umhin, diese Themen im Zuge der Agitalisierung gezwungenermaßen grundlegend und radikal anzugehen. Kein Wunder, dass die Digitalisierung als bedrohlich gilt. Sie verändert nicht nur Prozesse, sondern ebenso Strukturen, Denkweisen und Haltungen.

Traditionelle Führungs- und Managementmodelle vermeiden eine allzu tiefe Auseinandersetzung mit diesen Themen. Ein „Weiter so, wenn auch ein wenig anders" reicht nicht, um mit den Herausforderungen der Gegenwart umzugehen. Eine Wissensmanagementplattform wie Sharepoint lässt sich ohne Vertrauenskultur einrichten – genutzt wird sie nicht. Genauso wenig wie Agilität ohne ein demokratisches Verständnis von Führung funktioniert. Wir brauchen offensichtlich etwas Neues, am besten etwas komplett Neues.

Als der Sohn eines streng gläubigen Juden volljährig wird, eröffnet er seinem Vater: „Jetzt bin ich volljährig und werde zum Christentum konvertieren."
Der Vater zetert, jammert und bittet, kann aber nichts machen. Also betet er zu Gott, worauf der zu ihm spricht: „Mach dir nichts draus. Das ist mir auch passiert."
Der Mann fragt Gott: „Und, wie hast du reagiert?" – „Was soll man da machen? Ich hab das Neue Testament erfunden."

Viele Manager reagieren weniger göttlich, sondern allzu menschlich. Sie erinnern mich an den Mann, der die Kontrolle über seinen Wagen verliert und über die Absperrung einer Brücke in den Fluss stürzt. Als das passiert, denkt er: „Sch ... Jetzt kann ich nichts mehr machen." Sein Wagen kommt auf dem Wasser auf und beginnt langsam zu sinken. Er sagt sich: „Jetzt kann ich nichts mehr machen." Das Auto sinkt weiter, bis es schließlich auf den Grund aufschlägt. Der Mann wird nachdenklich und sagt zu sich: „Ich hätte zuvor die Tür öffnen können und herausspringen. Oder das Fenster aufmachen und hinausschwimmen. Jetzt ist es wirklich zu spät. Schade eigentlich."

Im Vergleich zum Management sind viele Führungskräfte bereits einen großen Schritt weiter. Vielleicht, weil sie ohnehin näher am menschlichen Geschehen sind, näher an ihren technikaffinen Mitarbeitern, egal ob jung oder alt. Während das Management in der Ferne agierte, waren Leitungskräfte der mittleren Führungsebene in den letzten Jahrzehnten bereits ein Teil des aufgezeigten agital-demokratischen Evolutionsprozesses. Für alle anderen gilt: Es ist nie zu spät, wenn man weiß, wie es geht.

> **Reflexion: Unser digitaler Stand**
>
> - *Auf welcher digitalen Stufe befinden wir uns aktuell?*
> - *Nutzen wir Plattformen, digitale Homeoffice-Plätze, Algorithmen oder betrachten wir digitale Geräte sogar als Propheten?*
> - *Wo wollen wir hin?*

1.5 Zusammenhänge zwischen Digitalisierung und Agilität

Bisher betrachteten wir sowohl die Agilität als auch die Digitalisierung als Trends, die uns zum Umdenken zwingen. Noch dringlicher wird es, wenn wir uns ansehen, wie stark die beiden Trends sich gegenseitig verstärken.

Digitalisierungsmaßnahmen ermöglichen ein agiles Handeln im eigenen Arbeitsfeld über weite Distanzen. Erst, wenn Mitarbeiter über die technischen Möglichkeiten und die dazugehörigen Wissensplattformen verfügen, können sie weitreichende Entscheidungen mithilfe der Erfahrungen, des Wissens und der Kompetenzen anderer Plattformnutzer autonom treffen.

Die Agilität in einer Organisation wiederum forciert die Digitalisierung. Wollen, sollen oder müssen Mitarbeiter selbstorganisiert arbeiten, brauchen sie perfekt funktionierende digitale Instrumente zur gegenseitigen Abstimmung, die vielerorts, vor allem von der jüngeren Generation, lautstark eingeklagt werden.

AGILITÄT UND DIGITALISIERUNG GEHT UNS ALLE AN

Digitalisierung und Agilität funktionieren jedoch nur, wenn zuvor einige kulturelle Aspekte auf den Weg gebracht wurden, während die Agilität zusätzlich eine Prozessdenke und insbesondere die Sicht des Kundens benötigt:

Zu den Inhalten und Unterpunkten später mehr.

An manchen Stellen des Buches spreche ich (weitgehend) von digitalen oder agilen Zusammenhängen. In der Regel sind beide Themen jedoch eng verzahnt.

Während sich IT-Experten mehr mit agilem Management und agilem Projektmanagement vorzugsweise mit Design Thinking beschäftigen – das Thema Digitalisierung ist in der IT ohnehin implizit enthalten –, stehen traditionellere Organisationen vor dem Problem, beide Aspekte integrieren zu müssen. Aus diesem Ur-Gedanken heraus entstand dieses Buch, bevor es um demokratische und ethische Grundzüge ergänzt wurde. Anstatt beide Themen nacheinander zu bearbeiten, ist es wesentlich synergetischer, sie als zwei zusammenhängende Einheiten gemeinsam zu betrachten. So müssen Sie kulturelle Veränderungen, insbesondere im Führungsbereich, im Umgang mit Feedback oder bei der Aufarbeitung von Fehlern, nur einmal angehen. Agile Kundenprozesse werden durch Digitalisierungsmaßnahmen nur zusätzlich verstärkt, die Richtung bleibt dieselbe. Und ob Sie Ihre Mitarbeiter von einer oder zwei großen Veränderungen überzeugen müssen, beeinflusst Ihre Position auf der nach unten offenen Beliebtheitsskala mit Sicherheit nachhaltig.

1.6 Wie agil müssen wir werden?

Vielleicht sagen Sie sich jetzt: Das mit der agilen Haltung leuchtet mir ein.[26] Aber muss unsere gesamte Organisation agil werden?

Müssen tun Sie gar nichts. Kennen Sie dieses T-Shirt mit der Aufschrift „Einen Sch... muss ich!"? Es hängt davon ab, mit welchen Aufgaben Sie zu tun haben. Um festzustellen, ob Sie agiler werden sollten, bedarf es keiner großen Analyse, sondern lediglich ein paar weniger Fragen:

- Wie hoch ist Ihr Aufwand, regelmäßig neue Experten und Spezialisten für neue Aufträge und Projekte einzustellen und einzulernen?
- Lernen Sie Ihre Mitarbeiter ein oder überlassen Sie die Aufträge den frisch angeheuerten Experten und Freelancern?
- Wie hoch ist Ihr Aufwand, neue Kunden zu besorgen?
- Wie hoch ist Ihr Aufwand, mit Kunden und Lieferanten individuelle Verträge auszuhandeln?[27]

Kurz gesagt: Arbeiten Sie in einem Betrieb mit sich stets wiederholenden Aufgaben, zum Beispiel in einem kommunalen Jobcenter mit standardisierten Anträgen und Verfahren, ist es zwar sinnvoll, emotional, nicht jedoch inhaltlich agil auf Kundenwünsche einzugehen. Ein paar reaktive Anpassungen hier und da lassen sich wohl nicht vermeiden. Doch im Grunde wissen Ihre Mitarbeiter, was zu tun ist. Die Tätigkeit ist jeden Tag ähnlich und nahezu berechenbar. Die Einführung eines agitalen Denkens ist an dieser Stelle essentiell, um die Rückmeldungen der Kunden langfristig in interne Prozesse einzuarbeiten, um in Zukunft Reibungen und Fehler zu vermeiden. Vor Ort ist die agile Handlungsfreiheit begrenzt. Agile Führung und ein agiles Projektmanagement hingegen bleiben langfristige Themen, die sich stetig verändern.

Arbeiten Sie wie ich in einer kleinen Beraterfirma, gibt es kein Projekt, keinen Beratungsauftrag, kein Coaching und kein Training, das beziehungsweise der dem vorherigen gleicht. Nachverhandlungen gibt es nicht mehr. Alles wird agil vereinbart. Das mag anstrengend klingen, spart jedoch im Nachhinein eine Menge Ärger und Aufarbeitungen.

---

[26] ... oder klingt interessant. Ansonsten werfen Sie das Buch zum Fenster raus.
[27] Vgl. Arnold, S. 35

AGILITÄT UND DIGITALISIERUNG GEHT UNS ALLE AN

> **Ein Blick in die Evolution 3:**
> **Die Rote Königin**
>
> Das Prinzip der Roten Königin stammt aus Alice im Wunderland und besagt: Um auf der Stelle zu treten, musst du so schnell laufen, wie du kannst. Um wirklich vorwärts zu kommen, musst du noch viel schneller laufen.[28] Übertragen auf uns bedeutet das: Um als Organisation am Leben zu bleiben, sollten wir zumindest die Informationen aufnehmen und verarbeiten, die wir passiv bekommen. Besser noch, wir kümmern uns aktiv um Informationen und lernen daraus.

Reflexion: Wie agil sollten wir werden?

- *Welche Teams, Abteilungen und Bereiche sollten bei uns agiler werden? Was würde ein agileres Vorgehen bringen?*
- *Welche sollten so bleiben wie sie sind, weil sie mit berechenbaren Standardfällen zu tun haben?*
- *Wie könnte die Digitalisierung bei diesen Standardfällen unterstützend wirken?*

1.6.1 Aktive oder reaktive Agilität

Wir haben bereits festgestellt, dass es zum Thema Agilität eine Menge Missverständnisse gibt. Agilität sei planlos, strategielos und chaotisch. Ein Teil des Problems entstand mit Sicherheit aufgrund der unklaren Formulierung des Begriffs Agilität. Ein Wort wie eine Füllwanne für eine Unzahl unterschiedlichster Assoziationen und Interpretationen. Adaptivität wäre sicherlich der eindeutigere Begriff gewesen, zumindest wenn es um reaktive Agilität ginge.

Daran scheiden sich die Geister: Will ich agiler werden, um schneller neue Ideen zu bekommen, um meine Kunden zu begeistern? Dabei handelt es sich lediglich um einen Wunsch nach aktiver Agilität:

1. Problem formulieren
2. Prototyp erstellen
3. Prototyp an einer kleinen Zielgruppe testen
4. Prototyp verfeinern
5. Produkt herausbringen

---

[28] Vgl. Schätzing, S. 64

ZUSAMMENHÄNGE ZWISCHEN DIGITALISIERUNG UND AGILITÄT

Die aktive Agilität benötigt einen offeneren Umgang mit Fehlern mit dem Ziel, die Dienstleistungs- oder Produktqualität zu erhöhen, damit zufriedenere Kunden zu bekommen und mehr zu verkaufen. Führungs- und Kooperationsthemen sind essentielle Basisthemen, ohne die auf Führungs- oder Mitarbeiterseite keine Weiterentwicklung einer Organisation stattfindet. Um Strukturen, Mitarbeiterzufriedenheit und Demokratie <u>kann</u> es gehen, <u>muss</u> es aber nicht. Sollten Sie sich weitgehend für Innovationsprozesse interessieren, werden Sie, neben den genannten Themen, das Kapitel über Gamification am spannendsten finden.

Das tiefere Verständnis von Agilität nenne ich reaktiv. Während eine aktive Agilität durchaus stark von oben gelenkt werden kann, erfordert eine reaktive Agilität umfassendere Umbaumaßnahmen. Hier finden komplexere Kulturveränderungen statt, die sich auch in den Organisationsstrukturen niederschlagen: Führungskräfte brauchen Vertrauen in ihre Teams, um diesen autonom-agile Entscheidungen zuzutrauen. Während aktive Agilität gut in abgekapselten Projektgruppen stattfinden kann, sind im Modell der reaktiven Agilität die operativen Abteilungen als primäre Berührungspunkte zum Kunden gefordert, sich stetig mit Reaktionen aus der Umwelt auseinanderzusetzen, um sich adaptiv anzupassen. Dazu sind nicht nur mehr Vertrauen von der Führungsseite nötig, sondern auch veränderte Organisationsstrukturen, die es ermöglichen, gegebenenfalls autonome und von der Linie abweichende Entscheidungen zu treffen.

Jede Abteilung muss sich die Frage stellen, was sie braucht:

	Aktiv	Reaktiv
Komplex	Forschung und Entwicklung IT Projekte Organisation	Personalwesen Service/Beratung Verkauf/Vertrieb
Kompliziert	Produktion Beschaffung Finanzen	✕

AGILITÄT UND DIGITALISIERUNG GEHT UNS ALLE AN

Die Grafik verdeutlicht, in welchen Abteilungen und Arbeitsbereichen ein reaktives, agiles Denken mittels Feedbackprozessen oder ein aktives, agiles Denken angebracht ist:

- Organisation, Forschung, Entwicklung und IT bringen neue Ideen in die Organisation. Ähnlich produzierend sind Projekte. Da die Konsequenzen neuer Ideen nicht absehbar sind, können wir sie als hoch komplex bezeichnen. Ein Grund, um sie mittels Prototypen zu testen.
- Beschaffung, Produktion und Finanzen sorgen für die Ressourcen und Herstellung der entwickelten Ideen. Das mag kompliziert sein, ist jedoch planbar und damit nicht (mehr) komplex.
- Das Personalwesen sowie Service- und Beratungsabteilungen sind weniger planbar. Hier schlägt die Stunde der Reaktion auf Kundenwünsche und damit der reaktiv-adaptiven Agilität.

1.6.2 Der Einstieg in die agile Organisation

Die Lösung auf dem Weg zu einer agilen Organisation, ob in Gänze oder zu Teilen, aktiv oder reaktiv, ist einfacher als viele Organisationen glauben:

Agile Herangehensweisen, wie eine höhere Entscheidungsfreiheit in Teams, werden offiziell erlaubt. Selbst wenn sie nicht in der gesamten Organisation eingeführt werden, sondern nur in einzelnen Abteilungen, werden sie die Kultur der Organisation von innen heraus verändern. Geschichtliche Beispiele für solche kulturellen Veränderungen gibt es zuhauf:

Als Ende der 1970er-Jahre Punkmusik aufkam, stieß diese neue Musikrichtung viele ernsthafte Musikfreunde vor den Kopf. Jahre später ging der Punk in den Grunge über und Jugendliche, die nichts mit Punk am Hut hatten, färbten sich die Haare bunt und trugen provokative Aufnäher. Anfang der 1960er-Jahre kam Beatpoetry[29] als neue Art der Lyrik auf. Heutzutage kann sich die Deutsche Bühnenszene kaum vor Poetry Slams retten. Fusion, Free Jazz, Cool Jazz, Hard Bop, World Music, Prog, Kubismus, Pointilismus, Graphic Novels, Jugendstil, Expressionismus, Surrealismus, Impressionismus. Zu Beginn war keine dieser Bewegungen ein Teil der etablierten Kunstszene. Heute gelten sie als kulturell anerkannte und respektable Kunststile.

Oder um es mit den Worten einiger Wirtschaftsvertreter als Reaktion auf Christian Lindners Satz „Es ist besser nicht zu regieren, als falsch zu regieren" zu sagen: „Es ist besser richtige Entscheidungen zum Teil umzusetzen, als gar nichts zu tun."

---

[29] z. B. Allen Ginsberg, Neal Cassady, Jack Kerouac, William S. Burroughs

1.7 Menschlichkeit und New Work in agitalen Zeiten

Je näher uns die Digitalisierung auf die Pelle rückt, desto lauter wird der Ruf nach Menschlichkeit. Um das zu verstehen, muss uns klar sein (oder werden), was Digitalisierung bedeutet. Digitalisierung ist eben <u>nicht</u> dasselbe wie Technologisierung. Digitalisierung ist <u>nicht</u> der 1:1-Austausch des Analogen durch Technik, des frontalen Kundengesprächs durch Dunkelverarbeitung im Hintergrund oder der menschlichen Entscheidung durch Algorithmus.

> **Ein Blick in die Evolution 4:**
> Photosynthese
>
> Eines Tages hatte die Evolution eine großartige Idee. Sie stattete unsere einzelligen Vorfahren im Ozean mit einer speziellen Membran und einer darin enthaltenen Bakterie aus, die Sonnenlicht wie ein Akku speichern kann. In einer zweiten Phase, der sogenannten Dunkelreaktion, wird diese Energie in Nahrung für die Zelle umgewandelt. – Wenn das mal nicht nach Dunkelverarbeitung klingt!

Wie so oft im Leben ist die Digitalisierung zugleich Fluch und Segen: Zum einen ist sie der große Ermöglicher neuer Jobs, zum anderen haftet ihr der Zwang an, seine Geschicke selbst in die Hände nehmen zu müssen.

1.7.1 Digitalisierung ist amoralisch

Digitalisierung als Treiber und Motor von Transformationsprozessen ist weder gut noch schlecht. Sie beschleunigt und verstärkt lediglich Prozesse, die ohnehin in Gang sind: die agile Anpassung an Kundeninteressen oder Autonomiebestrebungen von Mitarbeitern, vorzugsweise der Generation Y und Z.

Weil die Digitalisierung amoralisch ist, kann sie in die eine oder andere Richtung gehen. Sie ermöglicht oder fördert die Amazonisierung von Unternehmen oder den digitalen Taylorismus im Sinne einer Abhängigkeit der Mitarbeiter und Freiberufler von großen Unternehmen.[30] Bei Apple arbeiten aktuell 40.000 Freelancer ohne Sozial-, Kranken- oder Arbeitslosenabsicherung.[31]

---

[30] Vgl. Sattelberger, S. 15, in: Sattelberger et al.
[31] Ebd. S. 45

Die Digitalisierung kann aber auch zu einer umfassenden Humanisierung und Demokratisierung der Arbeitswelt führen, wenn wir es schaffen, digitale Aufgabenabstimmungs- und Wissensmanagementinstrumente so zur Koordination, Verteilung und Erfüllung von Aufgaben zu nutzen, um autonomere und zufriedenstellendere Arbeitsverteilungen zu ermöglichen. Und die meisten Freelancer sind mit ihrer Rolle sehr zufrieden. Sie können sich mit den Apple-Lorbeeren schmücken und sind gleichzeitig unabhängig, sich jederzeit neue Auftraggeber zu suchen. Sie müssen sich nicht an arbeitsrechtliche Bedingungen halten. Sie können um 3 Uhr nachts arbeiten, wenn sie gerade eine großartige Idee haben. Sie können im Silicon Valley arbeiten, in New York leben und damit Kunden rund um die Uhr betreuen. Und wenn wir an physische oder soziale Handicaps denken, kann es sogar sein, dass eine Arbeit von zuhause die einzige Möglichkeit ist, überhaupt zu arbeiten.

Wir brauchen daher dringend eine Diskussion über die Frage, wie die Digitalisierung unser Leben und das Leben der Kunden erleichtert und wann wir damit eine Grenze überschreiten, nur weil es machbar ist.

Die Frage nach der Abhängigkeit ist eine Frage der Perspektive und eine Frage der Optionen. Hochangesehene Freelancer halten immer die Trümpfe in der Hand. Wer eine Festanstellung hat, ist unkündbar. Wer jedoch als Scheinselbstständiger nur einen großen Auftraggeber hat, besitzt weder einen hohen Status, noch Sicherheit.

1.7.2 Was bedeutet Menschlichkeit?

Die Frage nach der Menschlichkeit wurde selbstredend zu einem beliebten Thema in Social Fiction-Dramen auf unseren Kinoleinwänden und Fernsehbildschirmen, beispielsweise in der Serie *Black Mirror*, als Anspielung auf den kleinen schwarzen Bildschirm, in den wir alle mal seelenlos und mal euphorisch wie kleine Kinder glotzen:

- Ist es wünschenswert, sich ein Implantat einzupflanzen, mit dem wir nach einem Gespräch jede einzelne Szene in Zeitlupe ablaufen lassen können, um zu ergründen, wie es lief? Ist es ein evolutionär positiver oder negativer Schritt, damit vermeintlichen Lügen auf die Spur zu kommen? Und wie gehen wir anschließend mit diesen Informationen um?
- Ist es hilfreich für unsere Kommunikation, in Zeiten größten Stresses sein Gegenüber zu blocken und damit das Gespräch für zehn Minuten auf stumm zu schalten? Hilft uns dieser Abstand? Oder hindert das Blocken uns daran, einen Konflikt zu lösen, wenn das Weglaufen so leicht ist?

- Ist es sinnvoll, die Welt um uns herum mit Sternen zu bewerten, um Aggressionen zu verhindern? Wer will schon schlecht bewertet werden? Oder treibt dies unseren vorhandenen Political Correctness- und Evaluations-Wahn in Sphären, in denen sich niemand mehr traut, einem anderen die Meinung zu sagen, weil er ansonsten aus seinem Job fliegt und nicht einmal mehr ein Auto buchen kann, weil er als unberechenbar gilt?

Doch was bedeutet Menschlichkeit? Bedeutet es, dass Menschen die endgültigen Entscheidungen treffen? Blicken wir auf die Geschichte unserer Kriege und Umweltzerstörungen, müssen wir bedauerlicherweise feststellen, dass unsere Menschlichkeit unsere Welt schon einige Male gefährlich nahe an den Abgrund getrieben hat.

Könnte ein Roboter sogar bessere Entscheidungen treffen? Könnte ein Android wie Winona Ryder in *Alien 4* sogar menschlicher sein als wir selbst? Wenn Sie mich fragen, wen ich aktuell als Präsidenten der Vereinigten Staaten bevorzugen würde: Donald Trump oder einen Algorithmus? Der Algorithmus würde zumindest alle Fakten zur Iran-Frage sammeln und sauber gegeneinander aufwiegen, bevor er entscheidet, ob der Ausstieg aus dem Atomabkommen sinnvoll ist oder nicht. Dem Algorithmus ist es egal, ob er schnellen Applaus bekommt oder nicht – in unseren digital-hysterischen Zeiten geradezu ein Segen.

Die Digitalisierung von Organisationsabläufen zwingt uns, Prozesse komplett neu zu überdenken, um zu klären, was in Zukunft digital ablaufen kann, soll oder muss.

Wie jedoch wollen wir uns digital helfen lassen? Könnten wir es uns bei der Nutzung der Technik nicht leicht machen? Der Computer bereitet Entscheidungen vor. Der Mensch bekommt die Informationen, trifft seine Entscheidung und verkauft diese dem Kunden.

Ist es so einfach? Was passiert, wenn Menschen entgegen den Informationen des Algorithmus entscheiden (wollen)? Wie könnten sie ihre Entscheidung rechtfertigen?

Seien wir ehrlich: Letztlich hat der Computer die Entscheidung getroffen. Die meisten Menschen sind Herdentiere und verlassen sich lieber auf das, was sie schwarz auf weiß stehen haben, statt auf ihr Bauchgefühl. Und warum sollte der Computer falsch liegen, wenn ich ein gegenteiliges Bauchgefühl habe? Das Ja zur Computerentscheidung muss nicht erklärt werden. Ein Nein müssten Sie rechtfertigen.[32]

Und was passiert, wenn Algorithmen im Zuge der künstlichen Intelligenzentwicklung dazulernen? Werden wir dazu degradiert, die Entscheidungen des Computers

---

[32] Für eine Erheiterung am Rande geben Sie auf YouTube doch einmal in die Suche „Computer says No" ein.

einem ungläubigen Kunden zu erklären, obwohl wir sie selbst nicht verstehen? Während Androiden unseren Job übernehmen und uns letztlich wie Sklaven halten? Vielleicht muten wir den Computern ja das zu, was wir selbst tun würden. Vielleicht übertragen wir unsere eigene Grausamkeit auf Algorithmen.

Ohne eine Diskussion über Menschlichkeit und Werte hätte Captain Kirk in der Zukunft keine Chance gegen Spock, dabei waren die Sympathien bisher doch klar verteilt, oder nicht? Spock sagte „Hü", Kirk sagte „Hott" und machte es aufgrund seines Bauchgefühls doch anders. Und wir applaudierten.

Wie viel Menschlichkeit in Zeiten der Digitalisierung wollen wir uns also bewahren?

1.7.3 Disruptiv? Evolutionär!

Die Digitalisierung ist nicht disruptiv. Sie ist nicht aggressiv oder gefährlich. Wir brauchen keine Angst vor der Digitalisierung haben. Stattdessen sollten wir Angst vor der Wahrheit haben, wenn wir unser Menschenbild offenbaren müssen.

Die Digitalisierung kann gut oder schlecht eingesetzt werden. Sie zwingt uns, uns mit gewichtigen Fragen auseinanderzusetzen:

- Dürfen Programme und Algorithmen unser Leben bestimmen?
- Welche Ziele werden mit diesen Algorithmen verfolgt?
- Dürfen Algorithmen zu einem höheren Zweck Persönlichkeitsrechte beschneiden?
- Wer wird in die Programmierung von Algorithmen mit einbezogen?

Oder konkreter:

- Dürfen wir ältere Menschen rund um die Uhr überwachen, wenn wir damit gewährleisten, dass sie weiterhin zuhause wohnen?
- Inwiefern können gerade Menschen, die der Digitalisierung skeptisch bis ängstlich gegenüberstehen, ihre Erfahrungen in Algorithmen einspeisen, um ein Teil der gesellschaftlichen Weiterentwicklung zu werden?
- Wie gewährleisten wir, dass Algorithmen nicht missbraucht werden, dass beispielsweise eine Polizei-Software mit dem Zweck der Gewaltprävention in Risikovierteln nicht zur Überwachung potenzieller Krimineller eingesetzt wird oder Datenkraken wie Google, Facebook oder Apple ihre Daten nicht missbrauchen?

Fakt ist: Noch entscheidet der Mensch, was er programmiert und welche Daten er wie verwendet. Fakt ist, dass Menschen nicht immer wohl überlegt entscheiden und so manche Entscheidung aus dem Bauch heraus unklug ist. Unsere Entscheidungen sind geprägt durch Vorurteile, Emotionen, Zeitdruck und Manipulationen, ja sogar durch das Wetter. Es gibt den Herdentrieb, den Effekt des virtuellen Besitzes, falsche Wahlmöglichkeiten, den Halo- und Teufels-Effekt und Entscheidungen aufgrund von Sympathie oder Antipathie. Als Angeklagter sollte ich dafür beten, dass der Richter seine Entscheidung über meine Zukunft mit vollem Magen trifft und nicht mitten im 11 Uhr-Loch. Suche ich als Bewerber einen Job im Niedriglohnsektor, darf ich mich über meinen Meier-Müller-Namen freuen. Ein ausländischer Name hingegen verringert meine Chancen in diesem Arbeitsmarkt enorm. Suche ich etwas höher Dotiertes, kann ein ausgefallener Name, gerne mit exotischem, indisch angehauchtem Flair, hilfreich sein.

Sind Computer als gefühlskalte Objekte paradoxerweise vor lauter Rechenleistungen unberechenbar? Können wir Algorithmen mehr vertrauen als den Launen eines Menschen? Oder haben wir Angst davor, diese emotionale Unberechenbarkeit des Menschen, seine Spontaneität und Verrücktheiten einmal zu vermissen? Wir streben die ganze Zeit danach, unser Leben durchzuplanen und zu perfektionieren und dann vermissen wir das Unberechenbare? Verrückt!

1.7.4 Die siebte Stufe der digitalen Entwicklung

Die Entwicklung unserer Computeralgorithmen ist weit vorangeschritten. Computer schlagen den Menschen in Go und Schach, arbeiten selbstständig als Staubsauger und Rasenmäher.[33] Und wir staunen darüber, wie zielsicher der Computer seine Züge setzt. Doch die Entscheidungen in Go und Schach sind zwar kompliziert, aber berechenbar. Die Möglichkeiten an Spielzügen sind endlich. Pflegeroboter haben es da um einiges schwerer. Sie können zwar eine Grundversorgung kranker Menschen sicherstellen, auf individuelle und damit unberechenbare Wünsche können sie nicht eingehen.

Treffen Mitarbeiter am Servicepoint auf einen Kunden, ergibt sich ein ähnliches Bild. Die Hauptarbeit betrifft die Grundversorgung durch standardisierte Verfahren, Abläufe und Dokumente. Andererseits tauchen immer wieder Sonderwünsche auf, wozu auch der Umgang mit Kritik zählt. Konflikte jedoch sind zu komplex für Algorithmen. Dass Unternehmen dies genauso sehen, zeigt eine Studie des Personaldienstleisters Manpower Group: 86 Prozent der befragten 20.000 weltweit angesie-

---
[33] Vgl. Liebermeister, S. 121 ff.

delten Unternehmen gaben an, trotz umfassend geplanter Digitalisierungsmaßnahmen ihr Personal zu halten oder sogar mehr Mitarbeiter einzustellen. Zwar werden Verwaltungsstellen mit reinen Routinetätigkeiten zunehmend abgebaut, zeigt sich jedoch in einer Stelle ein Bedarf an kommunikativen Softskills, werden diese auch entsprechend eingebaut.[34]

Lassen Sie uns über eine weitere, eine siebte Stufe unserer digitalen Entwicklung nachdenken: Was wäre, wenn wir all die Vorteile von Computern aus den vorherigen Stufen nehmen und sie so in unser Leben integrieren, dass sie uns nutzen, statt uns zu ersetzen, wovor so viele Mitarbeiter Angst haben und deshalb digitale Transformationen blockieren? Auf dieser Stufe verlassen wir das Modell der Digitalisierung als Treiber und nehmen das Heft wieder selbst in die Hand.

Auf der siebten Stufe der digitalen Entwicklung unterscheiden wir klar, welche Aufgaben von Computern übernommen werden und welche nicht:

1. **Normative Entscheidungen** trifft der Mensch. Computer können Daten sammeln, sogar die ganz Großen – eine Ethik haben sie nicht. Die Grenzen der Machbarkeit muss der Mensch aufzeigen. Das Argument „Irgendwann wird es ohnehin gemacht", zählt für mich nicht. Muss ich an vorderster Front dabei gewesen sein, weil es ohnehin gemacht wird? Diese Ausrede erscheint mir zu billig, schiebt sie die Verantwortung doch einer nebulösen Masse zu.
2. **Strategische Entscheidungen** zur Ausrichtung einer Organisation bleiben ebenfalls dem Menschen überlassen. Computer können nicht darüber entscheiden, ob wir Kooperationen bevorzugen, es in unserer Organisation humorvoll zugehen soll oder ob Konflikte ausdiskutiert werden sollten.
3. **Übrig bleiben die operativen Entscheidungen.** Ist das Gebiet der Entscheidungen in allen Varianten wie auf einem Schachbrett abgesteckt, können Computer Zug um Zug ihr riesiges Datenpotenzial nutzen. Doch selbst hier fehlt den Computern die Fähigkeit, spontan und kreativ auf Unvorgesehenes zu reagieren. Fühlt sich der Schachgegner betrogen, schreit er und beginnt, sein Gegenüber verbal zu attackieren, wie es im Berufsleben mit Kundenkontakt alltäglich passiert. Wenn uns das letzte Päckchen Socken vor der Nase wegstibitzt wird, hilft uns selbst Big Data nicht weiter. So viele Emotionen kann aktuell nicht einmal der schnellste Computer verarbeiten.

In Anbetracht der Kundeninteressen befinden wir uns auf der siebten Stufe in einem seltsamen Paradoxon: Nicht der Computer mit seiner riesigen Rechenleistung kon-

---

[34] Vgl. manager Seminare: Kommunikationsfähigkeit schießt Roboter ins Abseits, Heft 243/2018, S. 8

trolliert die Fehler der Mitarbeiter, sondern Mitarbeiter kontrollieren mögliche Fehler des Computers. Denn im Falle eines Fehlers ist vor Gericht niemals der Computer verantwortlich, sondern der Mensch – derjenige, der den Algorithmus programmierte, ihn einkaufte, einsetzte und seine Entscheidungen auf dessen Basis traf.

Auch wenn sich Mitarbeiter mit Routinetätigkeiten berechtigte Sorgen um ihren Arbeitsplatz machen, steht der Mensch als Stratege, Kreativer und Wissensarbeiter nach wie vor im Mittelpunkt der Arbeit.[35] Ohne ihn werden keine Algorithmen programmiert und schlussendliche Entscheidungen getroffen.

Klären wir von Beginn an, welche Prozesse Computer übernehmen, dass Werte und Strategien keine Entscheidungen sind, die wir Computern überlassen und letztlich ausschließlich die rein operativen Entscheidungen eine Sache der Algorithmen sind, bekommen sogar Skeptiker Vertrauen in die digitale Transformation. Damit ist der Weg frei für Digitalisierungsmaßnahmen zur Unterstützung autonomer Prozesse im Sinne einer sogenannten „Liquid Democracy".[36]

Vielleicht kommen wir damit der vielzitierten New Work näher: Algorithmen erledigen für uns langweilige Routinearbeiten, damit der Mitarbeiter von morgen gestalten und mitentscheiden kann und dadurch den Sinn in seiner Arbeit wiederfindet.

1.7.5 Agil-demokratische Werte

Der Optimierungszwang

Agil zu agieren bedeutet nach gängiger Lesart[37],
- Prozesse zu optimieren, ohne Ressourcen zu verschwenden,
- als Strategie so kundenorientiert wie möglich zu denken,
- jederzeit auf eine Steigerung der Leistung, der Verbesserung der Dienstleistung und des Wettbewerbsanteils aus zu sein,
- Veränderungen stetig einzubauen und
- beständig auf der Suche nach neuen Chancen zu sein.

Die bisherige Unternehmensorientierung soll folglich komplett in Richtung Markt- und Kundenorientierung übergehen. Doch wo bleibt in diesem Setting der Mensch? Wo bleibt der Mitarbeiter? Und wundern sich die Organisationsexperten, dass ihre Lean Management-Pläne nicht funktionieren?

---
[35] Vgl. von Rottkay, S. 253, in: Sattelberger et al.
[36] Vgl. Dörre, S. 105, in: Sattelberger et al.
[37] Vgl. Scheller, S. 47 ff.

AGILITÄT UND DIGITALISIERUNG GEHT UNS ALLE AN

Das agile Denken kommt aus dem Projektmanagement, speziell aus der Softwarebranche und noch spezieller von kleinen Start-ups. Dort sind die Mitarbeiter es gewohnt, flexibel und bis an die persönliche Schmerzgrenze zu arbeiten. Für diese Menschen ist der Unternehmer im Unternehmen keine Wunsch-Floskel. Nicht, weil sie es müssen, sondern weil es ihnen Spaß macht. Anders ließen sich Millionen von Open Source-Programmen nicht erklären.

Trifft diese naturgemäß agitale Welt auf die Denkweise von Verwaltungskräften und Angestellten traditioneller Linienarbeiter, entstehen verständlicherweise Übertragungsprobleme. Doch auch vor dieser Welt werden Digitalisierung, Agilität und im Gepäck Demokratisierungsprozesse keinen Halt machen. Die Zeit der Stechuhren ist vorbei. Kreative Prozesse lassen sich nicht in einen 8-Stunden-Tag pressen, wenn die besten Erkenntnisse erst nach der Arbeitszeit kommen. Und doch führen viele Menschen nach wie vor ihre Anwesenheitskarten in die Druckmaschine ein. Als sehnten sich manche nach einem schwarzen Stempel auf ihrer Karte als Zeichen dafür, zu den Guten zu zählen.

Wie gehen wir um mit Mitarbeitern, die an ihrem 8-Stunden-Tag festhalten und sich nicht in einem Prozess des lebenslangen Lernens stetig selbstoptimieren wollen? Wie gehen wir um mit Mitarbeitern, die einfach ihren Job machen wollen? Auch in Zukunft wird es Menschen geben, die sich lieber um ihre Familien und Hobbys kümmern. Mitarbeiter, die nicht einmal an einer demokratischen Beteiligung interessiert sind. Werden wir für diese Menschen Nischen bereithalten und können wir es uns überhaupt leisten, diese Nischen zuzulassen? Können wir die Weiterentwicklung unseres Kundenangebots von der Weiterentwicklung der Mitarbeiter trennen? Sprich: Weiterentwicklung unserer Angebote: Ja. Lebenslanges Lernen: Nein.

Bereits Carl Rogers[38] schrieb vom angeborenen Drang des Menschen zur persönlichen Weiterentwicklung. Wäre es anders, wären wir nicht neugierig. Ich hege die große Hoffnung, dass uns das digitale Zeitalter dabei hilft, einen Ausweg aus unserer systemischen Unmündigkeit zu finden. Die aufgeworfenen Fragen sollten daher keine Entweder-oder-Fragen sein, sondern Fragen, die sich mit dem Wie, Wieviel und Wann beschäftigen: Wie schaffen wir es, auch diese Mitarbeiter mitzunehmen? Wie viel Zeit gönnen wir ihnen? Wie viele Mitarbeiter müssen mindestens mitziehen? Wann ist es genug mit der Selbstoptimierung?

Vermutlich sind es genau diese Kollegen und Kolleginnen, die uns wertvolle Hinweise darauf liefern, wo die Grenzen der Digitalisierung und Agilität liegen.

---

[38] Rogers: Klientenzentrierte Gesprächstherapie

Der digital-transparente Mitarbeiter

Und wie steht es mit der Transparenz der Mitarbeiter? Die digitalen Schattenseiten übermäßiger Transparenz bis hin zum öffentlichen Pranger kennen wir alle:

- Der Einblick in Gehälter kann Mitarbeiter zu Höchstleistungen anspornen. Er kann auch zu Neid und Missgunst führen, sofern eine Organisation dem internen Wettbewerb mehr huldigt als der gegenseitigen Kooperation und Unterstützung.
- Eine digitale Veröffentlichung der aktuellen Tätigkeiten jeden Mitarbeiters, inklusive der Erfolge und Misserfolge mit der Möglichkeit, Feedback zu vergeben, erscheint aus Fehler- und Feedbackkultur-Sicht grandios. Allerdings nur unter der Bedingung, dass die kulturellen Weichen bereits gestellt wurden, um nicht in eine öffentliche Hetzjagd auszuarten.
- Gamification-Wettbewerbe im digitalen Raum können den Mitarbeitern einen riesigen Spaß bereiten. Jedoch können sie auch zu Häme, Scham und Stress führen.

Maßvoll eingesetzt, besitzt Transparenz eine Menge demokratisch-agile Sonnenseiten. Digitale Transparenz

- erleichtert Beziehungen, vor allem für Introvertierte,
- fördert kreative Prozesse (Stichwort: Schwarmintelligenz),
- ermöglicht eine Zusammenarbeit über große Distanzen,
- erleichtert die Äußerung unbequemer Meinungen aus der Distanz,
- neutralisiert Stigmatisierungen, sofern möglichst viele Stellungnahmen ein differenziertes Meinungsbild ergeben,
- verschafft Anerkennung, wenn die Meinungsstreuung weit genug ist,
- politisiert und organisiert Mitarbeiter, wenn daraus reale Handlungen entstehen (Stichwort aus organisationsfernem Kontext: Flashmob) und
- entschärft den Mythos der Perfektion, indem Beta-Versionen online getestet werden.

In was für einer agital-demokratischen Welt wollen wir leben? Welche Werte wollen wir uns geben?

Reflexion: Ihre Werte

- *Welche Werte wollen Sie erhalten?*
- *Was bedeutet für Sie Menschlichkeit?*
- *Wozu ist die Digitalisierung in Ihrer Organisation sinnvoll?*

AGILITÄT UND DIGITALISIERUNG GEHT UNS ALLE AN

- *Welche Tätigkeiten oder Teilprozesse könnten Algorithmen übernehmen? Welche nicht?*
- *Wo liegen ethische Grenzen?*
- *Wie viel Optimierung und Selbstoptimierung wollen Sie den Mitarbeitern auferlegen? Ist die persönliche Weiterentwicklung zu ihrem besten? Wer entscheidet das?*
- *Wofür ist Transparenz gut?*
- *Wo liegen die Grenzen der Transparenz?*

1.7.6 Agil-demokratische Rahmenbedingungen

Der Agilität wird oftmals vorgeworfen, dass sie ins Chaos führe. Jeder pickt sich die Rosinen heraus, erledigt nur das Nötigste, Qualität und Leistung leiden, missliebige Aufgaben werden nicht mehr übernommen und am Ende weiß niemand, wer wann was zu tun hat.[39]

Würden wir eine hierarchische Organisation von heute auf morgen in eine selbstorganisierte überführen, bräche tatsächlich Chaos aus. Selbstorganisation will gelernt sein. Arnold erläutert dies anhand der Regelung im Straßenverkehr.[40] Früher gab es an Kreuzungen Verkehrspolizisten. Heute gibt es den Kreisverkehr, dessen Regeln zwar einfach, deren Anwendung jedoch komplex sind: Nicht stoppen, wenn nicht nötig, sondern aufmerksam und zügig in den Kreisverkehr ein- und wieder ausfahren, allenfalls in Großstädten wie Paris zusätzlich in die richtige Spur einordnen. Der Kreisverkehr wird damit zur globalen Fußgängerzone für die Provinz.

Autonomie und Kreativität müssen vielen Mitarbeitern erst wieder angelernt werden. In einer groß angelegten Studie untersuchten die Kreativitätsforscher Jarman und Land 1.600 Kinder im Alter von 5 Jahren. Die Ergebnisse überraschten: 98 Prozent der Kinder stuften sie als hoch kreativ ein. Fünf Jahre später testeten sie dieselben Kinder erneut, mit dem Ergebnis, dass nur noch 30 Prozent hochgradig kreativ waren. Weitere fünf Jahre später sank die Rate der Hochkreativen auf 12 Prozent. Und eine Vergleichsstudie an 280.000 Erwachsenen ergab eine erschreckende Quote von 2 Prozent.[41]

Um Teams zu mehr Selbstorganisation anzuleiten, braucht es deshalb Regeln und Strukturen zur Überleitung von hierarchischen Abläufen hin zu mehr Demokratie,

---

[39] Vgl. Arnold, S. 130 f.
[40] Ebd. S. 47
[41] Vgl. Förster/Kreuz, S. 42 ff.

Kreativität und Entscheidungsfreude. Offensichtlich gilt es, Autonomie und Kreativität wieder zu erlernen, nachdem unser Schul- und Universitätssystem uns diese Fähigkeiten aberzog.

Die 4R-Methode

Einen raschen Einstieg in die agile Teambildung ermöglicht die von mir entwickelte 4R-Methode. Die 4R bieten einem Team eine Orientierung, um Überforderungen auf dem Weg zu mehr Autonomie und Demokratie zu vermeiden:

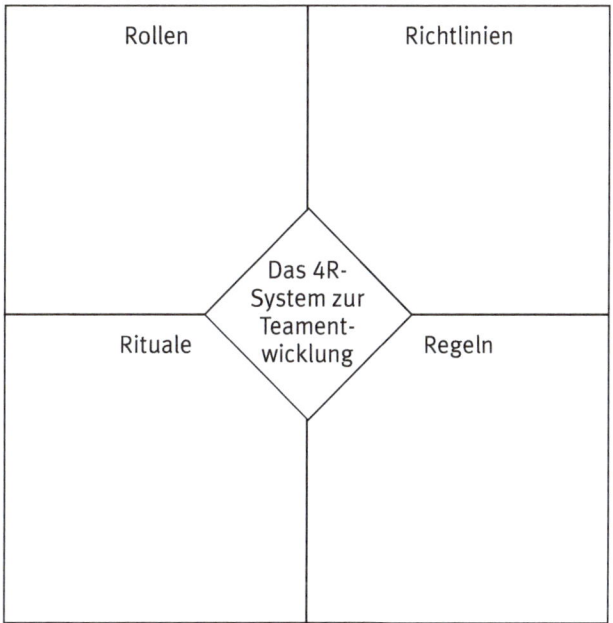

Wir beginnen mit den Rollen und folgen dem Uhrzeigersinn:
- Die strikten Rollen von Teamleiter und Gefolge lösen sich auf. Dafür bilden sich neue Rollen aus wie Visionär, Entwickler, Planer, Organisator, Beziehungsförderer, Promotor und Kontrolleur.
- Richtlinien sind keine konkreten, fixen Regeln, sondern grobe Orientierungen im Sinne eines Wertegerüsts.

AGILITÄT UND DIGITALISIERUNG GEHT UNS ALLE AN

BEISPIEL: DIE NETFLIX-RICHTLINIEN[42]

- Frag deinen Chef regelmäßig, was er tun würde, um dich zu halten.
- Erkundige dich regelmäßig nach deinem Marktwert.
- Die Konsumenten entscheiden, was gut ist, nicht der Chef.
- Es gibt keinen offiziellen Urlaub. Die Chefs posten dennoch Urlaubspostkarten, um zu zeigen, dass Urlaub nicht nur erlaubt, sondern erwünscht ist.
- Was zählt, sind keine Mission Statements oder Strategiepläne, sondern Ergebnisse.
- Entscheidungen werden so autonom getroffen wie möglich und so vernetzt wie nötig.
- In Flautephasen wird besonders viel in Mitarbeiter investiert.

Während Richtlinien einem Team ein gemeinsames Wertegerüst verleihen, bieten uns Regeln ein engeres Korsett. Verstöße gegen Regeln werden strenger gehandhabt als gegen Richtlinien.

Mögliche Teamregeln lauten:
- Einmal tief durchatmen, bevor ich einen Teamkollegen angreife.
- Angriffe sollten sachlich und niemals persönlich sein.
- Im Zweifel nachfragen.
- Niemals Gerüchte in die Welt setzen, sondern klären.
- Wer anderer Meinung ist: Raus damit!
- Jeder hat Recht, aus seiner Perspektive.
- Und besonders für die Teamleiter: Erst zuhören, dann reden.

Rituale schließlich sind verbindliche, regelmäßige Strukturen, die einem Team einen festen Rahmen verleihen. In vielen Teams gibt es freitagnachmittags die wöchentliche Dosis Lessions learned:
- Was lief diese Woche gut?
- Was lief schlecht?
- Was können und wollen wir verändern und verbessern?

An sich könnte dieses Ritual einem Team eine Struktur verleihen, glichen die meisten Feedbackrunden nicht einem Nichtangriffspakt, bevor sich jeder so schnell wie möglich ins Wochenende verabschiedet.

---
[42] Vgl. Keese, S. 172

Und vielleicht führen Sie zusätzlich zu echten Feedbackrunden das Ritual ein, dass Teamleiter bei jeder delegierten Aufgabe „Autsch" sagen, wenn ihnen das Loslassen schwerfällt.

Weitere Regeln, Rollen, Rituale und Richtlinien werden wir uns in Kapitel 7 unter den demokratisch-agilen Strukturen ansehen.

Reflexion: Rahmenbedingungen

- *Welche Regeln, Rollen, Rituale und Richtlinien gibt es bei Ihnen?*
- *Welche davon stabilisieren Ihre Teams?*
- *Welche machen sie agiler?*
- *Welche verhindern Agilität?*
- *Wie demokratisch werden diese Strukturen ausgehandelt?*
- *Wie demokratisch könnten sie ausgehandelt werden?*
- *Welche Regeln, Rollen, Rituale und Richtlinien können Sie sich vorstellen, um sie in Ihren Teams einzuführen?*

2
EIN AGITAL-DEMOKRATISCHES MINDSET ALS RAHMENMODELL

2.1 Evolutionsstufen von Organisationen

Eine Vielzahl an Forschern ist sich einig, dass Organisationen oder Teams wie auch Länder verschiedene Evolutionsstufen[43] durchlaufen, auch wenn manche Organisationen oder Einzelpersonen scheinbar auf einer Stufe hängen blieben:

- Der Stärkere setzt sich durch.
- Zum Schutz des Einzelnen bilden sich kleine Stämme (Familien) heraus.
- Die Gruppen werden größer und unüberschaubarer. Eine mächtige Figur im sozialen Gefüge, oft Big Man[44] genannt, trifft alle großen Entscheidungen und schafft damit Freiräume für die Privatheit seines Volkes.
- Hierarchien, Gesetze und Strukturen schaffen klare Verhältnisse darüber, wer aufsteigt, wer sanktioniert wird und wer zu welcher Gruppe gehört. Letztlich werden durch diese Regelungen große Kriege ebenso wie kleinere Privatfehden unterbunden.
- Die Orientierung an Leistung führt zu Erfindungen und Wachstum. Wer mehr leistet, bekommt mehr Geld, Ruhm, Ansehen und Macht.
- Gleichberechtigung, soziale Ausgleichs- und Fairnessregeln gleichen die schlimmsten negativen Auswüchse des „Höher, Weiter, Schneller" aus. Ab hier spielen ethisch-moralische Grundsätze eine Rolle. Die Umwelt wird genauso wichtig wie Inklusion.
- Die letzte Stufe wird meist „integral" genannt und sollte neben einer Integration der vorherigen Stufen, die je nach Bedarf abgerufen werden, Komponenten komplexer, mediativer Denkweisen beinhalten: Die Welt ist nicht einfach zu erklären. Manchmal ist das eine, dann wieder das andere richtig. Manchmal ist es richtig zu denken, ein andermal zu fühlen.[45] Grundsätzlich ist ein Mensch, ein Team oder eine Organisation auf dieser Stufe offen und neugierig. Er/sie/es hat Lust auf Entdeckungen.

---

[43] Vgl. Hübler 2017, S. 52 f. Meist werden die Graves-Level erwähnt. Zudem gibt es eine Vielzahl an Historikern, Soziologen oder Psychologen, wie beispielsweise Jean Gebser oder Jane Loevinger, die aus unterschiedlichen Perspektiven auf ähnliche Ergebnisse stießen.
[44] Ich werde im Folgenden von einer Big Person sprechen.
[45] Vgl. Scheller, S. 366 ff.

- Im digitalen Kontext lassen sich all die Vorteile, die Computer und Algorithmen zu bieten haben, ebenso integrieren, auf dem Weg zu einer menschlich-androiden Arbeitsweise, mit dem Menschen im Cockpit und dem Computer als Gehilfen.

Auch wenn manche Stufen abgehakt wurden, können sie in unterschiedlichen Phasen wieder aktuell werden, etwa in Krisenzeiten oder wenn Veränderungen nicht sofort greifen. Zudem existieren in jedem Land und in jeder Organisation diverse Strömungen nebeneinander. Unsere Parteienlandschaft bedient genau diese unterschiedlichen Stufen:

- Die CDU bedient das Bedürfnis nach Gesetz und Ordnung,
- die FDP das Bedürfnis nach Leistung und Wachstum,
- die SPD das Bedürfnis nach Gerechtigkeit und
- die Grünen erweitern dieses Bedürfnis nach Fairness vom Menschen hin zur Umwelt.

2.1.1 Die Zeit der mächtigen Männer

Zu Zeiten eines Franz Josef Strauß', Helmut Schmidts, Herbert Wehners, Willy Brandts, auch noch zu Gerhard Schröders und Joschka Fischers Zeiten gab es zumindest in Anklängen noch die Zeit der großen Männer. Studien zufolge werden diese politischen Gallionsfiguren von den 20 Prozent der Bevölkerung vermisst, die jemanden brauchen, der laut und knallig verkündet, was Sache ist. In diese Kerbe stößt Donald Trump, in Deutschland die AfD, in anderen Ländern die entsprechenden nationalen Wi(e)dergänger. Angela Merkel als Deutschlands Verwaltungskraft Nummer Eins kann offensichtlich nicht die Big Woman bieten, die manche gerne hätten. Oder wie die ARD schreibt: Die Raute reicht nicht mehr. Die Politik befindet sich damit in einem Dilemma: Politisch korrekt agieren und dennoch auf die Pauke hauen? Eine neue Big Person installieren? Wie Emmanuel Macron? Oder lernen, die AfD auszuhalten, Stichwort Ambiguitätstoleranz, wie ein Päckchen auf der Schulter, das uns stetig daran erinnert, auf was es in der Politik ankommt: Alle Bürger mitzunehmen, statt sich auf einer angenehmen Prozentzahl auszuruhen. Immerhin unken manche, die CDU als größte Partei freue sich über eine geringe Wahlbeteiligung. Sieht so unser Verständnis für Demokratie aus?

2.1.2 Konsequenzen der Evolutionslogik für agile Organisationen

Aus einem evolutionären Blickwinkel stehen agile Teams auf einer ganz hohen Stufe:[46]

- Teams treffen autonome, selbstverantwortliche Entscheidungen, von der Anschaffung einer Maschine über die Umarbeitung von Prozessen bis hin zur Gehaltshöhe.
- Die Teammitglieder kommunizieren auf Augenhöhe. Sie gehen reif und erwachsen miteinander um.
- Die Teammitglieder sind ehrlich zueinander. Es herrscht ein großes Vertrauen vor.
- Agile Teams werden langfristig durch gemeinsame Ziele und einen verbindlichen Wertekodex zusammengehalten.

> **Ein Blick in die Evolution 5:**
> **Zellteilung oder Sex?**
>
> Unsere einzelligen Vorfahren hatten ein riesiges Problem, das sie erst erkannten, als es schon fast zu spät war. Sich selbst zu klonen ist zwar einfach, führt jedoch mit der Zeit in den Kollaps, wenn es zu viele Einzeller einer Sorte auf der Erde gibt. Und sobald sich eine kleine Veränderung in den Umweltbedingungen ergibt, sterben alle Gleichzeller auf einmal aus. Die Lösung: Sex. Defekte im Erbmaterial werden abgeschwächt. Die Nachkommen werden resistenter.[47]

Soweit zu einzelnen Teams. Auf der Organisationsebene sieht es etwas anders aus. Dort befinden sich viele agile Unternehmen, insbesondere, wenn sie ihre Wurzeln im Lean Management haben, auf einer evolutionären Leistungsstufe. Ethische Aspekte wie Umweltschutz oder Gleichberechtigung sind durch kurzfristige Kundenfeedbacks selten erwartbar. Dafür ist das Gehirn des Kunden in der Regel zu kurz auf Sparen oder Rechthaben geeicht. Umso wichtiger, die normative Seite nicht ausschließlich den Kunden zu überlassen, sondern eigene agital-demokratische Ethiknormen zu etablieren. Doch seit einigen Jahren ziehen ethisch verantwortungsbewusste Unternehmen mit einem demokratischen Verständnis von Führung und Management nach. Beispiele gibt es mittlerweile zuhauf.[48]

---
[46] Vgl. Scheller, S. 369
[47] Vgl. Schätzing, S. 66
[48] Vgl. Laloux, in: Sattelberger et al.; Arnold; Oesterreich/Schröder, in: Sattelberger et al.

EIN AGITAL-DEMOKRATISCHES MINDSET ALS RAHMENMODELL

Die systemische Wirklichkeit der meisten Organisationen ist allerdings heterogener als ich es soeben darstellte. In der Regel leben Mitarbeiter eine offizielle Version der Leitlinien und normativen Vorgaben, festgeschrieben in einer Qualitätspolitik und einem Wertecodex, den seit seiner Verfassung niemand mehr gelesen hat, agieren jedoch in ihren Teams und Abteilungen in einer Parallelwelt, die, sofern erfolgreich, geduldet wird. Die offizielle Wertepolitik glorifiziert das WWW: Weitblick, Wettbewerb und Wachstum, während inoffiziell Kooperativität, Kollegialität und Kokreativität gelebt werden.

Diese Abweichungen können an einzelnen Personen liegen, die anders ticken als ihre Kollegen. Manche erwarten und brauchen, wenn nicht knallige, so doch klare Entscheidungen von oben. Zumindest wünschen sie sich eine Führungskraft, die mit Idealismus vorangeht, zu dem steht, was sie sagt und Verantwortung übernimmt. Wird Agilität – hoppladihopp – eingeführt, führt dies zu mehr Verwirrung bei den Mitarbeitern als nötig wäre. Der Führungsriege wurde nahegelegt, loszulassen. Und sie lassen los, indem sie den Mitarbeitern sagen: Jetzt seid ihr dran. Das führt auf manchem Firmenflur zu ratlos-langen Gesichtern. So ist es kein Wunder, dass der Schrei nach Regeln, Regeln und noch mehr Regeln dort am größten scheint, wo die Freiheit am nächsten liegt. Andere jubilieren: endlich Gleichberechtigung, endlich Demokratie und Mitbestimmung.

Neben einzelnen Menschen leben ganze Abteilungen und Bereiche in komplett unterschiedlichen Mindsets. Die Produktion denkt anders als das Marketing, der Vertrieb anders als das Controlling. Und wer es gewohnt ist, im Büro zu arbeiten, denkt anders als sein mobiler Kollege, der so gut wie nie „am Platz" ist.

Früher wussten die Abweichler von den offiziellen Richtlinien kaum etwas voneinander. Die Digitalisierung erleichtert den Austausch untereinander, um einzuordnen, ob ich mit meinen abweichenden Verhaltensweisen auf der Abschussliste stehe oder ob ich einer von vielen bin, die genauso denken wie ich. Auch hier wirkt die Digitalisierung als Treiber der Agilität.

All diese verschiedenen Typen und Abteilungen mit ihren unterschiedlichen Denkweisen und Bedürfnissen unter einen Hut zu bekommen, scheint Staaten reihenweise zu überfordern. Vielleicht ist es das, was Angela Merkel meinte, als sie 2013 sagte: „Das Internet ist für uns alle Neuland." Die Digitalisierung und damit die Befreiung des Menschen aus seiner (nicht immer) selbstverschuldeten Unmündigkeit bis hin zum offen gelebten virtuellen wie tatsächlichen Protest – Kant hätte seine wahre Freude an den Möglichkeiten der Digitalisierung – ist für uns alle Neuland: für Politiker, unsere Medien, Firmen und Organisationen.

2.1.3 Das Herz der Organisation

Der große Vorteil einer Organisation gegenüber einem Staat ist deren detailliertere Struktur. Ein Land wird von einer Regierung geführt, die wiederum von ihren eigenen Parteien sowie von unabhängigen Gerichten kontrolliert wird. Zwischen diesen politischen Eliten und der Bevölkerung klafft eine enorme Lücke, die bisher durch die Medien gefüllt wurde. Misstrauen Bürger den Medien, fällt diese Vermittlerrolle weg.

Es fehlt der Mittelbau zur Entwicklung der Mitarbeiter und damit zu einer agital-demokratischen Organisation. Sind Manager das Gehirn einer Organisation und Mitarbeiter die ausführenden Arme und Hände, können wir Führungskräfte, die mit ihrer Energie und ihrem Herzblut Veränderungen erst ermöglichen, als das Herz betrachten. Führungskräfte müssen dabei nicht die Big Men ersetzen, die früher für Recht und Ordnung sorgten. Sie sollten jedoch Orientierung, Klarheit und Sicherheit bieten.

> **Reflexion: Ihre Evolutionsstufen**
>
> - *Auf welcher Evolutionsstufe befinden sich die meisten Ihrer Mitarbeiter?*
> - *Welche Ausnahmen gibt es?*
> - *Haben die Ausnahmen mit unterschiedlichen Arbeitsaufgaben oder Abteilungen zu tun?*
> - *Was brauchen Ihre unterschiedlichen Mitarbeiter, um sich wohl zu fühlen (Dienstanweisungen, Regeln, Strukturen, Freiräume, Fairnessregeln)?*
> - *Inwiefern ist es sinnvoll, dass unterschiedliche Abteilungen unterschiedlich agieren? Wo gibt es Probleme?*
> - *Reicht es, die Probleme durch ein gegenseitiges Verständnis zu lösen oder braucht es eine stärkere Anpassung?*

2.2 Der agitale Neustart

Das Transformationsdesign wird häufig in einem Atemzug mit ökologischen Veränderungen und Umweltpolitik genannt. Statt zu erforschen, welche Möglichkeiten es gibt, um Strom zu sparen, geht das Transformationsdesign davon aus, den Verbrauch von Strom kritisch zu betrachten:[49]

---
[49] Vgl. Sommer/Welzer, S. 109 ff.

EIN AGITAL-DEMOKRATISCHES MINDSET ALS RAHMENMODELL

- Was brauchen wir wirklich?
- Wie lässt sich unser Energieverbrauch drosseln oder vermeiden?
- Welche Alternativen gibt es zum Stromverbrauch?

Erst dadurch kommen wir auf Ideen wie:

- Das Zen des Abspülens wirkt wie eine kleine Meditation.
- Statt mit dem Auto drei Kilometer ins Fitnessstudio zu fahren, kann ich zum Einkaufen joggen.
- Oder: Hemden zusammenzufalten erspart die Autofahrt zum Therapeuten.[50]

Gleiches gilt für große Veränderungsprojekte, die wir komplett neu ergründen und erdenken sollten, um etwas wirklich Neues zu erschaffen. Neue Ideen werden oft blockiert, wenn der Ablauf von Prozessen bereits gesetzt ist und lediglich einzelne Elemente ausgetauscht werden.

Unser altes Wertemodell zum Thema Stromsparen lautet: höher, weiter schneller. Eine Waschmaschine braucht die Energiesparklasse A+++. Topmoderne Niedrigenergiehäuser sind besser als herkömmliche. Und E-Autos von Tesla sind ohnehin der letzte Schrei. Solange wir im „Höher, weiter, schneller"-Modell bleiben, sind diese Erfindungen das einzige, was uns zum Energiesparen einfällt. Dass es sich dabei meist um Milchmädchenrechnungen handelt, fällt den wenigsten auf, weil etwas anderes nicht in unser Denkmodell passt: Muss ich ein T-Shirt mit einem kaum sichtbaren Fleck gleich in die Wäsche werfen? Brauche ich überhaupt so viele Kleidungsstücke? Lässt sich eine 3-Kilometer-Fahrt mit einem E-Auto, das seine Energie aus Kohlekraftwerken oder russischen Gasanlagen bezieht, wirklich leichter rechtfertigen? Ist mein 6-Liter-Diesel tatsächlich eine größere Dreckschleuder als ein Benziner, obwohl sein Motor wesentlich länger läuft und damit entsprechend später verschrottet werden muss? Und wenn ja, ist es effizient, ihn so schnell wie möglich zu entsorgen? Gleiches gilt für meinen alten Kühlschrank. Und was ist mit den immer neuen Generationen von Glühbirnen, Leuchtstoffröhren und LED-Leuchten? Unter dem Deckmantel der Innovation lässt sich sogar Energiesparen als sexy verkaufen, allerdings unter der Bedingung, so scheint mir, dass dabei Tonnen an Sondermüll anfallen. Besser wird es damit nicht.

Sinnvoller wäre das Motto des Deutschen Pavillons auf der Architekturbiennale 2012 in Venedig: Reduce, Reuse, Recycle.[51] Wer jedoch sein Hemd zweimal trägt, so-

---

[50] Für eine tiefere Betrachtung dieser gewagten Hypothese siehe: https://de.wikipedia.org/wiki/Autonomous_Sensory_Meridian_Response oder entsprechende Videos auf YouTube.
[51] Vgl. www.reduce-reuse-recycle.de

fern es noch geruchsneutral ist (Reuse), wird von seinen Kollegen schief angesehen. Oder doch nicht? Clever sind die Kollegen, die unter ihrer schicken Weste ein zerknittertes Hemd tragen. Umweltbewusst, zeitkompetent, heimlich und stilsicher.

Auch die Themen Digitalisierung und Agilität müssen im Geiste des Transformationsdesigns komplett neu gedacht werden, um sie nachhaltig und bewältigbar anzupacken. Der Horror vor dem Thema Digitalisierung besteht für viele darin, gezwungen zu sein, Prozesse eine Zeitlang doppelt laufen zu lassen: Analog und digital. Dieser extreme Mehraufwand könnte Organisationen das Genick brechen, sofern sie es nicht gleich bleiben lassen und damit jedoch den Digitalisierungszug verpassen.

Die Digitalisierung lässt sich nicht meistern, wenn wir an unseren alten Werte-Modellen festhalten und versuchen, analoge Prozesse 1:1 auf digitale zu übertragen. An dieser Stelle kommt das Motto der Reduzierung ins Spiel.

Ein Beispiel: Viele Buchhaltungen benötigen eine analoge Unterschrift auf Rechnungen. Brauchen sie die wirklich? Und wenn ja, warum reicht manchen Firmen die digitale Version?

Neben der Frage, welche Vorgänge digital ersetzt werden sollen, sollten wir uns ebenso fragen, was wir weglassen, reduzieren oder komplett anders angehen können. Deshalb sind auch Kopien, wie wir sie von Best Practices kennen, schlechte Lösungen. Jede Organisation ist anders.

Ein Blick in die Evolution 6:
Standardlösungen sind Mist

Die Evolution bietet keine Standardlösungen. Zähne hat sie mehrfach erfunden. Die Zähne eines Hais sind beispielsweise keine Zähne, wie wir sie kennen, sondern die Fortsetzung seiner Hautschuppen. Funktionieren tun sie dennoch hervorragend, wie wir dank Steven Spielberg auch ohne eigenen Direktkontakt wissen. Das Auge wurde ebenfalls mehrfach entwickelt: mit Frontalblick, von der Seite, Facettenaugen, Punktaugen, je nachdem, für welches Umfeld ein Tier seine Augen benötigt.[52] Der Zweck der Zähne oder Augen ist derselbe, der Weg dorthin ist für unterschiedliche Lebewesen immer wieder anders und sehr individuell.

Entgegen landläufiger Meinungen kostet uns ein Neustart weniger Energie als wir glauben und spart uns zudem langfristig eine Menge Ärger und Arbeit.

---

[52] Vgl. Schätzing, S. 113 f.

Ein Junge entdeckte vor einigen Tagen eine Pfütze mitten auf seinem Schulweg. Um keine nassen Füße zu bekommen, sprang er am ersten Tag so weit er konnte und landete dennoch mitten im Matsch. Er musste knapper am Rand abspringen, um die Distanz zu meistern. Was er am zweiten Tag versuchte, abrutschte und in die Pfütze fiel. Am dritten Tag sprang er vor lauter Angst viel zu früh ab. Am vierten Tag schaffte er es gerade so und freute sich bereits über seinen Erfolg. Doch am fünften Tag merkte er, dass es viel einfacher wäre auf der anderen Straßenseite zu laufen.

2.3 Präsenz in der Gegenwart – Vertrauen in die Zukunft

Wenn wir also bei Null beginnen, womit sollen wir anfangen?

Die Fraktallogik besagt, dass im kleinsten Kern die gesamte Entwicklung angelegt ist. Im Apfelkern ist die Anlage des Apfels vollständig enthalten, obwohl der Kern sich noch nicht einmal zu einem Apfelbaum entwickelte. Diese Logik legt die Bereitschaft nahe, sich aufmerksam dem zu widmen, wie aus dem Apfelkern das werden kann, was er werden soll. Er sollte auf einen fruchtbaren Boden fallen, dort Triebe austreiben, gegossen werden, der Baum sollte geschützt, beschnitten werden, usw.

Herkömmliche Organisationen planen strategische Veredelungen, obwohl sie noch gar nicht wissen, wie sich der Baum entwickeln wird. Als hätten sie eine magische Glaskugel und würden – oh Frevel – an Esoterik und Wahrsager glauben. Doch während sie aus dem Kaffeesatz lesen, vergessen sie, sich sauber um die reale Gegenwart zu kümmern.

BEISPIEL: KOALITIONSVERHANDLUNGEN VON CDU/CSU UND SPD, 19.01.2018

Soeben erscheint auf ARD die Nachricht, dass die SPD der CDU/CSU ein sofortiges Nein zu deutschen Rüstungsexporten in Länder, die am Jemen-Krieg beteiligt sind, abgerungen hat. Für manche mag das ein kleiner Schritt sein, da es immer noch möglich ist, über Drittländer zu exportieren. Dennoch könnte dieses Nein ein erster Stein des Anstoßes sein, der fortan eine Lawine fraktaler Spuren ins Rollen bringt.

2.3.1 Eine Fraktallogik für den Führungsmittelbau

Für den Mittelbau der Führungskräfte liegt der wichtigste Aspekt der Fraktallogik in der Stimmigkeit des Moments, aus dem heraus sich der nächste logische Schritt vollzieht, und mit ihm die prognostizierbare Nachhaltigkeit eines Projekts oder Gesprächs. Anstatt in die Zukunft zu blicken, die sich schneller ändert, als uns lieb ist, sollten Führungskräfte präsent sein und darauf achten, was ihr Team, ihre Abteilung oder ein einzelner Mitarbeiter genau jetzt braucht, um eine produktiv-kollegiale Leistung zu erbringen:

- Was brauchen wir, um produktive Meetings abzuhalten? Sind es offene und ehrliche Auseinandersetzungen? Ein klarer Erwartungsaustausch? Versöhnungsangebote nach einem Streit? Eine Entschuldigung? Eine Reflexionsrunde zum Wochenbeginn? Ein Lob? Ehrliches Feedback? Ein Danke? Die Palette der Möglichkeiten ist reichhaltig. Vierstündige Meetings brauchen wir mit Sicherheit nicht.
- Was braucht jeder, um sich in der Arbeit selbst zu verwirklichen und gleichzeitig (damit?) eine produktive Leistung abzuliefern?
- Was brauchen Führungskräfte und Mitarbeiter, um zielführende Personalgespräche durchzuführen?

Was für den Apfelsamen gilt, gilt auch hier: Führe ich jetzt ein gutes Einstellungs- oder Konfliktgespräch, werde ich auch in Zukunft gut mit dieser Person zusammenarbeiten, was sich letztlich auf die gemeinsame Leistung, die Teamleistung und die Organisationsleistung auswirkt.

Moderiere ich als Teamleiter eine Projektbesprechung in einer leistungsfreudigen Atmosphäre, bringe ich das Team damit dem Projektziel um einige Schritte näher. Das stetige Beharren auf dem Erreichen ferner Ziele führt höchstens zu einem permanent schlechten Gewissen.

Achte ich jetzt auf die Interessen meiner Kunden, erhöhe ich die Wahrscheinlichkeit, dass mir diese auch in Zukunft treu bleiben.

Nehme ich jetzt die Rückmeldung eines Kollegen ernst, verringere ich die Wahrscheinlichkeit, dass er mir in der Zukunft in den Rücken fällt.

2.3.2 Der Zusammenhang zwischen Apfelsamen und Früchten

Natürlich gibt es auch in agilen Organisationen Ziele, die auf irgendeine Art mit dem Organisationszweck zu tun haben, beispielsweise zufriedene Kunden bei einer gerin-

EIN AGITAL-DEMOKRATISCHES MINDSET ALS RAHMENMODELL

gen Ressourcenverschwendung und effektiven Meetings. Betrachten wir die Ziele als Apfelernte, was sind dann die Wurzeln? Wie sieht der Stamm aus?

Jährlich entstehen deutschen Unternehmen durch die Demotivation ihrer Mitarbeiter Kosten in Höhe von 100 Milliarden Euro.[53] Dabei versuchen Unternehmen seit Anbeginn ihrer Existenz, an der Motivationsschraube ihrer Mitarbeiter zu drehen ... und wissen immer noch nicht, welcher Hebel der richtige ist.

Auf einer Mikroebene können wir uns gut vorstellen, dass es sinnvoll ist, sich um eine gute Atmosphäre im Team zu kümmern und Bindungsarbeit zu betreiben, um gemeinsame Ziele zu erreichen. Sie könnten Ihre Mitarbeiter fragen, was sie für Vorstellungen und Erwartungen haben. Sie könnten sich neugierig anhören, was diesen unter den Nägeln brennt.

Das Parzival-Syndrom
Parzival, Titelheld des gleichnamigen Romans von Wolfram von Eschenbach, traute sich nicht, den kranken König Amfortas zu fragen, worunter er leidet. Parzival musste erst seinen Stolz, seine innere Blindheit und seine Unsicherheit überwinden, um die richtige Frage zu stellen. Er suchte nach Antworten, doch es war die Frage „Was wirret euch?", die den König erlöste.

Selbst wenn Sie unterschiedlicher Meinung sind, kommt es zumindest zu einem klärenden Gespräch.

In meiner Vorstellung jedenfalls kommt die Motivation vor dem Ziel. Ist ein Mitarbeiter motiviert, will er auch seine Ziele erreichen. Es mag sein, dass Ziele motivieren, das Schlüsselwort im vorherigen Satz jedoch lautet ‚seine'. Er ist motiviert, seine eigenen Ziele zu erreichen. Ein Vertriebsleiter, der ihm einmal im Jahr vorhält, dass er ‚seine' Ziele wieder nicht erreichte, wird kaum zu einem Motivationsschub führen: „Ja, Chef. Sie haben Recht. Ich habe ‚meine' Ziele mit Absicht nicht erreicht. Ab jetzt stehe ich voll auf meiner ... ich meine natürlich ... Ihrer Seite."

Fremde Ziele motivieren niemanden!

Doch wie sehen diese Hebel auf der Makroebene aus? Worum sollten wir uns kümmern, um Mitarbeiter zu motivieren und Kunden zu beglücken? Was sollten wir systemisch und strukturell verändern?

Erst wenn wir diese Zusammenhänge herausfinden, können sich Organisationen durch die Lenkung der richtigen Hebel evolutionär weiterentwickeln.

---

[53] Vgl. Zeuch, S. 12

2.4 Die fünf Bausteine eines agital-demokratischen Mindsets

Solange wir mit unseren alten mental-kulturellen Modellen unterwegs sind, wird sich wenig ändern. Anders formuliert: Ein Workshop zum Thema Agilität wird genauso wenig fruchten, wie wenn ein Workshop-Leiter nicht mit einer gewissen Anpassungsfähigkeit auf Störungen im Seminar reagieren kann, oder ein Tag der Gesundheit, an dem es keine Pausen gibt und statt Obst Weißwürste und süße Teilchen gereicht werden. Mit welcher Kommunikationskultur und welchen Maximen starten wir folglich den Aufbruch in ein neues Zeitalter? Lasst uns einen gemeinsamen Weg finden. Oder: Wir zeigen, wo's lang geht.

Auch unser Menschenbild prägt unsere Maximen. Gehen wir davon aus, dass Mitarbeiter grundsätzlich unmotiviert sind, werden jegliche Rufe der Mitarbeiter nach mehr Heimarbeit stillschweigend überhört. Mit der Sichtweise, dass Mitarbeiter die wichtigen Entscheidungen nicht treffen können, weil ihnen der Weitblick fehlt, wird es schwer mit der Demokratie im Unternehmen. Oder glauben wir, dass den Mitarbeitern der Gehaltsscheck wichtiger ist als der Ruf der Firma? Wenn dem so wäre, stellt sich die Frage, warum es Mitarbeiter gibt, die in ihrer Freizeit nächtelang an Open Source-Plattformen tüfteln – für lau?

Reflexion: Ihr Mindset

Reflektieren Sie über das aktuelle Mindset Ihrer Organisation. Nach welchen Maximen handeln Sie?

Mit negativen Maximen kommen wir nicht weiter. Grundsätzlich nicht und speziell nicht in Richtung Agilität. Deshalb lautet der nächste Baustein auf dem Weg zu einem agital-demokratischen Mindset die Beschäftigung mit Maximen und kulturellen Werten wie der Führungs-, Kommunikations- und Fehlerkultur.

Die folgenden fünf Bausteine für eine neue Art des Denkens werden Ihnen bekannt vorkommen. Neu ist der Ansatz der gegenseitigen Verknüpfung dieser Bausteine miteinander sowie die Bedeutung gerade dieser Bausteine für ein agital-demokratisches Mindset als Grundlage einer evolutionären agital-demokratischen Transformation:

EIN AGITAL-DEMOKRATISCHES MINDSET ALS RAHMENMODELL

1. Entwicklung einer modernen Führungskultur

Führung wird es auf die eine oder andere Art immer geben. Sie wird allerdings in Zukunft anders aussehen. Führung wird sich mehr um Aufgaben- und Rollenverteilungen kümmern müssen, statt zentral und hierarchisch zu delegieren. Sie wird abgeben lernen müssen – schon allein aus Zeitgründen –, statt sich an Verantwortlichkeiten zu klammern, was auf der anderen Seite Mitarbeiter erfordert, die bereit sind, Verantwortung zu übernehmen. Wenn sich Führung darauf einlässt, ermöglicht das neue Spielräume, die von den Mitarbeitern gestalterisch und kreativ genutzt werden können.

Die Maximen eines neuen agital-demokratischen Mindsets lauten:
- Führungskräfte sind keine allwissenden Helden, sondern Gastgeber. Sie stellen den Raum für Entwicklungen zur Verfügung, bilden Teams, kreieren entwicklungsfreundliche Räume und fördern die Kompetenzen einzelner Personen ebenso wie die Entwicklung gemeinsamer produktiver Prozesse, um zu erwünschten Ergebnissen zu kommen.
- Führungskräfte machen aus dem, was da ist – Menschen ebenso wie Ressourcen – das Bestmögliche, ohne sich in geplante Traumschlösser zu flüchten.
- Führungskräfte führen indirekt durch Haltungen und lassen sich auf stetige adaptive Feedbackprozesse ein.

2. Kollaborativ und feedbackoffen statt kompetitiv

Zur Etablierung einer agilen Arbeitsatmosphäre benötigen Organisationen ferner eine Feedbackkultur, in der Störungen, Unstimmigkeiten und Konflikte offen angesprochen und diskutiert werden. Dafür brauchen wir eine Konzentration auf die Möglichkeiten der Zusammenarbeit statt auf Gegensätze. Damit einher geht die Sichtweise, dass die Gegenwehr eines Kunden keine böswillige Kritik, sondern ein wertvolles – sogar kostenloses – Feedback ist. Oder wie Reinhard Sprenger feststellt: „Zusammenarbeit ist das wesentliche Merkmal, das uns von Tieren unterscheidet."[54]

Die Maxime eines neuen agital-demokratischen Mindsets lautet:
- Feedbacks sind kein Ersatz für Lob und Kritik, um die Mitarbeiter zu einem „Höher, Weiter, Schneller" anzuleiten, sondern dienen primär der optimalen, evolu-

---

[54] Vgl. Sprenger, S. 52

tionären Anpassung einzelner Mitarbeiter, eines Teams oder der gesamten Organisation in[55] eine Umwelt, inklusive der Kunden, um möglichst reibungsfreie Abläufe zu gewährleisten, in denen sich jeder wohl fühlt und seine Kompetenzen bestens einbringen kann.

3. Etablierung einer fehlerfreundlichen Lernkultur

... oder lernfreudigen Fehlerkultur. Die Einführung einer lern- und fehlerfreundlichen Kultur ist nicht gerade die neueste Lampe in der Organisationsberatungsbärenhöhle. Wenn wir nicht endlich verstehen, dass Fehler keine Fehler, sondern ein Feedback von außen sind, das uns mal sanft und mal ruppig in Richtung evolutionäre Weiterentwicklung führen will, werden wir den richtigen Umgang mit Fehlern niemals lernen.

Stellen Sie sich Ihre Organisation als Fahrzeug vor, aus dem einmal im Monat alle Fehler ausgelesen werden: Das andauernde Geblinke ist doch zu nervig, oder nicht?

Die Maximen eines neuen agital-demokratischen Mindsets lauten:
- Aus Fehlern wird man klug, drum ist einer nicht genug.
- Fehler verleihen Stabilität: Je mehr Fehler wir jetzt machen, desto weniger kann uns später passieren.
- Die Fehler in Prototypen sind keine Schande, sondern eine Möglichkeit zu lernen, um die Prototypen zu verbessern.
- Wer an alle Eventualitäten denkt, kommt in einer agilen Welt niemals zum Handeln.
- Wollen wir die Welt detailgetreu abbilden oder beeinflussen?

4. Einführung von Wissensmanagement-Tools

Wissensmanagement-Tools, beispielsweise Dokumenten-Management-Systeme oder Wissensplattformen wie Sharepoint, gelten in einer agitalen Welt als Grundvoraussetzung, um schnell und flexibel an das Wissen der Kollegen zu kommen, um wiederum autonom-agile Entscheidungen zu treffen.

---

[55] nicht an eine Umwelt

Die Maximen eines neuen agital-demokratischen Mindsets lauten:
- Wissen ist frei verfügbar. Nutze es, um Probleme zu lösen.
- Halte dein Wissen nicht zurück, um Karriere zu machen, sondern teile es mit anderen und mehre so deinen Status. Karriere entsteht nicht durch das Zurückhalten von Wissen, sondern durch die kooperative Weitergabe der eigenen Erfahrungen, Kompetenzen und des eigenen Wissens.

5. Flache Hierarchien und dezentralisierte Entscheidungsstrukturen

Denke ich weniger in Hierarchien und möglichen Karriereschritten, muss ich keine Angriffe auf meine Klugheit und Kompetenz fürchten, was wiederum feedbackförderlich ist. Zusätzlich sind Hierarchien mit Macht verbunden und Macht wiederum mit der Angst vor Fehlern. Sonst ergeht es Ihnen wie dem Kaiser, der erst Informationen von seinen Untertanen bekam, wenn er sich verkleidet in der Dämmerung unter sie mischte. Gleichzeitig führt die Reduzierung hierarchischen Denkens Mitarbeiter in Richtung Unternehmer im Unternehmen und damit zu einem ressourcenschonenderen Umgang mit unternehmenseigenem Material.

Die Maxime eines neuen agital-demokratischen Mindsets lautet:
- Hierarchien dienen der Orientierung und Regelung von Aufstiegschancen in Organisationen und bieten damit Sicherheit. Gleichzeitig verhindern Hierarchien den Austausch von Wissen im Sinne eines kooperativen Miteinanders. Daher ist es wichtig, eine gute Balance zwischen sicherheitsbietenden hierarchischen Strukturen und kreativitätsfördernden Entscheidungsstrukturen zu finden.

2.5 Crashkurs Kulturveränderung

2.5.1 Veränderungen am Kulturraster

Eine Möglichkeit, sich kommenden kulturellen Veränderungen spielerisch zu nähern, bietet das Kulturmodell von William E. Schneider:[56]

- Eine Organisation kann sich entweder am Menschen oder an der Organisation in der Gegenwart oder Zukunft orientieren: Die Ausrichtung am Menschen in der

---
[56] Vgl. Scheller, S. 360 ff.

Realität führt bestenfalls zu einer kooperativen, beziehungsorientierten Mitarbeiter- und Kundenfokussierung.
- Für eine Ausrichtung am Menschen in einer möglichen Zukunft braucht die Organisation gemeinsame Werte, eine New Work-Ethik und die Wertschätzung informeller Netzwerke.
- Eine Ausrichtung auf die Organisation im Jetzt richtet ihr Augenmerk auf die Erhaltung klarer hierarchischer Strukturen, inklusive Fehlerkontrolle und dem Versuch, die Zukunft so zu planen, wie wir es uns wünschen. Die vielfältigen zukünftigen Möglichkeiten werden damit ignoriert.
- Die Orientierung an einer möglichen Organisation der Zukunft erfordert eine stetige Weiterentwicklung durch eine fehlerfreundliche Lernkultur.

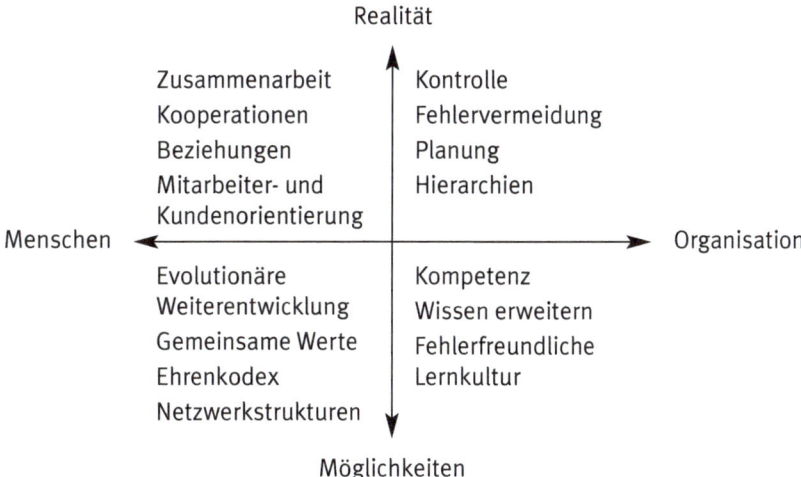

Reflexion im Team: Unsere Organisationskultur

- *In welchen Quadranten sehen wir unsere Organisationskultur? In welchen mehr, in welchen weniger?*
- *Was soll bleiben? Was soll sich verändern?*
- *Wo wird es kulturelle Konflikte geben?*

EIN AGITAL-DEMOKRATISCHES MINDSET ALS RAHMENMODELL

2.5.2 Der Dysfunktionen-Check

Auch die Dysfunktionen in einem Team oder einer Abteilung verdeutlichen, welche kulturellen Werte in der Organisation gelebt werden:[57]

1. Fehlendes Vertrauen
2. Furcht vor Konflikten
3. Mangel an Klarheit
4. Vermeidung von Verantwortlichkeit
5. Egoorientierte Entscheidungen

Besteht kein Vertrauen in Teams, schrecken Teammitglieder davor zurück, offen zu kommunizieren. Sie halten Gedanken und Gefühle zurück, die als Feedback wichtig wären.

Ohne Konflikte entsteht eine künstliche Harmonie, in der nur scheinbar alles rund läuft. Jedes Team braucht zyklisch konstruktive Konflikte, um zu besseren Ergebnissen zu gelangen. Ohne Vertrauen scheuen sich Teammitglieder davor, Meinungsverschiedenheiten zu äußern und auszudiskutieren. So können Teams sich nicht weiterentwickeln. Ohne Konflikte sind Teams nicht kreativ.

> **Ein Blick in die Evolution 7:**
> **Die natürliche Geburt**
>
> Kommen Kinder auf natürliche Art auf die Welt, passieren sie Bereiche der Frau, die mit dem einen oder anderen Bakterium gespickt sind. Das immunisiert Babys von Anfang an gegen diverse Kinderkrankheiten. In Ausnahmefällen lässt sich der vermeintlich einfachere Weg des Kaiserschnitts nicht vermeiden, um Mutter und Kind nicht zu gefährden. Grundsätzlich ist eine natürliche Geburt die bessere Variante.[58]

Herrscht keine Klarheit über die eigenen Aufgaben, Zielausrichtungen oder persönlichen Möglichkeiten in Entscheidungsfindungsprozessen, fühlt sich niemand verpflichtet, sich in Besprechungen einzubringen. Dazu braucht es offene Diskussionen über den Beitrag aller.

Ohne Verantwortlichkeit wird die Qualität des Team-Outputs stetig schlechter, weil die einzelnen Teammitglieder sich nicht gegenseitig zur Verantwortung

---

[57] Vgl. Lencioni
[58] Vgl. Enders, S. 167 ff.

ziehen. Herrscht kein Vertrauen, werden fehlerhafte Entwicklungen nicht zurückgemeldet.

Ohne eine Verpflichtung zueinander und das Gefühl, eine gemeinsame Organisation zu sein, macht jeder, was seinem Ego, seiner Karriere oder der eigenen Abteilung nutzt. Teammitglieder konzentrieren ihre Interessen oder kämpfen gegen einen Rivalen, sie stärken allerdings nicht die Organisation. Wird das eigene Ego im Zaum gehalten und zugleich der Einzelne mit seinen Bedürfnissen wahrgenommen und respektiert, entstehen die kreativsten Lösungen. An dieser Stelle entscheidet sich, ob das Ganze tatsächlich mehr als die Summe seiner Teile wert ist.

Reflexion: Wo steht mein Team?

- *Die Teammitglieder diskutieren Probleme leidenschaftlich und ohne Zurückhaltung.*
- *Die Teammitglieder weisen sich gegenseitig auf ihre Defizite und unproduktiven Verhaltensweisen hin.*
- *Die Teammitglieder wissen, woran ihre Teamkollegen arbeiten und wie sie zum Gruppenziel des Teams beitragen.*
- *Die Teammitglieder entschuldigen sich umgehend und aufrichtig, wenn sie etwas Unpassendes oder potenziell teamschädliches gesagt oder getan haben.*
- *Die Teammitglieder bringen für das Wohl des Teams Opfer in ihren Abteilungen oder Fachgebieten.*

Die Regelbrecher-Methode

Die sogenannte Regelbrecher-Methode hilft Ihnen, spielerisch dysfunktionalen Regeln (Konfliktscheue, Egoorientierung, Verantwortungsscheue, Mangel an Klarheit, Vertrauensmangel) in Teams auf die Schliche zu kommen:

1. Sammeln Sie Regeln, die das Team nerven.
2. Ordnen Sie diese Regeln in eine Matrix (leicht/schwer zu brechen – kleine/große Konsequenzen) ein.
3. Welche Regeln würden Sie gerne brechen? Wollen Sie bei leicht zu brechenden Regeln mit kleinen Konsequenzen beginnen? Oder gleich mit den schweren Brocken? Wen und was brauchen Sie dazu?
4. Welche Regeln wollen Sie sich stattdessen geben?

2.6 Lenkung der richtigen Hebel

Nach diesem allgemeinen Einschub zur Anbahnung und Etablierung kultureller Neuerungen geht es weiter mit der Entwicklung unseres agilen Mindsets.

Die Fraktallogik hilft Organisationen dabei, auf die evolutionäre Weiterentwicklung einer Person, eines Teams oder der gesamten Organisation zu vertrauen. Nicht pauschal und blauäugig, sondern nur, wenn wir die bereits im Kern vorhandenen Kompetenzen fördern statt uns an fernen Zielen ohne Bezug zur Aktualität zu orientieren.

Die Kybernetik als „Kunst der Steuerung"[59] zeigt uns ergänzend dazu, welche Faktoren wir in diesem Setting lenken sollten und welche gelenkt beziehungsweise automatisch beeinflusst und beinahe ohne ein weiteres Zutun erreicht werden. Kurz erklärt untersucht die Kybernetik logische Zusammenhänge zwischen beeinflussbaren und nicht beeinflussbaren Faktoren und setzt dort an, wo eine Lenkung am erfolgreichsten erscheint.

Die fünf Prinzipien und strukturellen Rahmenbedingungen eines agital-demokratischen Mindsets lassen sich kybernetisch mit den Zielen einer Organisation in folgender Grafik zusammenfassen.

Auf der rechten Seite der Grafik erkennen Sie den heiligen Gral der Führung, ein Traum eines jeden Organisationsverantwortlichen:

- hoch motivierte, engagierte und zufriedene Mitarbeiter
- ein perfektes Ressourcenmanagement
- nie wieder Zeit vergeuden in langweiligen Meetings
- Besprechungen effektiver nutzen
- eine angemessene Fehl- und Krankheitsquote
- perfekte Produkte
- zuverlässige Dienstleistungen
- hoch zufriedene Kunden
- beste Verkäufe

Wie Sie dahin kommen, zeigen Ihnen die drei Spalten davor:

1. Die Förderung einer modernen Führungskultur führt zu einem höheren Gestaltungswillen sowie zu einer höheren Kreativität bei den Mitarbeitern, was wiederum zu einer höheren Zufriedenheit, weniger stressbedingten Krankheitsfällen und einer geringeren Fluktuation bei den Mitarbeitern führt.

---

[59] Vgl. https://de.wikipedia.org/wiki/kybernetik

LENKUNG DER RICHTIGEN HEBEL

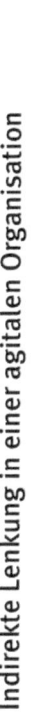

Indirekte Lenkung in einer agitalen Organisation

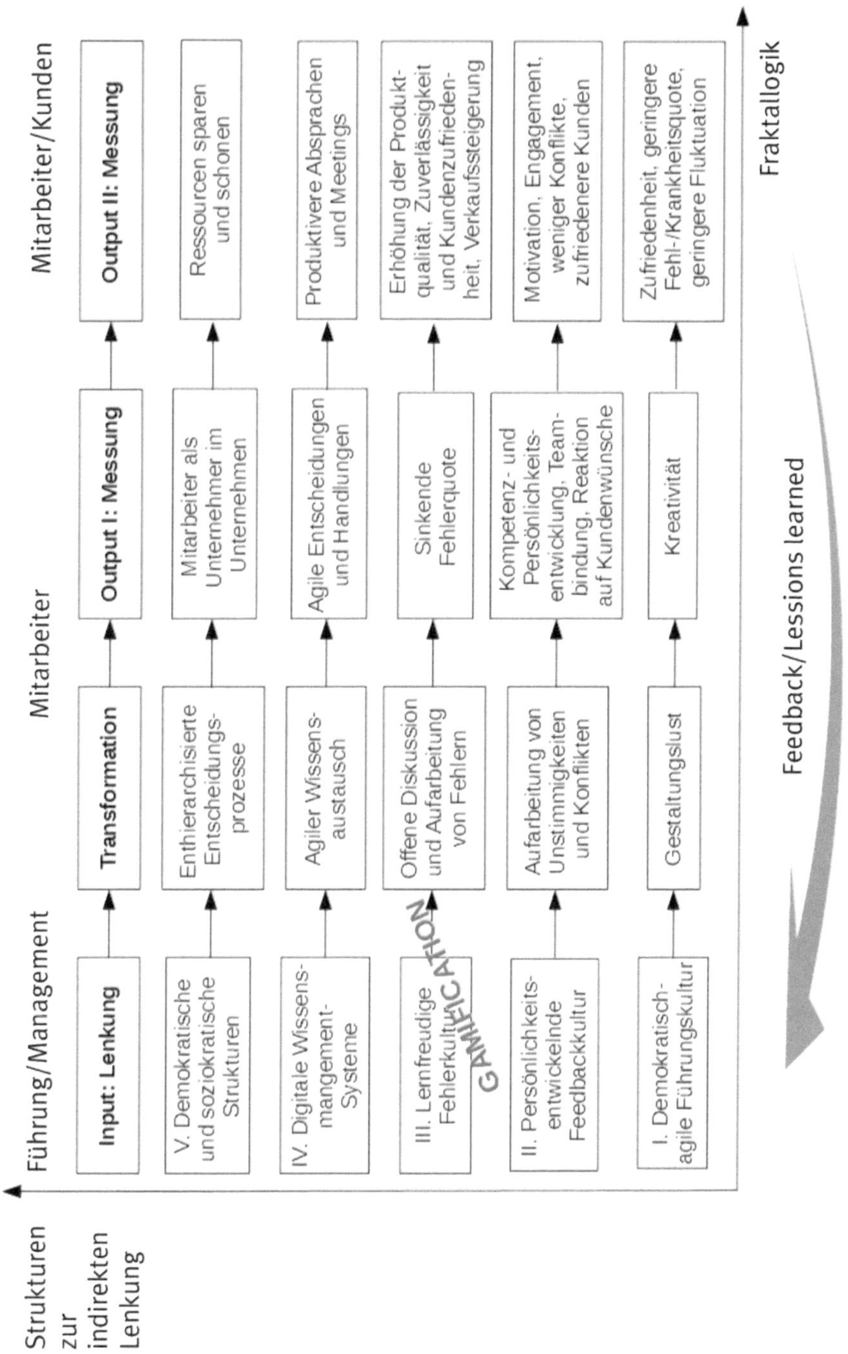

Strukturen zur indirekten Lenkung	Führung/Management		Mitarbeiter	Mitarbeiter/Kunden
	Input: Lenkung	**Transformation**	**Output I: Messung**	**Output II: Messung**
	V. Demokratische und soziokratische Strukturen	Enthierarchisierte Entscheidungsprozesse	Mitarbeiter als Unternehmer im Unternehmen	Ressourcen sparen und schonen
	IV. Digitale Wissensmanagement-Systeme	Agiler Wissensaustausch	Agile Entscheidungen und Handlungen	Produktivere Absprachen und Meetings
	III. Lernfreudige Fehlerkultur GAMIFICATION	Offene Diskussion und Aufarbeitung von Fehlern	Sinkende Fehlerquote	Erhöhung der Produktqualität, Zuverlässigkeit und Kundenzufriedenheit, Verkaufssteigerung
	II. Persönlichkeitsentwickelnde Feedbackkultur	Aufarbeitung von Unstimmigkeiten und Konflikten	Kompetenz- und Persönlichkeitsentwicklung, Teambindung, Reaktion auf Kundenwünsche	Motivation, Engagement, weniger Konflikte, zufriedenere Kunden
	I. Demokratisch-agile Führungskultur	Gestaltungslust	Kreativität	Zufriedenheit, geringere Fehl-/Krankheitsquote, geringere Fluktuation

Fraktallogik

Feedback/Lessons learned

2. Die Etablierung einer lernfreudigen Feedbackkultur führt zu einem offeneren Austausch in Teams und Abteilungen, der Aufarbeitung von Unstimmigkeiten, weniger Problemen und Konflikten mit Kollegen und Kunden und dadurch zu einer Weiterentwicklung der Mitarbeiter auf fachlicher wie persönlicher Ebene bis hin zur Verbesserung der Teambindung, wodurch Konflikte verringert werden, die Motivation und das Engagement ansteigen und Kunden glücklicher werden.
3. Die Einführung einer lernfreudigen Fehlerkultur führt zur Aufarbeitung kritischer Ereignisse und damit zu einer sinkenden Fehlerquote, was letztlich Kunden zufrieden stellt und den Verkauf steigert.
4. Die Einführung und Nutzung digitaler Wissensmanagement-Tools erhöht den flexiblen Austausch von und Zugriff auf Wissen, damit Mitarbeiter mobilere und unabhängigere Entscheidungen treffen können, was wiederum langwierige Absprachen im Team, sei es in Meetings oder in Einzelgesprächen mit der Führungskraft, reduziert.
5. Die Etablierung demokratischer und soziokratischer Strukturen[60] führt zu von der Führung unabhängigeren Entscheidungen im Team, einer höheren Verbundenheit der einzelnen Mitarbeiter mit der Organisation und damit zur Sparsamkeit im Umgang mit sowie der Schonung von Ressourcen.

Wir könnten weiterhin in Mitarbeiterjahresgesprächen die mangelnde Motivation eines Mitarbeiters beklagen und uns über die Unkreativität eines Teams ärgern. Oder wir testen stattdessen die Wirkung der fünf angesprochenen strukturellen Veränderungen eines agital-demokratischen Mindsets auf die Motivation, Zufriedenheit, Kreativität, Ressourcenverantwortung, Fehlzeiten und das Selbstmanagement unserer Mitarbeiter sowie auf die Güte unserer Produkte, unseren Service und die Zufriedenheit unserer Kunden.

Frederic Laloux schildert dazu ein Beispiel[61]: Würden wir eine Fahrradtour so planen, dass wir während der Fahrt nicht mehr reagieren müssten? Würden wir den Lenker festschrauben, um pfeilgeradeaus zu fahren? Hierin zeigt sich der Unterschied traditioneller und agiler Planung: Wir können die Strecke in groben Zügen voraus planen. Dennoch ist die Präsenz in jedem Augenblick des Fahrens umso wichtiger, je stärker die Realität von unseren Plänen abweicht. Würde uns die Planung bei unserer Radtour so engstirnig machen, dass wir auf Abweichungen nicht reagierten, wäre dies äußerst schmerzhaft.

---

[60] Den Begriff der Soziokratie, und was sich dahinter verbirgt, werden wir in Kapitel 7.2 kennenlernen.
[61] Vgl. Laloux, S. 116 f.

In Organisationsplänen ist es der Normalfall, die Umwelt den Plänen anzupassen statt die Umwelt als Feedbackgeber zu akzeptieren und die eigenen Handlungen und Ziele neu auszurichten – mit oft ähnlich schmerzhaften Folgen.

Ein Stotterer trifft nach einem Jahr auf einer Sprachschule auf der Straße einen alten Freund. Dieser freut sich, ihn wiederzusehen und fragt ihn: „Wie geht es dir? Hat dir die Schule geholfen?"
Der Stotterer erwidert: „Die Katzen kratzen im Katzenkasten."
Sein Freund meint: „Wow! Das klingt ja klasse."
Worauf der Stotterer entgegnet: „Schon, aber p-p-p-passt halt nicht immer."

2.7 Der Kunde als strategischer Feedbackgeber

Bisher gingen wir davon aus, uns mit kulturellen und strukturellen Veränderungen in die „Hall of Fame" der Mitarbeiterführung einzutragen. So leicht ist es natürlich nicht. Zumal sich die Frage stellt, warum es unsere Organisation überhaupt gibt. Reinhard Sprenger nennt es den radikalen Ansatz, in Problemen zu denken, die den Organisationszweck im Blick haben, und nicht in weit entfernten Zielen.[62] Auf den Punkt gebracht: Gäbe es keine Kunden, gäbe es die dazugehörigen Organisationen nicht. Wir sollten gut auf die Hand achten, die uns nährt, damit sie uns auch morgen noch mit Essen versorgt. Sonst ergeht es uns wie dem Thanksgiving-Truthahn: 364 Tage gehätschelt werden und am Ende: Ab in die Röhre!

> **Ein Blick in die Evolution 8:**
> **Der Tod des Megalodon**
>
> Der Megalodon, ein 16 Meter langer Riesen-Hai, lebte vor etwa 10 bis 25 Millionen Jahren und war lange Zeit der unangefochtene Herrscher der Meere. Solange bis eine andere Spezies auftauchte: der Weiße Hai. Anstatt immer größer zu werden wie der Megalodon, glänzte er mit einem ganz neuen Konzept: kleiner, wendiger, flexibler und schneller. Er konnte sich auf Veränderungen des Nahrungstisches viel leichter einstellen, jagte sowohl im offenen Meer, als auch in den für den Megalodon unzugänglichen Riffen. Starb ein Beutetier aus, suchte er sich einfach ein neues.[63]

---
[62] Vgl. Sprenger, S. 67
[63] Vgl. Schätzing, S. 184

EIN AGITAL-DEMOKRATISCHES MINDSET ALS RAHMENMODELL

Dass im Anpassungsprozess auf neue Herausforderungen ebenso eine Menge anderer Figuren auf dem Schachbrett eine Rolle spielen, sollte klar sein: Der CEO, die Bereichs-, Abteilungs- und Teamleiter, Anteilseigner und Aktienbesitzer, die Mitarbeiter, Lieferanten und Kooperationspartner. Sie alle wollen ihre Vision mit einbringen und sollten sich dennoch immer wieder auf den Kunden ausrichten. Oder wie es bei Netflix heißt: Die Konsumenten entscheiden, was gut ist, nicht der Chef.[64] Oder wie im Falle des Hais: Der gedeckte Tisch entscheidet, wie wendig ein Hai sein sollte.

Was jedoch befindet der Kunde als gut?

2.7.1 Der Kunde denkt kurzfristig und in Preisen

Der Pro-Kopf-Fleischverbrauch der Deutschen sank nach der BSE-Krise von 90,7 kg im Jahr 2000 auf 87,9 kg im Jahr 2001. Zwei Jahre später stand der Verbrauch wieder auf 89,4 kg, sank nach dem Gammelfleisch-Skandal 2006 wieder auf 86,7 kg, 2011 wurden aber schon wieder 90 kg pro Jahr verspeist.[65] Das sagt uns: Selbst scheinbar regelmäßige neue Aufreger bringen das gewohnte Kaufverhalten langfristig kaum durcheinander. Auf ähnliche Paradoxien treffen wir bei einem Vergleich zwischen Anspruch und Wirklichkeit im Käuferverhalten. Gilt Kinderarbeit bei 66 Prozent der Käufer als verwerflich, achten in Wirklichkeit nur 31 Prozent tatsächlich auf „saubere" Ware während des Einkaufs. Ein Verzicht auf Gentechnik ist 62 Prozent wichtig, während nur 27 Prozent bei Kauf darauf achten. Auf artgerechte Tierhaltung legen 60 Prozent der Menschen wert, was sich jedoch nicht im Kaufverhalten widerspiegelt (33 Prozent). Die Liste ließe sich endlos fortsetzen. Offensichtlich sind kurzfristige Belohnungen, die insbesondere über den Preis erfolgen, doch zu mächtig.[66]

Nun ließe sich einwenden, dass ein Unternehmen, das den üblichen Pfad der schnellen Bedürfnisbefriedigung verlässt, sich selbst aufs Abstellgleis stellt. Gegenfrage: Wenn die Kunden nur unzureichend damit beginnen, Verantwortung zu übernehmen, auch weil sie oftmals mit Billigangeboten geködert werden – was für Aldi ebenso gilt wie für Billiganbieter im Seminar- und Bildungssektor – wer soll dann Verantwortung übernehmen? Eine überforderte bis gängelnde Politik? Oder doch der Social Entrepreneur?

Natürlich müssen Unternehmen Gewinne erwirtschaften. Alles andere wäre naiv. Dennoch stellt sich die Frage, welchen Stellenwert Gewinne haben. Stehen sie über allem? Oder stehen Mitarbeiter, Kunden, Partner und Umwelt eine Stufe höher?

---

[64] Vgl. Keese, S. 172
[65] Vgl. Scholz/Zentes, S. 22
[66] Vgl. ebd. S. 125

DER KUNDE ALS STRATEGISCHER FEEDBACKGEBER

Einen Ausweg bietet, meinem kybernetischen Modell nicht unähnlich, das integrierte Saarbrücker Modell, das ich hier nur als Randnotiz erwähnen möchte, da eine tiefere Beschäftigung mit dem Modell zu weit ins Unternehmerische führen und damit den Rahmen meines Ansatzes sprengen würde:[67]

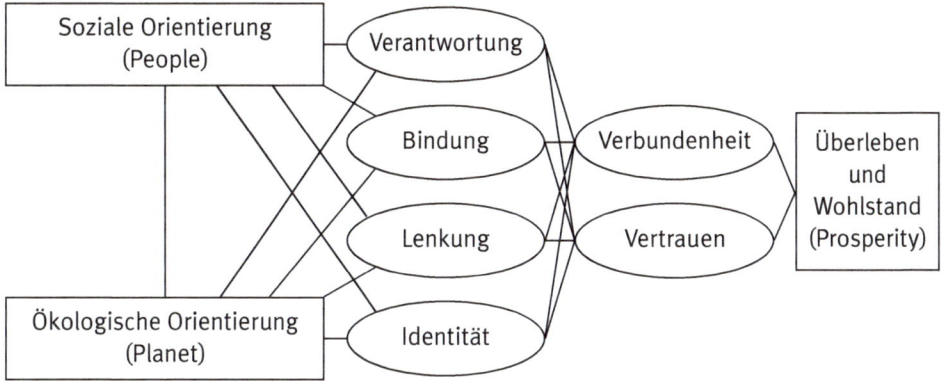

2.7.2 Langfristige und kurzfristige Kundeninteressen

Wir sind also gut beraten, verschiedene Arten von Resonanz beim Kunden zu unterscheiden:

	Resonanz beim Kunden	
	Kurzfristig	Langfristig
Positives fördern	Knalleffekte Sparsamkeit	Ethisch-ökologische Aspekte
Negatives verhindern	Reaktion auf Ärger und Ungeduld	Langlebige Produkte Dauerhafter Service

---
[67] Vgl. ebd. S. 175

EIN AGITAL-DEMOKRATISCHES MINDSET ALS RAHMENMODELL

Spielen Organisationen das Spiel der schnellen, kurzfristigen Reaktionen mit, setzen sie – wie Donald Trump – auf schnelle Knalleffekte. Das Neuromarketing zeigt ihnen, wie es geht, mit Talking Heads oder grinsenden Kaffeemaschinen. Und mancher ist schon froh, wenn der Kunde aufhört sich zu beschweren. Doch wie in jeder Beziehung zeigt sich, dass ein Nachgeben nur nachhaltig funktioniert, wenn sich beide Partner weiterhin ihres gegenseitigen Werts bewusst sind. Passt sich eine Partei ständig an, wird es schnell langweilig. In der Beziehung Organisation – Kunde braucht es langfristige Ansätze, um dauerhafte Beziehungen aufzubauen: Ethisch-ökologische Produkte, die das nächste Verfallsdatum locker wegstecken. Und wenn nicht, wenigstens einen guten Service, der etwaige Fehler auffängt. Damit wird der Verbrauchskonsument zum verantwortungsbewussten Bürger-Kunden.

2.7.3 Agitale Prozesse

Um die Bedürfnisse von Kunden als Input sowie dessen Verarbeitung bis hin zum Output zu ergründen, helfen uns auch hier Prozess-Roadmaps wie das ITO-Modell (Input – Transformation – Output), das wir bereits aus der Kybernetik kennen:

Anforderungen interner und externer Kunden	Anforderungen sind intern allen bekannt	Anforderungen werden erfüllt
Input	Transformation	Output
Festgelegter Auslöser (Bedürfnisse) für den Input Ziele des Kunden als Inputgeber	Kundenauftrag wurde analysiert Anforderungen werden abgeleitet Interne Prozessschritte werden klar voneinander abgegrenzt	Organisationsziele: Weitergabe von Informationen, physischen oder immateriellen Produkten

Anleitung zu Erstellung eines agitalen Prozessablaufs:

1. Wie lauten die Bedürfnisse und Ziele der Kunden?
2. Welche Auswirkungen haben die Bedürfnisse und Ziele auf alle Stakeholder?
3. Welche Teilaufgaben ergeben sich aus den Zielen?
4. Welche Ressourcen (Material, Informationen) sind für die Aufgabenlösung notwendig?[68]
5. Wer übernimmt welche Aufgaben (Mitarbeiter, Führungskraft, Kunde)?

---

[68] Zur Analyse bieten sich Fischgrätendiagramme an.

6. Bringen Sie die Handlungen der Transformationsphase in einen Prozessablauf und erstellen eine grafische Roadmap im Sinne eines Service-Blueprints[69]:

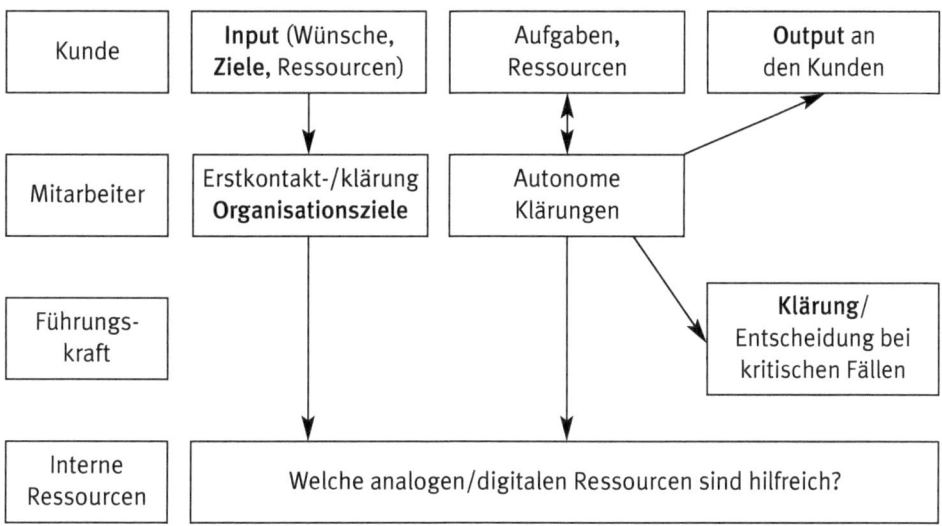

7. Einarbeitung des Feedbacks in unser Kreismodell: Fahnden Sie nach Problemen im Ablauf. Wo besteht Verbesserungspotenzial? Wer kann (sollte) sich um diese Probleme kümmern? Woran liegt es, dass ein Output nicht mit dem Input übereinstimmt? Liegt es an der Motivation der Mitarbeiter? Verschwenden wir Ressourcen? Liegt es daran, dass wir zu viel Zeit in unproduktiven Besprechungen vergeuden? Ist unsere Krankheitsquote zu hoch oder unser Vertretungsplan zu unflexibel? Sind Übergaben mangelhaft? Oder ist es das falsche Produkt oder eine unpassende Dienstleistung?
8. Welche vorhandenen Bedürfnisse aus dem Input werden nicht berücksichtigt? Wie lassen sich diese zufriedenstellender erfüllen?
9. Fragen und Erkenntnisse zur Transformationsphase:
   – Stimmt die aktuelle Reihenfolge oder sollte sie optimiert werden?
   – Gibt es Überschneidungen bei Mitarbeiter-Tätigkeiten?
   – Welche Entscheidungen ergeben sich an Schnittstellenübergängen zwischen Mitarbeitern, Dienststellen, Abteilungen etc.?
   – Wer trifft diese Entscheidungen? Der Kunde, der Mitarbeiter oder die Führungskraft?

---

[69] Vgl. http://www.innovationsmethoden.info/methoden/service-blueprinting

- Entstehen Fehler, zum Beispiel an Übergaben und Schnittstellen?
- Wie können diese vermieden werden?
- Inwiefern spielen hierbei digitale Medien eine Rolle?
- Worin sollten Mitarbeiter autonome Entscheidungen treffen?
- Ist es möglich, die Übergaben zu reduzieren?
- Welche Rolle spielen dabei digitale Prozesse im Hintergrund (Stichwort Dunkelverarbeitung)?
- Ist es möglich, einzelne Aufgaben in einer Person zu bündeln?
- Was müssen wir tun, um möglichst viel im Hintergrund ablaufen zu lassen?
- Wie lassen sich Wartezeiten reduzieren?
- Stehen Ressourcen (Informationen, Material) zur richtigen Zeit in der richtigen Form zur Verfügung?
- Was von dem Input und Output muss analog vorhanden sein? Was kann (teilweise) digital zur Verfügung gestellt werden?

Indem wir die Kundeninteressen als strategische Feedbackschleife in unser Modell einarbeiten, kommen wir von unserem kybernetischen Einbahnstraßen-Lenkungsmodell zu einem Kreismodell der immerwährenden gegenseitigen strategischen Beeinflussung.

2.7.2 Prozessentschlackung

Perspektivwechsel

Um Prozesse von Null an agital zu entschlacken und Fehlern im System auf die Schliche zu kommen, ist es hilfreich, unterschiedliche Sichtweisen einzunehmen: Wie können Sie einen Prozessablauf neu betrachten? Was können Sie verändern, um die Situation aus einem neuen Blickwinkel zu sehen? Was könnte dazu kommen? Was ist entbehrlich? Was sollte größer oder kleiner werden? Zur Veränderung der Perspektive empfehle ich Ihnen eine abgespeckte Osborn-Checkliste:[70]

- **Ähnlichkeit/Kombinationen:** Gibt es Prozesse, die ähnlich ablaufen? Könnten die Prozesse voneinander lernen? Was lässt sich übernehmen? Was kombinieren? Was ließe sich zum Vorbild nehmen?
- **Vergrößern:** Was ließe sich hinzufügen? Worauf sollte man mehr Zeit verwenden? Lässt sich die Anzahl der Bestandteile erhöhen?

---

[70] Vgl. https://de.wikipedia.org/wiki/osborn-checkliste

- **Verkleinern:** Was an dem Prozess ist entbehrlich?
- **Ersetzen:** Wo ist der Mensch ersetzbar? Wo nicht? Welche Bestandteile sind ersetzbar und durch was? Könnte der Prozess in einem anderen Raum stattfinden? Braucht es einen realen Ort oder reicht der digitale Raum?
- **Umformen:** Lässt sich der Prozess in Einzelteile zerlegen, die unabhängig voneinander funktionieren oder neu zusammengesetzt werden können? Was passiert, wenn die Reihenfolge verändert wird?
- **Ins Gegenteil verkehren:** Was passiert, wenn Ursache und Wirkung vertauscht werden? Soll das Gegenteil erreicht werden? Können Rollen vertauscht werden?

Was würde sich dadurch an der Kundensicht verändern und was würde sich an unserer Sicht oder der Sicht eines agilen Teams verändern?

Gesellschaftliche Trends

Weitere erhellende Erkenntnisse kann die Berücksichtigung politischer, wirtschaftlicher, sozio-ökonomischer, kultureller, technischer, umwelttechnischer und rechtlicher Trends bringen. Sammeln Sie dazu gesellschaftliche Trends wie:

- Zunahme autonomer Entscheidungen
- Soziale Gruppen verabreden sich meist kurzfristig, um etwas miteinander zu unternehmen
- Dienstleistungen werden zunehmend komplexer
- Zunahme der Mobilität
- Zunahme des Alters
- Zunahme der Ethnien und babylonische Sprachverwirrung

… und kombinieren diese in 2*2-Matrixen:

> **BEISPIELE:**
>
> Die Kombination „Autonomie nimmt zu" plus „Dienstleistungen werden zunehmend komplexer" führte in einem Workshop für einen KFZ-Betrieb zu der Idee, Kunden nicht im Anschluss, wenn niemand Zeit und Lust hat, sondern bereits während der Wartezeit Wünsche und Verbesserungsideen am Service ausfüllen zu lassen.
>
> Die „Zunahme der Ethnien und babylonische Sprachverwirrung" führte kombiniert mit der „Zunahme der Mobilität" im selben Workshop zur Idee einer Bi-

bliothek an der Servicetheke. Während die Kunden bei kleineren Reparaturen auf ihr Auto warteten, hatten sie die Möglichkeit, in unterschiedlichen Büchern, vom KFZ-Ratgeber bis zum Comic, zu schmökern. Die verschiedenen Sprachen der Kunden gaben den Anstoß dazu, Wörterbücher oder Ratgeber in unterschiedlichen Sprachen in ein Bücherregal im Warteraum zu stellen. Die Idee weitete sich auf eine Vielzahl anderer Bücher im Stile der Bücherregale aus, die seit einigen Jahren in deutschen Fußgängerzonen stehen. Der Ursprungsgedanke der Mobilität fand sich in der Idee wieder, die Bücher regelmäßig zwischen unterschiedlichen Standorten auszutauschen.

Gerade im Hinblick auf digitalisierte Prozesse sowie unter Berücksichtigung des Transformationsgedankens erscheint es zwingend notwendig, Prozesse aus unterschiedlichen Perspektiven komplett neu zu durchdenken, bevor wir sie wieder und wieder transformieren.

3
FÜHRUNGSKRÄFTE IM AGITALEN SPANNUNGSFELD

3.1 Folgen der Digitalisierung für Führungskräfte

Wo sollen sich Führungskräfte verorten in der Gemengelage aus Agilität, Digitalisierung, Globalisierung, Telearbeit, Verjüngung und Individualisierung der Mitarbeiter?

Im Mittelbau sind Führungskräfte primär dafür verantwortlich, als Bindeglied zwischen Organisation und Mitarbeitern ein Vertrauensverhältnis aufzubauen. Als Gegenpol zur digitalen Ferne und der gefühlten Disruptivität braucht Führung die menschliche Nähe eines ernsthaften Beziehungsmanagements, ein modernes Management by Walking around – in meiner Vision eine lebendige, direkte und authentische Führung mit klaren Führungsprinzipien für einen ehrlichen Erwartungsaustausch und über die Ferne tragende Beziehungen. Ist das vorhanden, kann die Verbindung über virtuelle Endgeräte eine individuellere Führung über ein schnelles und direktes Feedback sogar unterstützen.

Treiben wir die Prinzipien der Digitalisierung auf die Spitze, führt dies in der Arbeit und insbesondere für eine agile Führung zu weitreichenden Konsequenzen:

- Im digitalen Raum gibt es den Raum, wie wir ihn kennen, nicht mehr. Ich kann jede Information überall abrufen, von jedem digitalen Endgerät. Die Digitalisierung ermöglicht damit eine Zusammenarbeit über große Distanzen.
- Auch die zeitlichen Kontexte wie wir sie kennen, lösen sich auf. Informationen sind jederzeit einsehbar. Folglich lösen sich die Arbeitszeiten auf. „Nine to Five" war gestern. Meinem Computer ist es egal, ob ich tagsüber oder nachts arbeite, denn es geht nur darum, welche Ergebnisse am Ende herauskommen, nicht wie lange ich dafür gebraucht habe.
- Die Digitalisierung löst Strukturen auf. Eine kreative Suche nach Problemlösungen ist am sinnvollsten, wenn sie über hierarchische Grenzen hinweg auf raum-, zeit- und abteilungsübergreifenden Plattformen stattfindet. Schwarmintelligenz bedeutet keine Diktatur der Masse, sondern eröffnet Möglichkeiten, mich als Problemeigentümer aus einem großen Ideentopf zu bedienen, ohne Angst zu haben, bei der Ablehnung einer Idee andere vor den Kopf zu stoßen. Mit dieser kreativen Gruppenintelligenz lösen sich allerdings die alten Hierarchien des „Frag den Chef"-Prinzips auf.

- Die einfache Zugänglichkeit digitaler Systeme erleichtert Schüchternen, Lösungen anzubieten, was sie face-to-face niemals tun würden. Vor dem digitalen Endgerät fühlt sich mancher (Vorsicht, Klischee!) rollkragenpulloverte Nerd wohler als im Direktkontakt. Damit hilft die Digitalisierung denen, die sich schwer tun, ihre Meinung zu sagen oder Beziehungen zu pflegen. Werden ihre Lösungen gelobt, könnte es ihnen gelingen, Stigmatisierungen abschütteln.
- Die Digitalisierung könnte sogar die Meinungen einer Abteilung demokratisieren, da im digitalen Rahmen die Wahrscheinlichkeit steigt, dass mehr Meinungen geäußert werden statt in den Kaskadenbildungen der realen Welt.
- Und schließlich kann die Digitalisierung den Mythos der Perfektion entschärfen, indem Beta-Versionen digital getestet werden. Ein digitaler Fehler erscheint um einiges weniger schmerzhaft als ein Fehler mit Konsequenzen in der wirklichen Welt.

Und die Wirklichkeit?

Wir können in der digitalen Welt viel vorbereiten und ermöglichen. Die Umsetzung erfordert ein reales Handeln und führt zu realen Konsequenzen. Damit bleiben dieselben Fragen offen, mit denen sich Führungskräfte seit gefühlten Urzeiten beschäftigen, die jedoch durch die Digitalisierung in vielen Fällen um einiges dramatischer werden:

- Sind meine Mitarbeiter motiviert? Was tun die den ganzen Tag im Homeoffice?
- Wie kontrolliere ich meine Mitarbeiter, wenn sie nicht am Platz sind?
- Wie soll ich Bindungen aufbauen, wenn ich meine Mitarbeiter nie sehe?
- Delegiere ich in einer digitalen Welt anders? Ein Punkt, dem insbesondere aufgrund der Schwammigkeit und Kürze von Textnachrichten eine neue Bedeutung zukommt. Früher ließen sich Unklarheiten im Gespräch klären, wenigstens per Telefon auf nächtlichen Zugfahrten. Bekommt ein Mitarbeiter um 20:30 Uhr eine Nachricht vom Chef, weil dieser die Sache heute noch vom Tisch haben wollte, muss jeder für sich selbst herausfinden, ob er sich noch heute Abend darum kümmern soll oder ob es bis morgen reicht.

Was steht dahinter?

- Was, wenn ein Mitarbeiter im Homeoffice in vier Stunden das schafft, wofür andere acht benötigen?
- Wenn Problemlösungen hierarchieübergreifend mittels digitaler Wissensplattformen gefunden werden, wofür bin dann ich noch da?

Was ist nötig für eine moderne agile Führung?

Führungskräfte brauchen das, was sie immer brauchten: eine gute Balance aus wohlwollendem Vertrauen und ehrlich-direktem Feedback. Die Digitalisierung schafft es, dass an der Beschäftigung mit Vertrauen und einer Selbststeuerung der Mitarbeiter kein Weg mehr vorbeiführt. Doch Vertrauen entsteht vor allem von Angesicht zu Angesicht, über gemeinsame, intensive Gespräche, über ein Ringen um Ziele und gemeinsame Erlebnisse.[71]

Moderne Führung braucht in Wirklichkeit nichts anderes als eine Mischung aus agilen Methoden und einem Beziehungsmanagement, das Probleme direkt anspricht, statt sich hinter Hierarchien zu verstecken. Wenn Führungskräfte in Zukunft immer weniger Zeit für Direktkontakte zu ihren Mitarbeitern haben, sollten diese dringend klar, ehrlich und respektvoll-provokant ausfallen, um den Kern der Zusammenarbeit und die gegenseitigen Erwartungen zu klären.

3.2 Managen oder Führen?

„Die Führungskraft der Zukunft kennt nicht die Lösung, sondern organisiert den Prozess, der zum Finden der Lösung führt", sagt der Personalvorstand eines modern denkenden Maschinenbauers beim Kongress der Deutschen Gesellschaft für Personalführung (DGFP) in Berlin.[72]

Ein Manager sichtet, bewertet und delegiert Aufgaben. Ein Manager plant und strukturiert. Ein Manager verwaltet Aufgaben, Prozesse, Projekte und organisiert diese möglichst deckungsgleich mit den Zeitbudgets seiner Mitarbeiter. Manager gehen sachorientiert an Aufgaben heran. Manager fragen sich, was in welcher Zeit zu tun ist.

Eine Führungskraft führt und lenkt. Sie geht als Leitfigur voran, bietet Orientierung im alltäglichen Chaos, agiert wertorientiert, ist standhaft, visionär, motiviert, treibt an, gibt Feedback, zieht Grenzen, schlichtet Konflikte, betreibt Bindungsarbeit und hilft in Identitäts- und Loyalitätskrisen. Führungskräfte gehen beziehungsorientiert an Aufgaben heran und fragen sich, wie und warum Aufgaben erledigt werden sollen.

---
[71] Vgl. Liebermeister, S. 29
[72] Vgl. Keese, S. 178

FÜHRUNGSKRÄFTE IM AGITALEN SPANNUNGSFELD

Reflexion: Management oder Führung?

- *Wie viel Zeit Ihrer Arbeit verbringen Sie mit Managementtätigkeiten?*
- *Was genau sind dabei Ihre Aufgaben?*
- *Wie viel Zeit Ihrer Arbeit verbringen Sie mit echten Führungstätigkeiten?*
- *Was genau sind dabei Ihre Aufgaben?*

Digitalisierungsmaßnahmen werden in Zukunft einen Großteil der Managementaufgaben übernehmen. Der Computer bestimmt dann, was in welcher Zeit zu erledigen ist, welche Ressourcen dafür erforderlich sind oder an wen ich mich im Fall X wenden kann. Vieles von dem, was wir aktuell erleben, ist bereits computergesteuert. Die Regelung von Schadensfällen läuft bereits vielfach im Hintergrund per Dunkelverarbeitung ab. Ein Algorithmus bestimmt, wie viel an wen ausgezahlt wird. Dabei werden die Algorithmen klüger und lernen mit künstlicher Intelligenz von Fall zu Fall dazu.

Weiß ein Mitarbeiter nicht mehr weiter, schlägt er in einer Datenbank nach, und das an jedem Ort zu jeder Zeit. Jüngere Generationen starten ohnehin mit der Haltung in den Beruf: Ich weiß, was ich tun muss. Ich weiß, wo ich nachsehen kann – Giyf (Google is your friend)! Ich habe alles im Griff und manage mich selbst. Das Wissen der jungen Generationen ist groß. Der Einsatz des Wissens muss erst noch gelernt werden. Und natürlich funktioniert Lernen immer noch am nachhaltigsten über menschliche Anleitung und Vorbilder.

Auswirkungen von Flexibilisierung und Individualisierung auf den Führungsstil

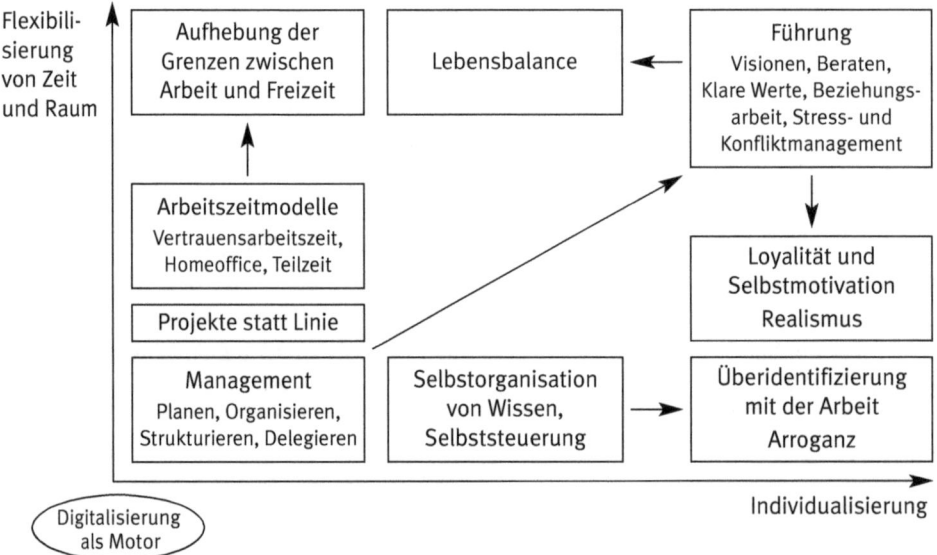

Damit fällt ein Großteil klassischer Managementaufgaben weg. Übrig bleiben Führungsaufgaben, für die bisher keine Zeit war. Führungsaufgaben, die nötig sind, weil unter der Schwelle hoher Medienkompetenz nach wie vor Unsicherheiten lauern.

Auch wenn auf dem Weg dorthin ein Führungsvakuum entstehen könnte, weil Führungskräfte ihre neue Rolle erst finden müssen, sind die Chancen, diesen Führungsfreiraum zur Entwicklung von Visionen, Ideen und der Ausübung von Beziehungsarbeit zu nutzen, enorm.

3.3 Moderne Führungshaltungen

3.3.1 Es ist die Haltung, nicht die Methode

Für einige Führungskräfte ist es eine enorme Umstellung, wenn sie bisher Führung mit Kontrolle verwechselten. In meinem Buch *Provokant – Authentisch – Agil* greife ich auf philosophische, neurobiologische und psychologische Hintergründe zurück, um zu klären, auf was es ankommt, wollen Führungskräfte agil führen und als Keimzellen und Herz der Organisation ihre Mitarbeiter zur Selbstorganisation anleiten.

Schließlich geht es im Beispiel des abstürzenden Autos nicht darum, die Kontrolle über seinen Wagen zurückzuerlangen, sondern darum, das Beste aus der Situation zu machen. Ein von einer Brücke stürzendes Auto lässt sich nicht stoppen. Es ist folglich sinnvoller, den Lauf der Dinge präsent, souverän und gelassen zu beobachten und mutig an gezielten Stellen zu intervenieren.

Um dem Vorwurf vorzubeugen, Agilität wäre planlos und chaotisch, bieten Haltungen im Zuge stetiger Anpassungsprozesse Konsistenz und Beständigkeit. Die Ziele wandeln sich, meine Führungskraft bleibt gelassen, zugewandt, geduldig, klar und ehrlich.

In meinem Buch *Mitarbeitermotivation* beschreibe ich dazu wertvolle Haltungen einer Führungskraft als Startpunkt jedes Mitarbeitergesprächs. Die Kernaussage des Buches lautet: Das Wie ist wichtiger als das Was. Ich kann einem Mitarbeiter eine perfekte Ich-Botschaft aus einer boshaften Haltung entgegenschleudern, brauche mich dann aber nicht zu wundern, dass mein Gegenüber sich angegriffen fühlt. Das gleiche Prinzip gilt ebenso für die Gewaltfreie Kommunikation, die ich an dieser Stelle als eine der weit verbreitetsten Kommunikationsmethoden anführe.[73] Ich

---
[73] Amazon-Bestseller in Sachen Konfliktmanagement am 15.05.2018 auf Platz 1, 2, 3, 7, 8, 10, 13 und 16

FÜHRUNGSKRÄFTE IM AGITALEN SPANNUNGSFELD

lernte in meinem Trainerdasein so einige GFKler kennen, die die Gewaltfreie Kommunikation als Waffe nutzen, sicherlich ohne sich dessen bewusst zu sein. Und moderne Führungstrainings mit Lamas und Pferden sind auch nicht besser. Ich kann eine Menge durch das Führen von Pferden lernen. Mitarbeiter bleiben dennoch Mitarbeiter und mutieren nicht über Nacht zu Pferden.

Da ich selbst seit einigen Jahren im Theaterbereich tätig bin, weiß ich, dass es niemals das Was ist, was einen guten Schauspieler ausmacht, was er trägt oder was er sagt. Es ist immer das Wie: Wie er seine Kleidung trägt. Wie er läuft. Wie er spricht. Das Wie entscheidet über die Wi(e)rkung, Erfolg oder Misserfolg einer Maßnahme, gerade in Umbruchsituationen.

Drei Freunde erzählen sich auf ihren regelmäßigen Bahnfahrten Witze.
Da sie die Witze schon alle kennen, kommen sie auf die Idee, den Reiz zu erhöhen, sie in einer Liste zusammenzufassen, durchzunummerieren und sich nur noch die Nummern zu erzählen. Als eines Tages ein Fremder zu ihnen ins Abteil kommt, wundert der sich. Einer sagt „36" und alle lachen. Darauf erklären sie ihm ihr System. Er versucht es ebenso und sagt: „13". Keiner lacht. Er hakt nach: „Warum lacht ihr nicht?", woraufein einer der Freunde ihm erklärt: „Naja. Man muss auch gut erzählen können."

Will ich agile Haltungen, ein agiles Denken oder Digitalisierungsmaßnahmen in meiner Organisation etablieren, reicht es nicht, diese als Lippenbekenntnisse einzuführen und zu hoffen, dass es niemand merkt, nach dem Motto: Wir führen digitale Maßnahmen ein, weil unsere Kunden von uns erwarten, digital bedient zu werden, beten jedoch insgeheim zum firmeninternen Herrgottswinkel, dass wir nach einer mittelfristigen Krankheitszeit dieses seltsame virale Syndrom namens Internet doch wieder loskriegen und der Kunde sich beruhigt. So Gott will, wird wieder alles so, wie es einmal war. Gott jedoch gab uns einen freien Willen. Gott will nichts. Und beten hilft auch nichts. Wir müssen selber wollen und etwas tun. Und das am besten mit Begeisterung. Lassen Sie sich also anstecken von diesem Virus namens Agilität.

Andererseits[74]: Würden wir die Sache mit der Digitalisierung und der Agilität ernst nehmen, wäre das viel zu radikal für die Führungsriege. Am Ende würden wir all unsere schönen Hierarchien eliminieren, als würden wir an unseren eigenen Ästen sägen. Wer bitteschön soll dann unsere Mitarbeiter lenken? Die Mitarbeiter sich selbst? Ich bitte Sie!

---

[74] Der Autor erkrankte vor langer Zeit an einem Virus namens Geisteswissenschaft.

Falsch an diesem gängigen Bild ist allerdings die Tatsache, dass Manager und Führungskräfte nicht auf den Ästen sitzen sollten. Sie sollten den Baumstamm und die Wurzeln repräsentieren, die den Baum mit all seinen Mitarbeitern, Produkten und Dienstleistungen tragen und überhaupt erst zum Blühen bringen. Und welche Wurzel hat schon Angst vor ein paar zurechtgestutzten Ästen?

Stellen Sie sich zur Verdeutlichung von Führung und Lenkung vor, Sie stehen in einer Fußgängerzone zur Hauptverkehrszeit und beobachten die Menschen. Hinter jedem dieser Fußgänger steht eine Person – nennen wir sie Chef –, die die Fußgänger mit Befehlen steuert: Links, rechts, vor und Stopp, um Kollisionen zu verhindern und so schnell wie möglich von A nach B zu kommen. Neben dem Chef steht zudem eine weitere Person – nennen wir sie Assistent –, die mögliche Fehler oder Zusammenstöße notiert. Was halten Sie für effizienter und effektiver? Die Steuerungsvariante oder die wirklich verrückte Möglichkeit, dass die Fußgänger sich selbst steuern, ohne tatsächlich zusammenzustoßen. Nebenbei: Was passiert in dieser seltsamen Utopie mit dem Assistenten?[75]

3.3.2 Hierarchien in agilen Demokratien

Bringen Sie Ihren Puls wieder auf Normalleistung. Ich kann Sie beruhigen. Ihre Chefsekretärin hat mit Sicherheit auch in Zukunft genug zu tun. Und Hierarchien wird es immer geben, auch wenn sie anders aussehen werden und müssen, wollen Organisationen zukunftsfähig bleiben. So verdeutlicht der Haufe-Quadrant der Haufe umantis AG, dass selbstorganisierte Organisationen zu Mitarbeitern passen müssen, die gerne gestalten. Gestalter kommen gut mit agilen, autonom denkenden Netzwerken zurecht, während Machertypen oder „Ausführer und Folger"-Typen besser mit Hierarchien klarkommen.[76] Wer hätte das gedacht?

Zusätzlich kommt es neben den Organisationsgewohnheiten auf die Themen an: Die Verteilung knapper Ressourcen, die Budgetjahresplanung, Kredite oder Aufhebungsverträge werden in den wenigsten Unternehmen autonom entschieden.[77] Auch verschiedene Arbeitsbereiche sind unterschiedlich empfänglich für autonome Entscheidungsfindungen:

---

[75] Häusling (vgl. Häusling, Praxisbuch Agilität, S. 105) macht aus diesem Bild ein Spiel, das die Unsinnigkeit von Kontrolle in der Führung verdeutlicht.
[76] Vgl. Stoffel, S. 270 ff., in: Sattelberger et al.
[77] Vgl. von Rottkay, S. 259, in; Sattelberger et al. Auch wenn es hier bereits Ausnahmen gibt, die sich zumeist auf kleine Unternehmen und Start-ups beschränken.

- Je mehr Produktion, Schalterarbeit oder Verkauf und damit Routinearbeiten, desto mehr Hierarchien und umso leichter ist die Standardisier- und damit Digitalisierbarkeit.
- Je mehr Strategie-, Wissens- und Innovationsarbeit, und damit Nicht-Routine-Arbeiten, desto weniger Hierarchien und umso schwerer fällt eine Standardisierung und Digitalisierung.[78]

Besteht ein Konsens darüber, wer was entscheidet beziehungsweise mitentscheidet, ist alles gut. Agilität bedeutet eben nicht, alle Macht dem operativen System zu überlassen, wie es manche Führungskräfte glauben, wenn ihnen suggeriert wird, sie sollten loslassen. Vielmehr geht es um eine gute Verteilung der Entscheidungsmacht. Die Mitarbeiter an der Front kennen die Probleme, die es zu lösen gilt. Sie sollten zumindest mitbestimmen können. Vielleicht fehlt ihnen der Überblick über die strategischen Ausrichtungen, was zumeist aus mangelnder Transparenz resultiert, vielleicht aus Angst des Managements vor Machtverlust. Sich taktisch auf schnell ändernde Kundenwünsche einzulassen und Informationen weiterzuleiten, ist jedoch die klare Domäne der Mitarbeiter, zumal Geschäftsführer meist so weit weg vom Alltagsgeschäft sind, dass sie schlichtweg entscheidungsunfähig sind. Bezeichnenderweise stellen sich 80 Prozent aller Produkte innerhalb des ersten Jahres als Rohrkrepierer heraus.[79] Die Mitbestimmung der Mitarbeiter könnte diese verheerende Rate kaum schlechter machen.

Auch so könnte Agilität zwischen Geben und Nehmen funktionieren: Die Geschäftsführung macht ihre Strategie transparent und die Mitarbeiter bieten Informationen, diese Strategie zu verfeinern.

Problematisch wird es, wenn die Organisationsform nicht zu den Erwartungen und Überzeugungen der Mitarbeiter passt. Treffen Mitarbeiter vom Typ „Macher" auf eine agile Organisationsstruktur, führt dies zu Unmut: Die Abstimmungen untereinander dauern ihnen viel zu lange. Treffen Mitarbeiter vom Typ „Ausführer" auf eine agile Organisationsstruktur, führt dies (zumindest zu Beginn) zu Überforderungen. Zumal viele Mitarbeiter Veränderungen in Richtung mehr Autonomie nur bedingt und beschränkt auf bestimmte Bereiche begrüßen:

- Während in Schweden 7 Prozent der Mitarbeiter davon ausgehen, dass der Chef Antworten auf alle Fragen haben sollte, sind es in Deutschland satte 69 Prozent und damit näher an Indien (77 Prozent) oder Russland (74 Prozent), als an Dänemark (11 Prozent), Norwegen (23 Prozent) oder Finnland (27 Prozent).[80]

---

[78] Vgl. Welpe et al., S. 82 f., in: Sattelberger et al.
[79] Vgl. Surowiecki, S. 284
[80] Vgl. von Rottkay, S. 252, in: Sattelberger et al.

MODERNE FÜHRUNGSHALTUNGEN

- In einer Studie mit 1000 Befragten schnitt der Wunsch nach einer demokratischen Führung mit einem Wert von 6,7 (von 10 Punkten) im oberen Drittel ab.[81] Gerade einmal 1,7 Punkte über dem Mittelwert!
- In derselben Studie wurden 128 potenzielle Bewerber nach dem Einfluss demokratischer Strukturen auf die Attraktivität einer Stelle befragt. Mit dem Ergebnis, dass eine höhere Gestaltungsfreiheit, was ihre Aufgaben und Arbeitszeit angeht, sowie autonomie-förderliche strukturelle Rahmenbedingungen, wie Mitarbeiterausschüsse oder ein betriebliches Vorschlagswesen, als hoch attraktiv bewertet wurden. Dagegen wurden die Wahl des Vorgesetzten, der Einfluss auf die Strategie des Unternehmens, eine Kapitalbeteiligung oder transparente Strukturen als nicht so wichtig eingestuft.[82]
- Und in einer Umfrage zur Nutzung eines Homeoffice-Arbeitsplatzes gaben 49 Prozent der Befragten an, die Arbeit im Homeoffice sei mindestens genauso produktiv wie im Büro. Obwohl sich 44 Prozent über Störungen im Büro beklagten, gaben 75 Prozent der Befragten ihr Büro immer noch als bevorzugten Arbeitsplatz an.[83]

Dass Demokratiebestrebungen schmerzhaft sein können, wenn sie zu forsch oder unbedacht forciert werden, zeigt das Beispiel der Partake AG (mittelständisches Softwarehaus). Mitarbeiter per E-Mail (!) darüber zu informieren, dass sie von heute auf morgen entscheiden können, an was, mit wem und wie lange sie zukünftig an Projekten arbeiten wollen und dies selbstredend autonom zu organisieren, musste zwangsläufig in Chaos und Unzufriedenheit bis hin zu Gerichtsprozessen führen, weil die Mitarbeiter die Pflichten ihres Arbeitgebers nicht mehr gewährleistet sahen.[84] Der lange Weg durch die komplette Umstrukturierung der Beratungs- und Dienstleistungspalette, inklusive dem Verlust von Kunden und Mitarbeitern, mag zum Erfolg geführt haben. Die Kollateralschäden könnten das ein oder andere Unternehmen in den Ruin führen. Bei aller Begeisterung für agiles Denken ist es wichtig, gewohnte Strukturen nicht mit dem Vorschlaghammer niederzureißen, sondern mit den Mitarbeitern zusammen Schritt für Schritt evolutionär in Richtung demokatisch-agile Strukturen weiterzuentwickeln.

Treffen agil denkende, gestaltungsfreudige Mitarbeiter auf Hierarchien, entstehen Schattenstrukturen.[85] Da keine 100-prozentige Kontrolle möglich ist, werden als un-

---

[81] Vgl. Welpe et al., S. 84, in: Sattelberger et al.
[82] Ebd. S. 85
[83] Vgl. von Rottkay, S. 255, in: Sattelberger et al.
[84] Vgl. Erbeldinger, S. 174 ff., in: Sattelberger et al.
[85] Vgl. Stoffel, S. 272 ff., in: Sattelberger et al.

FÜHRUNGSKRÄFTE IM AGITALEN SPANNUNGSFELD

sinnig empfundene Aufträge gerade so erledigt, um das Gros seiner Zeit den Lieblingstätigkeiten zu widmen.[86] Dass die meisten Gestalter die Schattenstrukturen nicht nutzen, um blau zu machen, sondern um die eigene Arbeitskraft kreativ, innovativ und produktiv für die Organisation einzusetzen, sollte uns zu denken geben.[87] Aus meinen Führungstrainings weiß ich, dass selbst kompetente Führungskräfte Schattenstrukturen nutzen, um das Beste für ihre Organisation herauszuholen. Ansonsten würden sie sich nicht freiwillig weiterbilden – ein Zeugnis persönlicher Agilität –, während andere Kollegen es viel nötiger hätten, jedoch dazu gezwungen werden müssten. Fraglich ist allerdings, ob ein agiler Mitarbeiter in einer verkrusteten Struktur lange haltbar ist.

Es gilt also, herauszufinden, was Mitarbeiter, Teams und Abteilungen gewohnt sind, was sie brauchen und in welchen Arbeitsbereichen selbstorganisierte Entscheidungen angebracht sind. Damit nehmen Organisationen das Thema Agitalisierung konstruktiv und offenen Auges in die Hand. Mit dem Gefühl, ihren Ast retten zu müssen, haben Führungskräfte verloren. Betrachten sie sich als Stamm, der in aller Ruhe sein Werk beobachtet und hier und da ein paar Mineralien und Flüssigkeit in die Äste pumpt, werden sie auch morgen noch benötigt.

Reflexion: Hierarchien

- *Warum brauchen meine Mitarbeiter Hierarchien?*
- *Was würde passieren, wenn wir Hierarchien abbauen?*
- *Was benötigen wir stattdessen, um Mitarbeitern Orientierung und Sicherheit zu geben?*
- *Welche strategischen Entscheidungen könnten Mitarbeiter mitbestimmen?*
- *Welche taktischen Entscheidungsspielräume vor Ort sollten sie haben, um agil auf Kunden einzugehen?*

3.3.3 Haltungen bieten Orientierung

Auf dem Weg dorthin ist es wichtig, als Führungskraft transformative Entwicklungen mit den passenden Haltungen sowohl zu stabilisieren, als auch voranzutreiben.

Gerade in einem agitalen Umfeld, das uns dazu verleiten könnte, Termine digital schnell zu- und ebenso schnell wieder abzusagen oder zum Spielball schnell wechselnder Kundenstimmungen zu werden, ist es wichtig, klare Haltungen einzuneh-

---

[86] Vgl. Arnold, S. 42
[87] Ebd. S. 44

men und ebenso klare Regeln einzuführen, zum Beispiel über Offline- und Online-Zeiten, um Mitarbeitern eine Orientierung zu bieten und damit einer betriebsamen Beliebigkeit eine nachhaltige Verlässlichkeit entgegenzusetzen.[88]

Aufgrund meiner Erfahrungen aus einem Jahrzehnt Führungstrainings, Organisationsberatungen, Mediationen und Coachings von Teams und Einzelpersonen möchte ich mich festlegen: Im agilen Spannungsfeld zwischen Standhaftigkeit und Flexibilität bieten Haltungen[89] den einzigen Ausweg, um weder zu starr, noch zu beliebig zu agieren. Von beidem haben Mitarbeiter bereits genug kennengelernt. Im Kern solcher stabilisierenden Haltungen gilt es, präsent, achtsam und aufmerksam zu sein.

Ein Dozent weiß, dass seine Studenten den Raum verlassen, wenn er zu spät kommt. Da er einen wichtigen Termin hat, hinterlässt er seinen Hut als Zeichen dafür, dass es ein wenig später wird. Als er wiederkommt, sind trotzdem alle weg. Am nächsten Tag fragt er, warum sie nicht auf ihn gewartet haben, er habe doch mit seinem Hut verdeutlicht, dass er noch kommen würde. Am nächsten Tag waren wieder alle Plätze leer – doch auf jedem Platz lag ein Hut.

Ein Hut alleine reicht nicht aus, um Präsenz und Interesse zu zeigen. Der Hut will ausgefüllt werden.

Alle Haltungen, die Sie zusätzlich einnehmen, verdeutlichen die Klarheit der eigenen Standpunkte, sind in bestem Sinne idealistisch, indem Sie zu einer Idee stehen, sei es zu eigenen Ideen oder einer Idee, die die gesamte Organisation trägt, zum Beispiel die Mitarbeiter über jeden Arbeitsprozess zu stellen, der Idee lebenslangen Lernens, oder, für einen ehrlichen Meinungsaustausch zu kämpfen.

Mit Haltungen lassen Sie sich gleichermaßen auf einen Gesprächsprozess ein, in dem nach fraktaler Denkweise vieles passieren wird, das ich zuvor nicht planen kann. Manches davon wird überraschend positiv ausfallen.

Haltungen in Mitarbeitergesprächen

Gelassenheit	Entspannte Neugier
Lösungsorientierter Optimismus	Offenheit, Authentizität und Transparenz
Ehrliche Erwartungen	Vertrauen in Prozesse
	Respekt

vor dem Gespräch	während des Gesprächs

---

[88] Vgl. Liebermeister, S. 109
[89] Vgl. Hübler, Mitarbeitermotivation, S. 97 ff.

FÜHRUNGSKRÄFTE IM AGITALEN SPANNUNGSFELD

Wer hätte gedacht, zu welchen kreativen Höhenflügen Herr Meier, das stille und bisweilen ironische Wasser, in einer guten, humorvollen Stimmung fähig ist? Andere Erkenntnisse werden weniger positiv ausfallen. Gut, dass sie als Informationen auf dem Tisch landeten. Damit lässt sich arbeiten.

Haltungen verleihen Ihnen Stabilität, Erwartbarkeit und Klarheit.[90] Sie leisten das, was im agitalen Zeitalter zur zentralen Führungsaufgabe wird: eine Orientierung im Dschungel der Möglichkeiten zu bieten.[91]

Dabei geht es weniger um die Frage, was Sie als Führungskraft unternehmen werden, sondern mehr um die Wahrnehmung der Mitarbeiter, dass Sie zuhören, präsent sind, sich informieren, kurzum: dass Ihnen die Anliegen Ihrer Mitarbeiter am Herzen liegen.

Zu viele Führungskräfte drücken sich nach meiner Erfahrung vor Aussagen gegenüber ihren Mitarbeitern, weil sie sich angesichts schnell verändernder Bedingungen schlichtweg nicht festlegen können. Dabei würde es den meisten Mitarbeitern reichen, zu erfahren, dass Sie an einem Thema dran sind und sich ernsthaft darum kümmern, indem Sie kleine Fortschritte transparent machen.

Eine Stabilität, die für Führungskräfte wichtig ist, um selbst mit den Unwägbarkeiten unserer Welt umzugehen – genauso wie mit den Ansprüchen der Generation Y. Diese Ansprüche waren – wie Liebermann treffend formuliert – schon immer da, werden nun allerdings ausgesprochen[92], sei es aufgrund der Ungeduld der Digital Natives oder auf der Basis eines gewachsenen Selbstwertgefühls. So oder so tragen sie durch ihre ungeduldige Ehrlichkeit zu einer Weiterentwicklung der Führungskultur sowie der gesamten Organisation bei.

Reflexion: Haltungen

Mit welchen Haltungen (Gelassenheit, Optimismus, Lösungsorientierung, Vertrauen in Menschen, Vertrauen in Prozesse und Entwicklungen, Respekt, Offenheit, Neugier, Ehrlichkeit, Transparenz, Authentizität) haben Sie bislang gute Erfahrungen gemacht? Mit welchen nicht? Und woran lag das?

Vertrauen zu haben bedeutet allerdings, keinen ausführlichen Wertekanon zu benötigen. Gerade in großen Organisationen werden Werte als Scheinsicherheit im Sinne klarer, einklagbarer Regeln missbraucht.[93] Werte fungieren jedoch niemals als eindeu-

---

[90] Vgl. Hübler, Provokant – Authentisch – Agil, S. 25 ff.
[91] Vgl. Liebermeister, S. 36
[92] Ebd. S. 80
[93] Vgl. Sprenger, S. 157 ff.

tige Handlungsanweisung, sondern lediglich als Richtlinie und Handlungsorientierung. Es bleibt Führungskräften daher nichts anderes übrig, als zusätzlich zu den Werten und Prinzipien Vertrauen in die moralische Entscheidungskompetenz der Mitarbeiter zu haben und im Fall einer Vertrauensenttäuschung in den Dialog zu gehen.

3.3.4 Von Orientierungen zum Selbstmanagement

Was bedeutet es konkret, einem Mitarbeiter, zum Beispiel im Rahmen eines Mitarbeitergesprächs, sei es geplant oder zwischen Tür und Angel, Orientierung zu bieten:[94]

- Seien Sie präsent, wenn auch nur für fünf Minuten, um dem Mitarbeiter zu zeigen, dass er in diesen fünf Minuten Ihre volle Aufmerksamkeit bekommt.
- Statt feste Ziele zu vereinbaren, spiegeln Sie ihm seine Fähigkeiten wider und geben ihm anhand einer Roadmap und einigen Meilensteinen einen Überblick über die zu lösenden Themen.
- Fragen Sie seine Erfahrungen ab.
- Triggern Sie sein Denken und Fühlen durch Humor, Vergleiche und Geschichten an. Ein denkender und fühlender Mensch trifft stimmigere und nachhaltigere Entscheidungen.
- Fördern Sie die Gestaltungslust unsicherer Mitarbeiter, indem Sie ihnen Angebote machen und Wahlmöglichkeiten unterbreiten, statt zu delegieren.
- Erkundigen Sie sich über regelmäßig auftauchende Probleme (Immer wenn .... passiert, mache ich ...), wie der Mitarbeiter damit bisher umgeht und wie er in Zukunft damit umgehen will.

Als nächsten Schritt auf dem Weg in Richtung Selbstmanagement geben Sie Ihrem Mitarbeiter einige Fragen an die Hand, um sich eine eigene Roadmap zusammenzustellen:

- Welche Achtsamkeit und Präsenz benötige ich, um gute Entscheidungen zu treffen?
- Was verschafft mir ein gutes Kontrollgefühl und wann verliere ich die Kontrolle? Was kann ich dafür tun, die Kontrolle zu behalten?
- Auf welchen Erfahrungen kann ich aufbauen? Welche Erfahrungen kann ich aus anderen Kontexten übertragen?

---

[94] Ausführlicher unter: Hübler, Provokant – Authentisch – Agil, S. 152 ff.

- Welche Assoziationen habe ich und was empfinde ich, wenn ich an ... denke? Vielleicht bringen mich manche Assoziationen auf neue Lösungsideen für regelmäßig wiederkehrende Probleme.
- Worauf habe ich richtig Lust? Was macht mir am meisten Spaß in der Arbeit?
- Und wie viel Selbstdisziplin brauche ich, um das zu erreichen, was ich will, wann verliere ich mein Durchhaltevermögen und was kann ich dafür tun, es wieder herzustellen?

3.3.5 Ohne Feedback keine Weiterentwicklung

Die Agilität in diesem Setting kommt ins Spiel, indem Sie Rückmeldungen aus der Umwelt als wichtige Informationen erkennen: Ohne Feedback keine Weiterentwicklung. Weder persönlich, noch organisatorisch. Auch das altbekannte 360-Grad-Feedback kommt in diesem Kontext zu neuen Ehren. Eine Möglichkeit, die aus meinen Erfahrungen in vielen Organisationen besteht, leider jedoch selten genutzt wird. Führungskräfte könnten am Ende erfahren, dass sie doch nicht so perfekt sind, wie sie selbst glauben. Das Leben im Allgemeinen und die Arbeit im Besonderen sind eben wie Radfahren: Um die Balance zu halten, musst du in Bewegung bleiben.

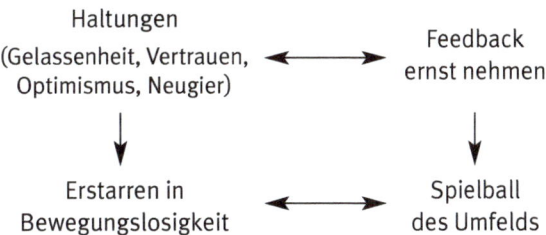

Doch nicht nur die Mitarbeiter dienen dazu, Führung und Management weiterzuentwickeln. Aus agiler Denke sind es vor allem die Kunden, auf die der gesamte Sinn und Zweck einer Organisation ausgerichtet sein sollte.

3.3.6 Vertrauen und Kontrolle in digitalen Zeiten

Sind Mitarbeiter hauptsächlich virtuell verfügbar, treibt dies die Frage nach dem Vertrauen weiter auf die Spitze:

- Wie motiviere ich meine Mitarbeiter, wenn ich sie primär digital zu Gesicht bekomme?
- Wieviel Vertrauen habe ich in meine Mitarbeiter, wenn ich sie nur per Stimme oder Bildschirm empfange?
- Kann ich über die Ferne anhand des Tonfalls einschätzen, ob meine Mitarbeiter mich belügen?
- Lässt sich im Laptop-Szene-Café um die Ecke oder am heimischen Arbeitsplatz mit einem kranken Kind im Hintergrund wirklich konzentriert arbeiten? Oder bekommen meine Mitarbeiter dort sogar den assoziativen Input, den sie in einer steril-abgekapselten Firmenwelt niemals bekommen würden?

Wenn Führungskräfte auf die Digitalisierung ähnlich wie Eltern reagieren, die ihre Kinder mit digitalen Endgeräten ausrüsten, um sie auf Schritt und Tritt zu überwachen, stehen uns düstere Zeiten bevor. Um das zu verhindern, brauchen wir dringend eine Diskussion über die Frage, wieviel Grundvertrauen in den Menschen, welches Menschenbild wir also haben, was wir anderen zutrauen und welche Feedback- und Kontrollschleifen wir ergänzend benötigen.

Auch hier lautet die Antwort: Moderne Führung bedeutet Beziehungsmanagement mit den Kernaspekten von Vertrauen und Feedback. Je seltener ich meine Mitarbeiter sehe, desto intensiver sollte ich diese Zeiten nutzen, um gegenseitige Erwartungen zu klären, ein Verständnis für meine Mitarbeiter aufzubauen und Bindung herzustellen. Nur so gelangen Führungskraft und Mitarbeiter oder Team zu einer langfristigen Verantwortungsteilung:

- Über welche Themen entscheidet die Führungskraft? Hat das Team ein Recht darauf, vor der Entscheidung angehört zu werden?
- Über welche Themen entscheidet das Team autonom? Hat die Führungskraft ein Veto-Recht beziehungsweise das Recht, angehört zu werden?
- Über welche Themen wird gemeinsam entschieden? Wer übernimmt welche Bausteine der gemeinsamen Entscheidungen?

Erst wenn klar ist, wer für welche Entscheidungen verantwortlich ist, mit allen Konsequenzen, findet eine echte Verantwortungsteilung statt.

Vertrauen in Entwicklungen statt Vertrauen in Menschen

Denken wir weiterhin in Zielen, deren Erreichung fragwürdig ist, wird uns dies kaum weiterbringen, wenn wir an die schnellen globalen Veränderungen und Kundeninteressen denken. Warum nicht am Beginn eines Prozesses starten statt an dessen Ende? Es gilt, den Blick nicht auf die wirklichen Probleme zu richten beziehungsweise darauf, was wir gerne als Output hätten. Der Output besteht lediglich aus abhängigen Komponenten. Stattdessen sollten wir unsere Energie auf die Elemente konzentrieren, die wir wirklich lenken können, den Input, und Vertrauen darauf haben, dass wir am Ende das erreichen, was wir gerne als Output hätten: Auch Führung folgt den Prinzipien der Fraktallogik und der Kybernetik aus Input, Transformationsphase und Output.

Und wenn die Ergebnisse unbefriedigend sind? – Wozu gibt es Feedbackschleifen? Schließlich ist es nicht verboten, bereits während der Transformationsphase, der ersten sowie der zweiten Output-Phase nachzubessern und entsprechende Stellschrauben zu verändern.

Wäre da nicht dieses wackelige Vertrauen. Hand hoch: Wer von Ihnen wurde noch niemals in seinem Vertrauen enttäuscht? Und dennoch: Wie leicht wäre agiles

MODERNE FÜHRUNGSHALTUNGEN

Führen, hätten Führungskräfte mehr Vertrauen in ihre Mitarbeiter. Mit mangelndem Vertrauen bleiben sie nach wie vor an Zielen wie einer Erhöhung der Verkaufszahlen oder Verbesserung der Produktqualität hängen. Diese paradoxen Ziele! Sie suggerieren uns Sicherheit, obwohl wir sie nicht beeinflussen können. Und je unsicherer die Zeiten werden und je unzuverlässiger ein Mitarbeiter ist, desto mehr halten wir an Zielen fest.

Vielleicht sind Sie jetzt überrascht: Das Vertrauen in Ihre Mitarbeiter ist sekundär. Hilfreich, wenn es da ist, aber mit Sicherheit können Sie nicht jedem vertrauen. Sie müssen erst recht nicht jedem dasselbe zutrauen. Die Menschen sind nun einmal verschieden. Die Kompetenzen sind unterschiedlich verteilt – und die Motivation ebenso. Wichtiger ist ein Vertrauen in die evolutionäre Möglichkeit der Entwicklung Ihrer Mitarbeiter[95], eine Art Zukunftsoptimismus. Auch wenn Sie nicht wissen, was am Ende eines Teamworkshops herauskommt, sollten Sie daran glauben, dass ein sauber und stimmig strukturierter, wertschätzender und ehrlicher Ablauf zu einem guten Ergebnis führt. Worin dieses Ergebnis auch besteht: Es wird ein gutes, manchmal unerwartetes sein, wenn alle Beteiligten engagiert an einer gemeinsamen Vision arbeiten. Immerhin sind alle Parteien einer Organisation voneinander abhängig und sollten entsprechend an einem Strang ziehen, bevor sie sich auseinanderleben.

Es waren einmal einige Schäfer, die in friedlicher Eintracht mit ihren Schafen zusammenlebten. Solange, bis eines Tages ein böses schwarzes Schaf die anderen Schafe davon überzeugte, dass sie sich nicht länger von den Schäfern abhängig machen sollten. Die Schäfer bekamen den Aufruhr durch das schwarze Schaf mit und versuchten es zu separieren. Doch es war zu spät. Der Virus der Rebellion grassierte bereits. So kam es, dass sich die Schafe eines Nachts aufmachten und in eine ungewisse, aber freie Zukunft flüchteten. Als die Schäfer die Misere am nächsten Tag bemerkten, sorgten sie sich um ihre Schäfchen: „Was sollen sie bloß ohne uns anfangen?" Ein alter Schäfer jedoch sagte: „Ja – was nur? Aber viel wichtiger: Was sollen wir ohne sie anfangen?"

Auch wenn Sie nicht wissen, wie weit und in welche Richtung sich ein Mitarbeiter weiterentwickeln wird, ist es unabdingbar, seine Entwicklung optimistisch zu sehen. Von den schwarzen Schafen, die ich aus meiner Schulzeit kenne, haben es einige beachtlich weit gebracht. Viele mit damals schlechten Noten wurden später zu Unternehmensgründern. Offensichtlich ist es eine Frage der Perspektive, ob wir jemanden als schwarz oder weiß bezeichnen und wie wir es schaffen, die vermeintlich

---

[95] Vgl. Hübler, Provokant – Authentisch – Agil, S. 139 ff.

"schwarzen Schafe" in die Organisation einzubinden und zu wertvollen Mitarbeitern im Sinne eines strittigen und kritischen Geistes anzunehmen. Auch dies ist letztlich eine Frage der Entwicklung und des gemeinsamen Prozesses. Uns allen geht es schließlich ähnlich. Oder wurden Sie als Führungskraft, Manager oder IT-Experte geboren?

Eine fehlerfreundliche, kollaborative, dezentralisierte, enthierarchisierte und prozessorientierte Organisationskultur allerdings wäre wirklich ein radikaler Evolutionssprung. Sind Sie bereit für das Wagnis, sich als Mensch zu zeigen, der in jedem Moment seines Kontakts mit Kunden und Mitarbeitern dazulernt und sich damit evolutionär weiterentwickelt – in der guten Hoffnung, damit auch die Mitarbeiter weiterzuentwickeln?

Reflexion: Vertrauen und Kontrolle

- *Wie viel Vertrauen haben Sie in Ihre Mitarbeiter?*
- *Wie leicht fällt es Ihnen, Vertrauen zu haben?*
- *Bei welchen Mitarbeitern fällt es Ihnen leicht? Bei welchen schwer?*
- *Glauben Sie daran, dass jeder Mitarbeiter sich potenziell weiterentwickeln kann?*
- *An welchen Merkmalen machen Sie die Entwicklung eines Mitarbeiters fest?*
- *Wann und wofür üben Sie Kontrolle aus?*
- *Was ließe sich stattdessen machen?*

3.3.7 Transparente Führung

Fachliche Transparenz

Agil zu führen erfordert für Führungskräfte im Kern, das Selbstmanagement der Mitarbeiter durch Beziehungsmanagement zu fördern. Beziehungsarbeit wiederum bedeutet, durch einen intensiven Austausch auf der einen Seite Vertrauen zu gewinnen und auf der anderen Seite Mitarbeitern etwas zuzutrauen und Vertrauen zu schaffen. Dazu benötigen Führungskräfte, genauso wie die gesamte Organisation im digitalen Zeitalter, eine neue Dimension der gegenseitigen Transparenz.

Transparenz auf der Führungsseite ist insbesondere wichtig, wenn Prozesse und Entscheidungen unklar sind, womit Führungskräfte täglich zu kämpfen haben. Will ich, dass meine Mitarbeiter selbständige Entscheidungen treffen, brauchen sie so viel Transparenz wie möglich, um das auch tun zu können.

MODERNE FÜHRUNGSHALTUNGEN

> **BEISPIEL: GEPLANTER UMZUG**
>
> Zwei Leistungsteams mussten ein halbes Jahr ohne Abteilungsleitung auskommen. Gleichzeitig verdichtete sich die Arbeit immer mehr, worauf immer mehr Kollegen krank wurden. Die Räume sind alt, werden jedoch nicht renoviert, da die Teams demnächst umziehen werden. Wenn sie nur wüssten wohin? Neue Kollegen sollten zwar eingestellt werden, müssten allerdings erst eingearbeitet werden. In letzter Zeit häuften sich zusätzlich die Beschwerden von Kunden. Dazu kam eine Schwangerschaft in Team A. Während Team A auf dem Zahnfleisch kriecht und nach einer Abteilungsleitung mit einem großen S auf der Brust ruft, flüchtet sich Team B in Trotz: Team A schafft es nicht, aber wir schon!
>
> Als die Teams endlich eine neue Abteilungsleiterin bekommen, folgt der anfänglichen Freude schnell die Ernüchterung, denn leider hat die Abteilungsleiterin mit zwei Problemen zu kämpfen:
>
> 1. Sie kommuniziert nicht gerne – und wenn, dann schwammig.
> 2. Auch sie verfügt über zu wenige Informationen und Machtbefugnisse.
>
> Die Folgen:
>
> - Gerüchte kochen hoch.
> - Frust und Zynismus nehmen zu.
> - Kündigungswünsche häufen sich.
> - Der Teamleiter aus Team A reagiert in einer Sitzung der Bereichsleiter mit offener Rebellion.
>
> Dabei wäre die Lösung so einfach. Sie müsste nur aussprechen, was ihr gerade durch den Kopf geht und in Kommunikation gehen. Statt in Floskeln zu flüchten wie: „Es kommen wieder bessere Zeiten", sollte sie sagen: „Ich bin dran. So ist der Stand ... Mehr weiß ich nicht, aber nächste Woche ... Das ist der Fahrplan. Welche Ideen habt ihr? Welche Informationen braucht ihr?"

Transparenz bedeutet nicht, die Mitarbeiter mit Informationen per Wikis, Weblogs und E-Mails zuzuschütten. Informationen müssen im Zeitalter der Informationsüberflutung handhabbar aufbereitet werden und sollten zwei Zwecke verfolgen:

1. Verständnis herstellen: Welche Informationen brauchen meine Mitarbeiter, um Hintergründe zu verstehen?
2. Handlungsfähigkeit gewährleisten: Welche Informationen brauchen meine Mitarbeiter, um handlungsfähig zu sein?

FÜHRUNGSKRÄFTE IM AGITALEN SPANNUNGSFELD

Sind Sie sich im Zuge der CC-Manie unsicher, welche Informationen Ihre Mitarbeiter für das eine oder andere brauchen, fragen Sie nach. Selbst wenn Ihre Mitarbeiter es selbst nicht wissen, fördert auch dies langfristig ihr Selbstmanagement.

In der Gegenrichtung, schließlich sind Sie trotz demokratisch-agiler Führung immer noch für die ein oder andere Entscheidung zuständig, ist es ebenso wichtig, Mitarbeitern eine Heuristik an die Hand zu geben, mithilfe derer sie einschätzen lernen, wann sie Sie mit Informationen behelligen sollten, damit auch Sie nicht mit Informationen überflutet werden:

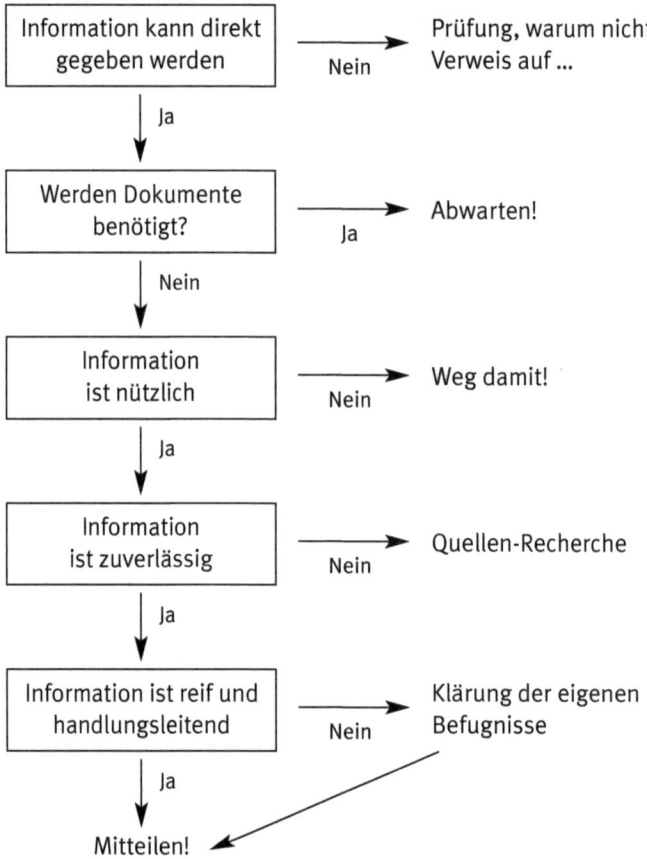

Bevor Mitarbeiter, insbesondere im Übergang zum selbstorganisierten Team, mit Informationen zu Ihnen kommen, sollten sie lernen, den Reifegrad einer Information zu beurteilen.

Persönliche Transparenz

Auf der Mikroebene ist insbesondere die menschliche Transparenz zum Vertrauens- und Bindungsaufbau unerlässlich. Auf der Makroebene kann es allerdings passieren, dass zu viel Transparenz mehr kaputt macht als weiterhilft und wird auch nicht von jedem und zu jedem Thema verlangt.[96] Entsprechend gilt es zu klären, ob strategische Themen wie Investitionen, Kreditaufnahmen oder Budgetplanungen von jedem erwünscht sind oder benötigt werden.

Als Grundbedingung benötigt Transparenz daher die eigene Klarheit:

- **Die Inhalte:** Was will ich offenlegen?
- **Die Qualität und Ausprägungen:** Wie authentisch will ich sein?
- **Die Grenzen:** Wo liegen die Grenzen?

Dieser Punkt bringt uns dorthin, wo es schmerzen könnte. Denn Führung im digitalen Zeitalter bedeutet nicht, dass alles anders wird, sondern zuerst einmal, dass persönliche Dramen angesprochen und offengelegt werden – zuerst vor sich selbst und anschließend vor den Mitarbeitern. Eine selbstsichere – und damit meine ich keine dominante – Führungskraft kann es sich leisten, Schwächen zuzugeben. Sie bietet, trotz aller Unsicherheiten, dennoch Orientierung. Sie lässt sich auf das Wagnis ein, selbst von den jungen unerfahrenen Digital Natives zu lernen, weil sie weiß, dass diese ihr etwas bieten, was sie selbst nicht hat. Und dennoch liefert sie der gesamten Abteilung eine Art Klammer, innerhalb der alle Mitarbeiter ihre Qualitäten und Kompetenzen einbringen wollen. Die Führungskraft von morgen ist im besten Sinne ein Gastgeber, der eine spannende und illustre Schar von Gästen um sich sammelt.

Reflexion: Transparenz

- *Welche Themen machen Sie transparent?*
- *Welche Themen würden Sie gerne transparenter angehen? Welche Chancen und Risiken ergeben sich daraus?*
- *Wie transparent sind Sie selbst?*
- *Wo liegen die Grenzen der eigenen Transparenz?*

---

[96] Vgl. Welpe, S. 85, in: Sattelberger et al.

3.3.8 Die Führungskraft als Gastgeber

Dialog aus *Der Knochenmann* mit Josef Hader:

I hätt' gern a Bier.
Des ham wir ned.
Is des ned a Gasthaus?
Na, ... des is a Wirtshaus.

Eine souveräne Führungskraft tritt mal als Retter in der Not auf, mal als Visionär. Sie kann empathisch sein, sogar mediativ, wenn es gilt, die Interessen der Mitarbeiter und Kunden zu eruieren. Ein wenig Geduld, strategische Planung oder Humor kann zwischendrin nicht schaden.[97] Das alles sind keine neuen Erkenntnisse. Neu ist jedoch die Herangehensweise an diese Führungshaltungen. Eine agile Führung auf Tuchfühlung bedeutet eben nicht, einen Führungsstil anzuwenden, sondern ihn authentisch und lebendig zu verkörpern. Eine agile Führung fließt nicht nur mit dem Strom, sondern greift auch steuernd ein. Sie befindet sich, wenn es läuft, im Flow mit ihrer Umwelt. Sie setzt nicht den Strategen ein, weil gerade Mitarbeiterjahresgespräch ist, sondern platziert eine empathisch-humorvolle Provokation direkt am Arbeitsplatz, wenn sie das Gefühl hat, lenkend eingreifen zu müssen, um den gemeinsamen Entwicklungsprozess voranzubringen. Genauso kann sie eine Vision zurückhalten, um zuerst die Ideen der Mitarbeiter einzuholen.

Moderne Führung hält Unklarheiten und Gegenwind aus, der uns in einer volatilen Welt zuhauf um die Ohren bläst, und lernt daraus. Sie vermittelt zwischen Digital Natives und Digital Immigrants, um das Beste aus ihrem Team herauszuholen.[98] Der agile Kern von Kooperationen ist nicht das Erreichen einer Win-Win-Situation, sondern das gemeinsame evolutionäre Wachstum, das erst möglich wird, wenn Rückmeldungen ernst genommen werden.

Als Gastgeber[99] und Ermöglicher forciert die Führungskraft Gespräche, bringt Ideen ein, spricht Probleme an und macht Druck, immerhin ist sie die Leitung und trägt damit eine höhere Verantwortung als ihre Mitarbeiter. Sie kann sich auch zurücknehmen, abwarten und neugierige Fragen stellen, um ihre Mitarbeiter aus der Reserve zu locken und langfristig das Selbstmanagement ihres Teams zu fördern.

---

[97] Vgl. Hübler, Provokant – Authentisch – Agil, S. 19 ff.
[98] Vgl. Liebermeister, S. 37
[99] Ebd. S. 68

> **Ein Blick in die Evolution 9:**
> **Mikroben**
>
> Unsere Ozeane sind voller Mikroben. So haben Forscher in einem einzigen Tropfen Meereswasser 10.000 Bakterien entdeckt. Nur, um sich eine Vorstellung davon zu machen, wie viele Mikroben uns umgeben, wenn wir ein paar Runden im Meer schwimmen. Und jedes dieser Kleinstlebewesen macht das, was es am besten kann. Manche verarbeiten zum Beispiel Methangase und verringern so unseren Treibhauseffekt.[100]
>
> Auch in uns und auf uns Menschen leben Tausende Mikroben, die einen prima Job erledigen. Sie verarbeiten alte Hautschuppen oder helfen uns bei der Verdauung. Manche versetzen uns sogar in Hochstimmung, andere dagegen machen uns depressiv.[101]
>
> Es wäre seltsam, müssten wir diesen hochspezialisierten kleinen Wesen erklären, was sie zu tun haben. Besser wir spielen den guten Gastgeber und versorgen sie mit der passenden Nahrung, zum Beispiel einem rechtsdrehenden Joghurt.

Die Ermöglicher-Haltung

Damit Führungskräfte es „aushalten", sich auf einen solchen Prozess einzulassen und kreative Lösungen zu fördern, die ihren eigenen entgegenstehen, braucht es eine duldsame Haltung. Ich hatte die Haltungen

- souveräne Gelassenheit,
- Neugier und Offenheit sowie
- Optimismus und Vertrauen

bereits erwähnt. Haltungen, die einen offenen Austausch, ein gegenseitiges Feedback erst ermöglichen. Genau das passiert in einem Facilitate (= Ermöglichungs-)Prozess: Die Führungskraft als Moderator ermöglicht eine Auseinandersetzung auf den Ebenen des Denkens, Fühlens und Wollens zu einem Thema und führt so die Gruppe in Richtung Selbstführung. Er pendelt dazu im Rahmen einer klar formulierten Frage wie „Darf ein Team eigene Entscheidungen treffen, beispielsweise eigene Materialien nachkaufen, ohne Umweg über die Beschaffung?" zwischen vier Polen auf vier Flipcharts:

---

[100] Vgl. Schätzing, 250 ff.
[101] Vgl. Enders, S. 190 ff.

Herausforderungen/ Fragen	Informationen/ Sichtweisen
Ideen/ Lösungen	Bedenken/ Einwände

Aus mediatorischer oder kreativer Sichtweise ist dies erstmal nichts Neues: Es gibt verschiedene Standpunkte, die positiv und negativ beleuchtet werden, statt nur das Positive oder das Negative zu sehen. Das führt zu einer Wertschätzung der Sichtweisen (kognitiv) und Meinungen (emotional und wollend) aller Beteiligten.

Ähnlich funktioniert die sogenannte Walt-Disney-Methode, die ich zur Verdeutlichung der Facilitation-Prinzipien als Gegenmodell heranziehe:

1. Welche Visionen/Ideen fallen uns zu der Frage ein?
2. Was ist realistisch umsetzbar?
3. Welche Bedenken gibt es? Anschließend geht es weiter mit 1. usw.

Die Walt-Disney-Methode führt zu starken Ergebnissen bei Themen mit weniger Bedenken. Natürlich habe ich Bedenken, wenn ich eine Firma gründen möchte. Ist der Wunsch, mich selbstständig zu machen, übermächtig, kann ich Bedenken als Anreize nehmen, um nach kreativen Lösungen zu suchen.

Viele Teamthemen sind jedoch so negativ aufgeladen, dass es kaum möglich erscheint, ihnen zu sagen: „Wir spinnen jetzt erstmal an einer Vision. Eure Bedenken bekommen später ihren Platz." Daneben fällt es Gruppen oder Einzelpersonen mit weniger Selbstdisziplin schwer, nacheinander in die verschiedenen Rollen zu steigen.

MODERNE FÜHRUNGSHALTUNGEN

Hier ist es sinnvoll, nach einer ersten Runde eine offene Diskussion zwischen den drei Walt-Disney-Polen zu starten.

Das passiert in Facilitation-Prozessen von Beginn an, was sich – und darin liegt ein Nachteil – für manche Teilnehmenden chaotisch anfühlt. Ein Vorteil ist dieses Chaos, wenn die Teilnehmenden erkennen, wie nahe der Prozess des gegenseitigen Austausches an der Realität ist. Sie lernen damit, innerhalb eines moderierten Rahmens, die Reibungen, die sie sonst nerven, denen sie aus dem Weg gehen oder die Diskussionen, die sie abbrechen, auszuhalten – ein wichtiger Schritt in Richtung Ambiguitätstoleranz.

Das erfordert einen mediativen Moderator, der beständig zwischen den Flipcharts hin und her eilt, Meinungsverschiedenheiten aushält, stehen lässt und alles Vorhandene wertschätzt, indem er es auf den Flipcharts festhält.

Um selbst nicht zu beliebig zu wirken, sollte er zwischen den drei erwähnten Haltungen pendeln, je nachdem, was wann notwendig erscheint und vor allem viel Vertrauen in den Prozess eines kreativen Chaos haben, um zu signalisieren, dass das Ergebnis offen ist.

Um agil an einem gemeinsamen Prozess zu arbeiten, geht es nicht darum, ein Ziel vorzugeben und dieses kreativ anzustreben, wie es die Walt-Disney-Methode suggeriert, sondern um einen Prozess, dessen Ergebnisse gemeinsam erarbeitet werden. Sollte dieser sauber moderiert werden, ergibt sich auch hier ein mediationsähnlicher Ablauf, der auf den U-Prozess nach Glasl zurückgeht:[102]

1. Die Tatsache, dass alles an Meinungen und Sichtweisen einen Raum bekommt, schafft **Vertrauen** im Team.
2. Nach und nach entsteht ein **vollständiges Bild** der oberflächlichen Sichtweisen und Emotionen zum Thema.
3. Nach und nach werden **Hintergründe** des Themas deutlich: Um was geht es hier? Was ist uns wirklich wichtig? In aller Regel tauchen an dieser Stelle Bedürfnisse und Interessen auf wie „Wir wollen ernst genommen werden".
4. Erst auf dieser Basis des Vertrauens und gegenseitigen Austauschs ist es möglich, tragfähige, nachhaltige **Ideen** zu **generieren**.

Der Ablauf vom Vertrauen über die Hintergründe bis hin zur Ideengenerierung ist typisch für kreative Prozesse, ebenso wie für Problemlösungen oder Konfliktschlichtungen und Mediationen: Auch hier müssen Sichtweisen, Emotionen und Interessen zuerst ihren Raum bekommen, bevor die kreative Lösungssuche möglich ist.

---

[102] Vgl. Glasl, S. 59

FÜHRUNGSKRÄFTE IM AGITALEN SPANNUNGSFELD

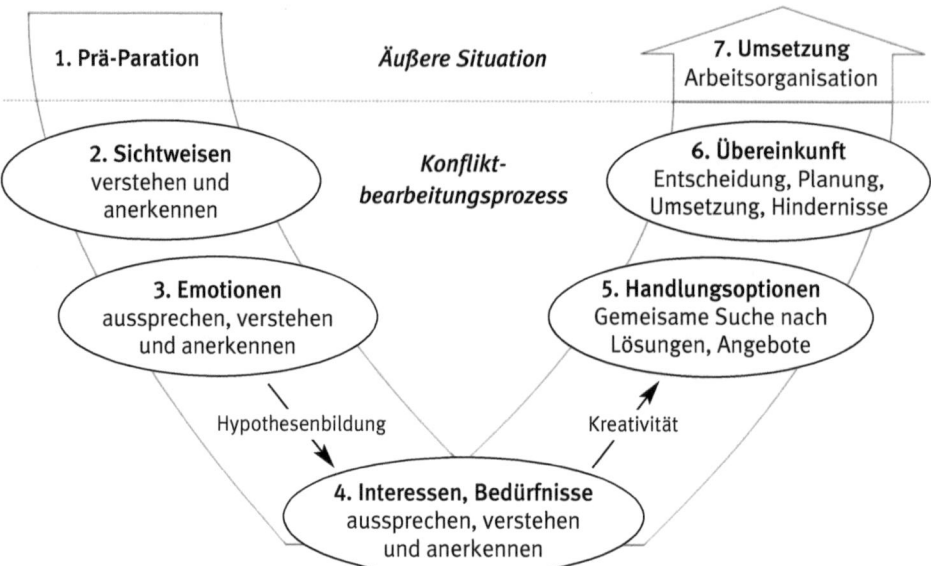

Aus der Gehirnforschung kennen wir ähnliche Prinzipien. Unser Gehirn besteht aus drei Schichten:[103]

1. einer **Ur-Schicht**, die darauf bedacht ist, uns zu verteidigen
2. einer **Zwischenschicht**, in der unsere emotional kodierten Erfahrungen abgespeichert sind
3. einer **oberen Schicht**, in der logische Schlussfolgerungen stattfinden

Konflikte lassen sich am Nachhaltigsten lösen, wenn wir Schritt für Schritt von 1. bis 3. vorgehen:

1. Die Verteidigungshaltung nimmt ab, wenn ich weiß, dass ich alles, was mir auf der Leber liegt, äußern darf.
2. Das vollständige Bild entsteht durch die Wertschätzung aller bisherigen Erfahrungen.
3. Erst ab hier sind logische Schlussfolgerungen tragfähig.

---

[103] Vgl. Hübler, Provokant – Authentisch – Agil, S. 196 f.

3.4 Das Konzept des Mikroleaderships

Klare Haltungen und agiles Denken stellen Führungskräfte vor eine große Herausforderung: Bei manchen Mitarbeitern ist es einfach, sie laufen zu lassen. Doch was mache ich mit den Unsicheren, die ihre Kompetenzen unterschätzen? Was mache ich mit denen, die sich überschätzen? Oder mit denen, die es sich in ihrer Dienst-nach-Vorschrift-Komfortzone bequem eingerichtet haben?

Hier scheinen fromme Sprüche wenig zu helfen: Du musst deinen Mitarbeitern etwas zutrauen. Wenn du ihnen vertraust, werden sie wachsen. Sei offen. Sei optimistisch. Hab Geduld. – Alles Haltungen, die neurobiologisch nachgewiesen funktionieren, um Mitarbeitern zu helfen, über sich hinauszuwachsen.

Und dennoch bleibt ein flaues Gefühl übrig. Kann ich wirklich loslassen? Bin ich nicht zu nachgiebig? Blauäugig? Naiv? Wie lange soll ich diese Haltungen durchhalten? Am Ende werde ich die Suppe auslöffeln müssen.

Einen Ausweg bietet das, was ich – basierend auf den Erkenntnissen der Kybernetik und Fraktallogik – Mikroleadership[104] nenne. In aller Kürze lauten die wesentlichen Aspekte dieses Konzepts:

1. Um Vertrauen zu meinem Mitarbeiter aufzubauen, muss ich ihn ernst nehmen. Selbst einen Nörgler kann ich wertschätzen, indem ich auf den Kern seiner Kritik zu sprechen komme, die niemals zu 100 Prozent falsch ist. Das erfordert vonseiten der Führungskraft eine Menge Offenheit, Geduld und die Bereitschaft, sich der Kritik ihrer Mitarbeiter zu stellen. Sie begibt sich damit in einen stetigen agilen Feedbackprozess. Oder haben Sie jemals versucht, mit einer geschlossenen Faust aus einem Bach zu trinken?
2. Innerhalb eines Mitarbeitergesprächs sollte ich jeden Moment so stimmig und lebendig gestalten, dass beide Seiten sich gleichermaßen wohl fühlen sowie ehrlich ihre Erwartungen und Kritik austauschen. Dadurch wird das Mitarbeitergespräch zum Übungsplatz für spätere Kontakte, zum Beispiel mit Kunden oder Lieferanten. Wertschätzende und intensive Auseinandersetzungen führen dazu, dass beide Gesprächspartner aneinander reifen. Langfristig wird dadurch zusätzlich das Selbstmanagement des Mitarbeiters angetriggert.
3. Als Führungskraft sollte ich einen Mitarbeiter erst aus einem Mitarbeitergespräch entlassen, wenn ich das Gefühl habe, dass alles geklärt wurde, um später nicht in die Bedrängnis zu kommen, nachkontrollieren zu müssen. Ein Aspekt, der gerade in virtuellen Teams, deren Mitglieder sich selten treffen, enorm wichtig ist.

---

[104] Ebd. S. 123 ff.

FÜHRUNGSKRÄFTE IM AGITALEN SPANNUNGSFELD

BEISPIEL:

Kämen Sie jemals auf die Idee, einem Schmetterling aus seinem Kokon zu helfen, indem Sie den Kokon anritzen? Gut gemeint ist manchmal eben doch das Gegenteil von gut. Der Schmetterling würde sterben, weil er keine Chance gehabt hätte, vor seinem Austritt in die raue Welt genügend Muskeln auszubilden.

Wir kommen damit vom klassischen Mikromanagement der Überplanung und Kontrolle zu einer flexiblen Mikroleadership aus Haltungen, dem Vertrauen, dass Mitarbeiter lernfähig sind, dem Vertrauen in sinnvoll gestaltete (Gesprächs-)Prozesse und einem stimmigen, lebendigen und fordernden Austausch, der ein echtes Delegieren erst ermöglicht und somit Chaos und dem Gefühl eines Kontrollverlusts vorbeugt.[105]

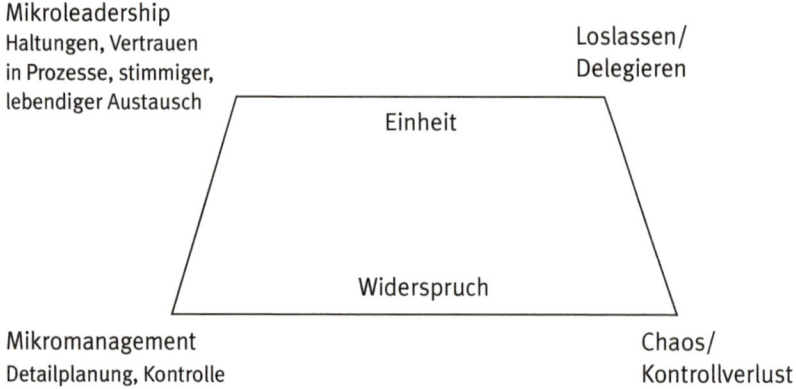

Harrison Owen, der Erfinder des Open Space-Ansatzes, beschreibt diese Art des Führens anhand eines Fußballspiels.[106] Der Coach kann vom Spielfeldrand aus Anweisungen aufs Feld rufen. Doch wer gerade den Ball hat, führt. Er sollte allerdings nicht zu lange führen. Ansonsten ist er nach wenigen Minuten physisch am Ende. Dafür ist das Spiel zu schnell und das Spielfeld zu groß. Zudem hat jeder Spieler seine Position und Rolle inne. Ein kooperatives Abspielen ist damit unabdingbar, insbesondere wenn die Gegenmannschaft ebenso gut zusammenspielt.

---

[105] Hier zeichnen sich Verbindungen zum Effectuation-Ansatz ab, der im Kern ebenso davon ausgeht, sich keine Ziele zu setzen, sondern mit den Ressourcen zu arbeiten, die aktuell vorhanden sind.
[106] Vgl. Owen, S. 35 f.

Mit Mikroleadership das Selbstmanagement des Teams antriggern – Können, Wollen und Dürfen

Das langfristige Ziel unserer Bestrebungen besteht darin, einzelne Mitarbeiter, ein Team oder die gesamte Abteilung dazu zu bringen, Selbstverantwortung zu übernehmen. Durch Mikroleadership erhöhen sich die Kompetenz und damit das Können der Mitarbeiter, indem Situationen mental durchgespielt werden, die Karten auf den Tisch kommen und somit Stellschrauben sichtbar werden (das Können). Dazu müssen Sie die richtigen Fragen stellen, um die richtigen Antworten zu bekommen.

Zwei Mönche schrieben dem Papst einen Brief mit der Frage, ob es OK ist zu rauchen. Der erste bekommt ein Verbot, der zweite eine Erlaubnis. Warum? Der erste Mönch fragte: „Darf ich beim Meditieren rauchen?"
Der zweite fragte: „Darf ich beim Rauchen meditieren?"

Das Ernstnehmen in der Mikroleadership erhöht ebenso die Motivation der Mitarbeiter, da sie als ganze Menschen wahrgenommen und gefördert werden (das Wollen).

Zu guter Letzt erlaubt Mikroleadership durch eine Mischung aus stabilen Haltungen und flexiblen Feedbackzyklen statt starrer Ziele den Mitarbeitern, eigene Ideen einzubringen (das Dürfen).

Reflexion: Können, Wollen, Dürfen

- *Woran liegt es, dass Ihr Team zu wenig selbstständig ist?*
- *Was darf Ihr Team und was würde es gerne dürfen?*
- *Wie motiviert ist Ihr Team und wo hapert es?*
- *Was kann Ihr Team und worin besteht Förderungsbedarf?*
- *An welchen Stellschrauben können Sie für eine Verbesserung drehen?*

3.5 Leitfragen für Führungskräfte

Führungskräfte sollten bei sich selbst beginnen, um agile und autonome Prozesse anzustoßen und die Schuld nicht bei den Mitarbeitern suchen, die noch nicht fähig sind, selbstverantwortliche Entscheidungen zu treffen.

FÜHRUNGSKRÄFTE IM AGITALEN SPANNUNGSFELD

Ein Mann macht sich Sorgen, dass seine Frau taub sein könnte. Daher beschließt er, ihre vermeintliche Schwerhörigkeit zu testen. Dazu soll er in verschiedenen Abständen nach ihr rufen. Um sicherzugehen, dass sie ihn nicht sieht, sondern nur hört, wartet er, bis sie in der Küche steht und Kartoffeln schält. Doch egal, wie nahe er an sie herangeht, sie hört ihn nicht. Zu guter Letzt stellt er sich ganz dicht neben sie und brüllt ihr ins Ohr: „Hörst du mich jetzt?" Seine Frau dreht sich um und schreit zurück: „Was willst du? Ich hab dir schon zehnmal geantwortet, aber du bist ja viel zu taub, um mich zu hören!"

Die folgenden Leitfragen helfen Ihnen dabei, Ihre neue Rolle zu finden:

1. Leitthema: Motivation
- Wie motiviert bin ich selbst?
- Worin bestehen meine ureigensten Führungsaufgaben?
- Wofür brauche ich meine Mitarbeiter und wofür brauchen sie mich?
- Wie motiviere ich meine Mitarbeiter?
- Wie vermittle ich den Sinn unserer gemeinsamen und ihrer speziellen Arbeit?

2. Leitthema: Entscheidungsfindung und Selbstständigkeit
- Wieviel Selbstständigkeit lasse ich bei Entscheidungen meiner Mitarbeiter zu?
- Wo ziehe ich Grenzen in der Selbstständigkeit und woran liegt das?
- Was ist wirklich wichtig? Wie vermittle ich Prioritäten?
- Wie begrenze ich individuelle Spielräume von Mitarbeitern, die ihre Leistung schlecht selbst einschätzen können und sich überfordern?
- Wie reagiere ich auf Fehler?
- Wie ermutige ich meine Mitarbeiter dazu, neue Wege zu gehen und neue, kreative Lösungen zu suchen?
- Wie gehe ich selbst mit Neuerungen um?
- Wo ist Beständigkeit gut? Wo sind Neuerungen angebracht?
- Wie gehe ich mit starren Vorgaben der Unternehmensleitung um?
- Wie leicht fällt es mir, loszulassen, insbesondere wenn Mitarbeiter andere Vorgehensweisen verfolgen und andere Lösungen finden?

3. Leitthema: Balance, Konflikte und Stressmanagement
- Wie helfe ich meinen Mitarbeitern bei Konflikten und Stress?
- Wie vermittle ich insbesondere jungen Mitarbeitern Orientierung, die vor lauter Selbststeuerung, -organisation und Eigenkontrolle vergessen, sich selbst zu regulieren und sich übernehmen?

AGILES FÜHREN UND DEMOKRATIE

- Wie helfe ich Mitarbeitern bei ihrer Balance zwischen Homeoffice, Vertrauensarbeitszeit, Projektarbeit und Freizeit?
- Welche Feedbacksysteme zur Wertschätzung der Arbeit habe ich etabliert?
- Wie gehe ich mit unterschiedlichen Handlungsweisen und Meinungen im Team um?

3.6 Agiles Führen und Demokratie: ein Zwischenfazit

Am Ende jeden Abschnitts werden wir mit Hilfe einer Matrix testen, wie demokratisch und agil die vorgestellten Methoden sind.

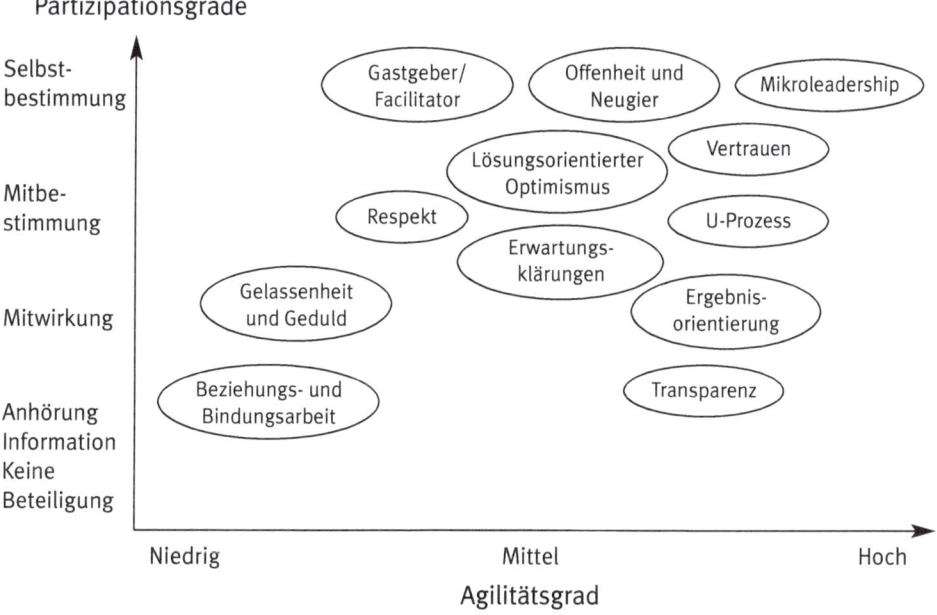

Sofern sich die Methoden im rechts-oberen Drittel der Matrix befinden, gehen sie sowohl agil auf Umwelteinflüsse ein und entwickeln damit ein Team oder einen Mitarbeiter (ein Produkt, eine Dienstleistung) evolutionär durch Umwelteinflüsse weiter. Gleichzeitig werden die Methoden im rechts-oberen Bereich demokratischen Maßstäben der Partizipation und Beteiligung in der Organisation gerecht, um die Agilität in Ihrer Organisation mit der notwendigen Motivation und Energie zu versorgen. Meine Einschätzung kann dabei von Ihrer Realität abweichen, zum einen, weil jede Einschätzung subjektiv und im Kontext der jeweiligen Organisation zu betrachten ist, zum anderen, weil jedes Tool methodisch anders eingesetzt werden kann.

Die Einordnung der meisten Methoden (und Haltungen) erklärt sich von selbst, manche sind ein wenig erklärungsbedürftiger:

- Gastgeber ermöglichen Selbstbestimmung, was agile Prozesse fördert.
- Offenheit und Neugier öffnen Räume für Mitarbeiterentscheidungen. Die Agilität wird hier mehr gefördert, da diese Haltungen autonome Entscheidungen ermöglichen und fordern. Ähnliches gilt für den lösungsorientierten Optimismus.
- Das Konzept von Mikroleadership forciert wie kaum eine andere Gesprächsmethode die Agilität und Selbstverantwortung der Mitarbeiter. Dabei ist Vertrauen unabdingbar.
- Der U-Prozess schafft Klarheit darüber, welche Aspekte in autonomen Entscheidungen wirklich wichtig sind und fördert damit die Stabilität und Sicherheit eines Teams, was wiederum der Agilität zugutekommt.
- Erwartungsklärungen müssen nicht zur vollkommenen Selbstbestimmung werden. Sie können auch zur Erkenntnis führen, dass eine einfache Mitwirkung oder -bestimmung ausreicht. Erwartungsklärungen sind allerdings drängend genug, um Agilität anzutriggern. Eine gute Portion gegenseitigen Respekts kann dabei nicht schaden.
- Die Abkehr von einer Aufgabenerfüllung hin zu einer Ergebnisorientierung eröffnet Mitarbeitern einen größeren Mitspracheraum.
- Grundlage all dieser Haltungen und Methoden in der Führung sind Beziehungs- und Bindungsarbeit, Geduld und Gelassenheit.

4
FEEDBACK STATT STARRER ZIELE

4.1 Feedback als zentraler Baustein agilen Denkens

Kommen wir damit, nach dem wichtigsten Baustein meines Konzepts, den Führungskräften, zum zentralen Baustein der Agilität, dem Feedback.

Vereinfacht formuliert bedeutet das Prinzip des Feedbacks:
- Führungskräfte eröffnen ihren Mitarbeitern auf der Basis einer lern- und entwicklungsfreudigen Kultur Handlungsspielräume,
- in denen die Mitarbeiter Entscheidungsprototypen entwickeln,
- die adaptiv in unvorhergesehenen Situationen (manchmal auch geplant oder sogar provoziert) getestet werden,
- worauf sie Rückmeldungen bekommen,
- welche als Erkenntnisse intern verarbeitet werden,
- um die Prototypen zu verfeinern,
- was wiederum als Rückmeldungen in die Kultur und den Strukturaufbau der Organisation eingespeist wird,
- damit diese sich evolutionär weiterentwickelt.

Daraus ergibt sich ein Kreislaufmodell reaktiver Agilität:

Die Organisation entwickelt sich evolutionär weiter.

Die Mitarbeiter verfügen über lern- und entwicklungsfreudige Handlungsspielräume.

Die Rückmeldungen werden in die Kultur und den Strukturaufbau der Organisation eingespeist.

Die Mitarbeiter entwickeln Prototypen zur Lösung aktueller Probleme.

Die Prototypen werden verfeinert.

Die Prototypen werden in geplanten oder unvorhergesehenen Situationen getestet.

Neue Erkenntnisse werden intern aufgearbeitet.

Rückmeldungen

Ganz einfach, oder?

FEEDBACK STATT STARRER ZIELE

4.1.1 Die natürlichste Rückmeldung der Welt

Als Martin Luther King seine berühmte Rede hielt, lautete nach einigen Minuten die Rückmeldung: Langweilig! Sein Vortrag war wie jeder andere. Erst als seine Rede kämpferisch wurde, wachte die Menge auf. Jetzt löste er sich vom Manuskript und damit von den Konventionen. Mein Aufruf könnte zu sehr nach einer Predigt klingen? Egal. Wenn die Leute eine Predigt wollen, bekommen sie eine. Ab da wurde es lebendig: I have a dream!

Martin Luther King nahm das Feedback auf, von dem er spürte, dass es ihn und seine Rede weiterbrachte. Die Rückmeldungen der Menge, erst richtungsverändernd, dann richtungsbejahend, geleiteten ihn zu seinem Traum. Der Traum feuerte die Menge an. Das gegenseitige Feedback brachte beide Seiten weiter, King und das Publikum. Als gebe es eine unsichtbare Hand, die beide steuerte, für einen Zweck, der beiden nutzte.

Dieses Phänomen hat seinen Ursprung in der Natur. Auch unsere Haut unterscheidet zwischen wichtigen und unwichtigen Informationen. Das Tragen von Kleidung bemerken wir normalerweise nicht – Naturalisten ausgenommen. Die Weiterleitung jeglicher Reize würde zu einem Kollaps unseres informationsverarbeitenden Nervensystems führen. Schmerzen oder zärtliche Berührungen registrieren wir, um darauf zu reagieren. Ein Feedback aus der Umwelt benötigt folglich eine Relevanz, um es zu verarbeiten.

Ist eine Kundenbeschwerde relevant? Ist die Unzufriedenheit des Mitarbeiters relevant? Ist es relevant, wenn Prozesse zu lange dauern und immer wieder Fehler auftauchen? Selbst wenn wir es schon immer so gemacht haben und es bisher immer klappte?

Evolutionsbiologisch dient Feedback der Verfeinerung eines Organismus mit dem Zweck, erfolgreicher, reibungsfreier oder leichter durch das Leben zu surfen. Die Natur pfuscht dabei wild durch die Gegend. Sie probiert das ein oder andere aus. Setzt es sich durch, wird es beibehalten. Das Chaos wird geordnet. Wenn nicht, wird etwas Neues ausprobiert.

Die großen Erfindungen unserer Welt verfolgen ein ähnliches Muster. Es ist schwer vorstellbar, dass das Feuer in etwa so entdeckt wurde:

Neandertaler 1: „Pass auf. Du nimmst einen dünnen, trockenen Holzstab, spuckst in die Hände und reibst den Stab auf einem dünnen Holzbrett so lange, bis Rauch aufsteigt."
Neandertaler 2: „Wie kommst du denn da drauf?"
Neandertaler 1: „Weiß nicht. Vielleicht geträumt."
Neandertaler 2: „Na dann. Etwa so?"
Neandertaler 1: „Ja, genau so."

... davon abgesehen, dass die Sprache damals sicherlich etwas anders klang als heute.

Leichter vorstellbar sind chaotische Szenen des Ausprobierens, in dem Steine, Holzkeulen, wilde Flüche, Gräser, Blätter, Blut, Knochen, Beulen und Ähnliches zum Einsatz kamen.

Die 3A-Methode[107]

Die Natur zeigt uns, wie wir mit einem Feedback interner und externer Kunden agil umgehen könnten oder auf der Basis eines provokativen Einwurfs eine Auseinandersetzung auf Augenhöhe anstreben. Meine 3A-Methode fasst dieses Vorgehen in einer griffigen Formel zusammen:

1. **Angebot:** ein Testlauf, persönliches Engagement, das neugierige Eintreten für das, was uns wichtig erscheint, ein Angebot, Wahlmöglichkeiten oder eine Frage
2. **Akzeptanz oder Ablehnung:** die darauf folgende Rückmeldung als Akzeptanz oder Ablehnung, Verteidigung der Meinungen als Feedback, Kritik und Gegenkritik
3. **Anpassung und Einigung:** die Verfeinerung der Ideen und anschließend die Einigung auf einen gemeinsamen Weg im Rahmen einer Kooperation zur Umsetzung des Konsens

Begehen Sie nicht den Fehler, alle Eventualitäten mental durchzudenken. Ihr Mitarbeiter weiß mit Sicherheit besser als Sie, was er akzeptieren oder ablehnen will. Wenn nicht, machen Sie sich lieber ernsthafte Sorgen um seinen Gesundheitszustand oder wechseln den Job und kaufen sich Tarot-Karten.

Reflexion: Feedback mit der 3A-Methode

Wenn Sie an Ihr nächstes Gespräch mit einem Mitarbeiter denken:
1. In welche Richtung soll sich der Mitarbeiter weiterentwickeln?
2. Welches Angebot wollen Sie ihm unterbreiten?
3. Warum könnte er es ablehnen? Was daran könnte er annehmen?
4. Wie können Sie das Angebot verändern, damit er es annimmt? Zur Not helfen Fragen.

---

[107] Als Erinnerungsstütze denken Sie an eine Batterie.

FEEDBACK STATT STARRER ZIELE

Die 3A-Methode eignet sich hervorragend als ritualisierter Einstieg in ein Mitarbeitergespräch sowie als Richtlinie oder sogar als Grundregel des gegenseitigen Miteinanders im Team.

4.1.2 Die Sinnhaftigkeit seltsamer Ideen

Warum haben Zebras Streifen? Bitte kreuzen Sie das Naheliegendste an:
- Weil die Weibchen es schön finden.
- Weil sie damit für die Tsetsefliege unsichtbar sind.
- Weil sonst kein anderes Huftier welche hat.
- Weil Löwen davon Schwindelgefühle bekommen.

> **Ein Blick in die Evolution 10:**
> **Gibt es einen Gott?**
>
> Die Tsetsefliege hat Schwierigkeiten damit, Muster zu erkennen, was zur Folge hat, dass Zebras durch ihr visuelles Beuteschema fallen. Zwar wirken die Streifen auf Löwen wie ein „Friss-mich"-Signal. Löwen sind allerdings weniger gefährlich als Tsetsefliegen.[108]
>
> Sollte tatsächlich ein göttlicher Plan hinter unseren Arten stehen, kann man sich vorstellen, was für einen Spaß Gott dabei hatte, die Sache mit den Streifen auszuprobieren und zusammen mit Nacktkatzen, Nasenaffen, Aye-Aye-Männchen, Flughunden, Riesenasseln und Nacktmullen eine natürliche Loveparade zu organisieren. Aufgrund der Löwen hätten die Streifenpferde eine kurze Halbwertszeit haben sollen. Schließlich aber merkte er: Wow! War doch nicht so schlecht, die Idee. Ich sollte mir noch mehr solcher Späße einfallen lassen.

Das Zebra und seine ungewöhnlich aussehenden Genossen leben. Offensichtlich aus gutem Grund. Ein Hoch auf die Diversity!

Wie in der Natur sollten auch im sozialen Kontext vermeintlich verrückte Ideen eine Chance bekommen. Der iPod wurde zu Beginn belächelt und setzte sich dennoch durch. Und so mancher Prototyp erscheint im ersten Moment wenig erfolgsträchtig. Gibt Ihnen Ihre Intuition dennoch ein Go!-Signal, sollten Sie ihm eine Chance geben. So verkehrt ist die aktive Agilität also doch nicht.

---

[108] Vgl. Beetz, S. 115

4.1.3 Die Macht kleiner Schritte

Die Natur macht uns vor, wie Mitarbeiter, Teams und ganze Abteilungen mittels Feedback prozesshaft gelenkt werden können. Jürgen Beetz erzählt zu dieser Art „in die Spur bringen" die Geschichte eines Kadetten, der lernt, ein Schiff per Simulator zu steuern.[109] Aufgrund einer kleinen Abweichung vom Kurs lässt er gegensteuern. Das Gegensteuern reagiert verzögert. Wir haben es immerhin mit dem Meer, einem komplexen System aus Wind und Wasser, und nicht mit einem leicht zu lenkenden Tischtennisball zu tun. Die Ungeduld lässt ihn erneut gegensteuern, woraus sich, wenn die Steuerung greift, eine Übersteuerung ergibt. Um dieser zu begegnen, wird wieder in die Gegenrichtung gesteuert, usw.

Wer jedoch weiß, welche Richtung richtig ist? Die Shareholder und Stakeholder? Der CEO? Die Führungskraft? Der Teamleiter? Der Mitarbeiter? Der Kunde? Der Lieferant? Der Kooperationspartner?

Natürlich alle! Und sie alle geben sich gegenseitig Rückmeldungen. Jeden Tag, hunderte Male.

Dabei sind diese Feedbacks nur ein kleiner Ausschnitt der Wahrheit, der für diesen Moment, für diesen Fall gilt. Gegenseitige Rückmeldungen sind kurz getaktete Wahrnehmungsabgleiche[110], die dazu dienen, das bereits vorhandene Wissen zu ergänzen, um sich, ein Projekt oder eine Dienstleistung weiterzuentwickeln.

> **BEISPIEL:**
>
> Der Packesel, der täglich einen Fluss überqueren muss und eines Tages lernt, dass ein Sack voller Salz leichter wird, wenn er mit Wasser in Berührung kommt, lernt schnell, dass dies nicht mit allen Transportgütern funktioniert, spätestens, wenn er einen Sack mit Schwämmen auf dem Rücken trägt.

Auf dem einfachen Prinzip der kleinen Schritte erfolgt die agile Denke der Strategieentwicklung. Kurze, schnelle Rückmeldungen sind effektiver und effizienter für die Weiterentwicklung eines Teams, eines Mitarbeiters, eines Produkts oder einer Dienstleistung als lang durchdachte und immer wieder revidierte Strategieentwicklungen.

---

[109] Vgl. Beetz, S. 4 ff.
[110] Vgl. Wolf/Jiranek, S. 92

FEEDBACK STATT STARRER ZIELE

Reflexion: Kleine Schritte

Wenn Sie an das Angebot aus der 3A-Reflexion denken:
- *Wie können Sie Ihr Angebot in kleinere Schritte verpacken?*
- *Welche Rückmeldungen auf kleine Erfolge könnten Sie bieten? Würde das die Wahrscheinlichkeit einer Akzeptanz und tatsächlichen Weiterentwicklung erhöhen?*

4.1.4 Feedback auf Augenhöhe

Die Beziehung Führungskraft – Mitarbeiter – Kunde[111] gleicht einem Reiter auf einem Kamel auf dem Weg durch die Wüste, zu einer Stadt, um dort Waren zu verkaufen. Alle drei, Reiter, Kamel und Händler sind voneinander abhängig. Reiter und Kamel sind verbunden durch die Suche nach einer Oase als Zwischenziel. Reiter und Händler verbindet das gemeinsame Geschäft. Alle drei erreichen nur gemeinsam ihr Ziel. Das Kamel kennt den Weg vermutlich besser als der Reiter selbst. Dieser gibt jedoch die Richtung an und sorgt für die Ernährung und Unterbringung des Kamels. Auch im Handel gelten Abhängigkeiten: Der Händler benötigt die Waren, um sie weiterzuverkaufen. Drückt dieser den Preis zu stark, wird der Reiter versuchen, in Zukunft billigere Waren zu besorgen. Dabei leidet die Qualität. Der Reiter braucht den Händler, um seine Waren zu verkaufen und damit Futter für sich und sein Kamel zu besorgen. Alle drei müssen auf die Rückmeldungen des Partners achten und sich optimal aufeinander einstimmen. Sie können hart verhandeln, zögern oder die Zügel anziehen.

Problematisch wird es erst, wenn sich ein Feedbackpartner weigert, das Spiel mitzuspielen. Der Reiter will von seiner geplanten Richtung um keinen Zentimeter abweichen. Das Kamel bockt. Der Händler bleibt bei seinem Einstiegsangebot. Der Reiter ebenso. Sie sollten die unsichtbaren Grenzen kennen und nicht überschreiten, um die Rückmeldungen ihrer Partner wahrzunehmen.

Auf unsere Situation übertragen: Der Mitarbeiter verweigert den Rat der Führungskraft. Der Kunde fühlt sich betrogen. Die Führungskraft nimmt den Mitarbeiter nicht ernst. Der Mitarbeiter hört dem Kunden nicht zu, aus Angst, sein Produkt ansonsten nicht an den Mann zu bringen. Steigt ein Gesprächspartner aus dem Kreislauf aus, eskaliert die Situation. Der Kunde flüchtet zur Konkurrenz. Der Mitarbeiter bekommt ein „Dienst-nach-Vorschrift"-Syndrom. Die Führungskraft verzweifelt an ihrer undankbaren Rolle.

---

[111] ... um es an dieser Stelle übersichtlich zu halten

Die Feedbackpartner verweigern ihre Teil-Verantwortung in der Situation. Sie glauben, dass ihnen in ihrer Rolle als Chef, älterer, jüngerer Mitarbeiter, Mann, Frau oder Kundenkönig nichts anderes übrig bleibt, als so zu handeln. Ihr Gegenüber zwingt sie dazu. Die Verantwortung für die Uneinigkeit wird reihum weitergeschoben. Am Ende ist niemand verantwortlich.

Dabei könnten wir es uns leicht machen. Eine Rückfrage, wie die Kritik gemeint war, und alle Parteien wären in einen Gruppenflow gestartet. Alle hätten daraus lernen können. Sie hätten erkannt, dass jeder jeden beeinflusst. So wie die Führungskraft als Feedbackgeber wichtig ist für den Entwicklungsprozess des Mitarbeiters, wird der Kunde zum Feebackgeber des Mitarbeiters und dieser zum Feedbackpartner der Führungskraft. Oder können Sie es sich leisten, ab heute nichts mehr dazuzulernen?

> **Reflexion: Augenhöhe**
>
> *Nun übertragen wir die beiden vorherigen Reflexionen auf das Prinzip der Augenhöhe:*
> - *Welche Angebote können Sie dem Mitarbeiter, der Mitarbeiter dem Kunden, der Kunde dem Mitarbeiter und abschließend dieser wieder Ihnen machen?*
> - *Welches Angebot werden der Mitarbeiter, der Kunde und Sie annehmen oder ablehnen?*
> - *Wie könnten die Angebote verändert werden, um angenommen zu werden?*

4.2 Mit Feedback das Selbstmanagement der Mitarbeiter fördern

4.2.1 Führen mit Feedback

Mit Feedback zu führen bedeutet, agil-adaptiv darauf zu reagieren, was aktuell ansteht. Anstatt sich über nicht erreichte Ziele zu beschweren, die längst nicht mehr aktuell sind, weil sich der Markt schon lange gewandelt hat, hake ich bei den Beobachtungen ein, die mir jetzt auffallen, um langfristig das Selbstmanagement des Mitarbeiters anzutriggern. Als wollte ich als Führungskraft sagen: „Nimm nicht mich als Person wahr, sondern lediglich meine Rückmeldung, als hättest du vergessen, das Fenster zu schließen, weswegen du dir einen Schnupfen geholt hast."

Aber Vorsicht: Wer Feedback austeilt, sagt oft mehr über sich selbst aus, als über den anderen. Führungskräfte – die klassischen Mikromanager –, die bei Mitarbeitern anmahnen, dass diese nicht perfekt genug arbeiten, halten Unsicherheiten offensichtlich schwer aus.

Wer als Führungskraft wissen will, ob sein Feedback ankommt, was das Gegenüber für Erkenntnisse daraus zieht und was dies wiederum für ihn selbst bedeutet, sollte fähig sein, kritische Rückmeldungen von Mitarbeitern ebenso gelassen anzunehmen. In dieser Phase geht es nicht um Kreativität und Mut, sondern mehr um die entspannte Souveränität im Gespräch. Es gilt die abweichende Meinung eines Mitarbeiters zumindest vorübergehend auszuhalten, bis beide zu einer gemeinsamen Lösung kommen.

BEISPIEL 1: UNTERLAGEN-ATTACKE

Führungskraft: „Herr Franck, warum liegen die Unterlagen noch nicht auf meinem Tisch?"
Franck: „Ich musste zuvor einige Fakten überprüfen, um die Unterlagen entsprechend zu bearbeiten."
Führungskraft: „Sie wissen doch, dass ich sie heute brauche."
Franck: „Das weiß ich, aber aufgrund der Recherchen dauerte es leider etwas länger."
Führungskraft: „Ich will keine Erklärungen, sondern Ergebnisse."

Die Führungskraft steigt mit einer Warum-Frage ein. Warum-Fragen sind Steilvorlagen zur Selbstverteidigung (Feedback Nr. 1), die Selbstverteidigung dient der Führungskraft als Vorlage, weiter nachzuhaken (Feedback Nr. 2), was wiederum zu weiteren Ausflüchten und Gegenwehr führt.

Damit bewegen sich beide in einem sich stetig nährenden Teufelskreis in Richtung Eskalation. Sollte es nicht eskalieren, zum Beispiel, weil der Mitarbeiter sich nicht traut, aggressiver aufzutreten oder die Führungskraft eine Konfrontation blockiert, kann sich die Aggressionsenergie nicht im System entladen, wodurch sich eine Aggressionsverschiebung anbahnt, in der Regel in Richtung Team: Der Mitarbeiter wird über seinen Chef motzen, meckern, stänkern und nach Verbündeten suchen.

BEISPIEL 2: AKTENANFRAGE

Führungskraft: „Herr Franck, haben Sie die Unterlagen schon bearbeitet?"
Franck: „Noch nicht ganz."
Führungskraft: „Was heißt ‚nicht ganz'? Sie wissen, dass ich sie heute brauche."
Franck: „Ich habe angefangen und denke, sie sollten heute Nachmittag fertig sein."
Führungskraft: „Das ist mir zu vage. Wir sollten uns auf eine konkrete Uhrzeit einigen. Machen Sie mir ein Angebot."

MIT FEEDBACK DAS SELBSTMANAGEMENT DER MITARBEITER FÖRDERN

Im zweiten Beispiel geht die Führungskraft davon aus, dass sie Einfluss nimmt und beeinflusst wird. Gleichzeitig weiß sie um die Wirkung ihrer Worte und damit um ihre Verantwortung. Indem sie eine offene Frage stellt, umschifft sie einen drohenden Teufelskreis. Der Mitarbeiter muss sich nicht verteidigen. Das erste Feedback erfolgt mit der Aussage „Was heißt ‚nicht ganz'? Sie wissen, … ". Das Gegenfeedback fällt der Führungskraft zu unklar aus, weshalb sie nachhakt.

Die Feedbackschleifen gehen im zweiten Beispiel nicht bis zur Eskalation, sondern bis zu einem klärenden Endpunkt, in diesem Fall die Einigung darüber, wann die Übergabe stattfinden wird. In anderen Fällen kann es sich um die Klärung von Wichtigkeiten oder Dringlichkeiten handeln, sofern diese verhandelbar sind.

Stellen Sie sich das Bild eines sich nach oben verjüngenden Bergs vor. Die Kommunikation geht einmal im Kreis herum. Zu Beginn sind die Reaktionen zeitverzögert. Die beiden Kontrahenten tasten sich ab. Sie wissen nicht, wie ehrlich der andere ist und wie ehrlich sie selbst sein dürfen. Später folgen die Reaktionen aufeinander schneller. Im Fall einer Eskalation wird der Berg zum Vulkan. Doch im Fall einer Einigung erklimmen die beiden Feedbackpartner den Berg, mit der Erkenntnis einer gemeinsamen, wertvollen Erfahrung und dem Genuss einer großartigen Aussicht.

Damit lassen sich Feedbacks auf eine simple Art als Zukunftsvorhersage nutzen:
1. Ein positiver Regelkreis führt früher oder später zur Eskalation. Eine aggressive Vorgehensweise ohne Ventil, ein Verstecken hinter Masken und Rollenbeschreibungen, ein Flüchten in Regeln führen zwangsläufig zu einem Ausbruch einer Seite, zu Revolte, Gerüchten, Mobbing, Kündigung oder einem heimzahlenden Dienst nach Vorschrift. Werden empfundene Ungerechtigkeiten eingespeist, kollabiert das System oder verschafft sich eine Erleichterung durch Aggressionsverschiebungen oder Entzug der eigenen Person. Wir wissen, dass es irgendwann kracht. Wann und wie es krachen wird, hängt von den Menschentypen ab.
2. Ein negativer Regelkreis findet seine eigene Balance zwischen Bedürfnis und Bedürfnisbefriedigung, Neugier und Stolz, Anspannung und Entspannung, Fordern und Feedback, sodass sich Führungskraft und Mitarbeiter im Rahmen dieses Regelkreises Schritt für Schritt weiterentwickeln. In einem derart regulierten Regelkreis gibt es kein Zuviel an Belohnung oder Strafe, sondern das richtige Maß. Wir wissen, dass sich ein Mitarbeiter mit den passenden Feedbacks weiterentwickelt. Wie und in welchem Tempo er das tun wird, wissen wir vor allem deshalb nicht, weil Mitarbeiter sich in eine Richtung entwickeln können, die wir zuvor nicht kennen.

Ein gutes Beispiel liefert Oliver Zilken: Als die agilen Teams in der REWE digital GmbH stetig größer wurden, funktionierte die Selbstorganisation in puncto Kaffee-

FEEDBACK STATT STARRER ZIELE

versorgung in den Teams nicht mehr so wie zu den Anfangszeiten. Als es wieder einmal galt, den Kaffeeautomaten zu bestücken, schrieb ein Mitarbeiter einen Zettel: „Wäre schön, wenn der Automat mal wieder gefüllt würde." Zilken stellte ihn direkt zur Rede, worauf sich klärte, dass der Mitarbeiter es von seiner alten Firma gewohnt war, dass für die Wartung der Kaffeemaschinen ein Mitarbeiter zuständig war, während sich in der REWE digital GmbH alle Kollegen dafür verantwortlich zeigen und derjenige die Bohnen auffüllt, dem es als Erstes auffällt.[112] Mit diesem kurzen und schnellen Feedback wurde das vermeintliche Problem sofort aus der Welt geschafft.

4.2.2 Feedback als Erwartungsabgleich

Sollte sich der Mitarbeiter auf dem Weg nach oben verlaufen, nicht schnell genug gehen oder einen anderen Berg bevorzugen, braucht es agile Erwartungsabgleiche zur Feinabstimmung. Mitarbeitergespräche finden nicht im luftleeren Raum statt. Natürlich haben Sie Erwartungen an Ihre Mitarbeiter und benötigen eine Methode, Ihre Ansprüche mit denen Ihrer Mitarbeiter möglichst effektiv abzugleichen. Weigern Mitarbeiter sich, in den Prozess einzusteigen, brauchen Sie ein Handwerkszeug, mit dem Sie eindeutig auf Ihren Erwartungen insistieren.

Erinnern Sie sich an *Tetris*, einen der ersten großen Computer-Spielehits? Unterschiedliche geometrische Formen fielen auf dem Bildschirm von oben nach unten. Ihre Aufgabe bestand darin, diese Figuren mit den Pfeiltasten so zu lenken, dass sich eine vollständige Zeile ergab. Wenn nicht, wuchs der Berg unvollständiger Zeilen, bis er oben am Bildschirmrand ankam: Game over! Der evolutionäre Fehler wurde ausgemerzt. Jedes Mal, wenn eine Zeile verschwand, wussten Sie: Ich strenge mich an. Ich habe die Figur ein paarmal gedreht, bis sie perfekt passte ... und es hat funktioniert. Sie wurden nicht belohnt, Sie wurden nicht bestraft, sondern bekamen innerhalb von Sekunden eine konkrete Rückmeldung auf Ihre Leistung.

Zwei zentrale Elemente, die wir anhand des Feedbacks aus Computerspielen und Handys lernen:
1. Ein Feedback sollte schnell kommen, damit unser Gehirn es mit einer bestimmten Aktion verbindet.
2. Feedback benötigt einen konkreten Bezug. Keine Figuren drehen. Keine E-Mail oder SMS schreiben. Und dennoch eine Rückmeldung bekommen, ohne etwas getan zu haben? Vom Anwalt eines nubischen Prinzen, der ohne Nachkommen

---

[112] Vgl. Häusling, Agile Organisationen, S. 303 f.

verstorben ist und dessen Namensvetter Sie angeblich sein sollen? Das erwartet niemand. Oder es macht uns skeptisch. Das Feedback sollte sich auf eine konkrete, veränderliche Handlung beziehen. Eine Rückmeldung auf ein Verhalten kann ebenso schmerzhaft sein, eröffnet jedoch dem Feedbacknehmer die Chance, sich auf einen Anpassungsprozess einzulassen.

Der Wirkungstest

Die Methode des Feedbacks kennen wir nicht nur aus der Natur, sondern auch aus der Technik. Eine Heizung heizt beispielsweise auf 22 Grad. Erreicht sie ihre Höchsttemperatur, wird ihr dies mittels Thermometer rückgemeldet. Sinkt die Temperatur auf 20 Grad, heizt sie wieder hoch. Heizungen sind nicht an oder aus, sondern befinden sich auf einem bestimmten Level, einer bestimmten Stufe. Auch wir Menschen sind nicht an oder aus. Wir sind gestresst, entspannt, kompetent, zuverlässig oder haben Vertrauen auf einer bestimmten Stufe. Ein Level, das Führungskräfte meist anders beurteilen als ihre Mitarbeiter. Um ihnen diese Diskrepanz mitzuteilen, gibt es Feedback.

Manchen Vorgesetzten fällt es schwer, ihren Mitarbeitern ehrliche Rückmeldungen zu geben. Könnte es daran liegen, dass es sich hier um kein Feedback handelt, sondern um eine versteckte Kritik? Entweder sie wollen ihrem Mitarbeiter diese Kritik nicht unterbreiten, um nicht als strenger Chef dazustehen und den Mitarbeiter hierarchisch zum Kind zu degradieren, oder sie fürchten die Gegenwehr.

Sind Sie mit sich und Ihrem Mitarbeiter in einem guten regelmäßigen Kontakt, wird Feedback zum alltäglichen Vorgang, als wären Sie der Baum, der seine Orchideen mit wichtigen Nährstoffen (Informationen) versorgt, während diese wunderschönen Blumen Sie selbst zu einem besonderen Baum machen. Die Weitergabe von Informationen wird so zu etwas ganz Natürlichem:

1. Als Führungskraft nehmen Sie ein Verhalten wahr, das zu einem von Ihnen erwünschten oder unerwünschten Ergebnis führte.
2. Wenn Sie dieses Ergebnis skalieren, werden Ziele nicht absolut, sondern in bestimmten Maßen erreicht.[113]
3. Das wahrgenommene Verhalten geben Sie dem Mitarbeiter mit für seinen eigenen Denkprozess, um ihm die Möglichkeit zu geben, sein Verhalten anzupassen.

---
[113] Vgl. Hübler, Mitarbeitermotivation, S. 32 ff.

FEEDBACK STATT STARRER ZIELE

Ihr Mitarbeiter funktioniert wie eine Heizung, nicht wie ein Computer. Ein Verhalten von ihm befindet sich auf einer bestimmten Stufe und wartet auf eine Resonanz von außen, um einen angestrebten Zweck zu erfüllen. Meist nimmt Ihr Mitarbeiter sein Verhalten anders wahr als Sie. Attestieren Sie ihm auf einer Skala von 0 bis 10 in puncto Zuverlässigkeit eine 6, gibt er sich selbst vielleicht eine 8 und empfindet Ihre 6 als unverständlich. Um die 6 oder die 8 zu verstehen, brauchen beide Seiten die Kontexte der jeweiligen Einschätzung:

- Sie vergleichen den Mitarbeiter mit zuverlässigeren Kollegen oder sich selbst.
- Der Mitarbeiter vergleicht sich mit weniger zuverlässigen Kollegen oder sich selbst. In seiner Welt ist er vor ein paar Jahren mit einer 5 gestartet und ist nun erfolgreich bei 8 angekommen. Vor diesem Hintergrund klingt eine 6 für ihn nach einer Beleidigung.

Reflexion: Beurteilungs-Austausch

Wenn Sie an einen Mitarbeiter denken, mit dem Sie demnächst ein Gespräch führen:
- *Wie hoch schätzen Sie seine Zuverlässigkeit auf einer Skala von 0–10 ein?*
- *Was glauben Sie, wie hoch er sich selbst einschätzt?*
- *Worauf basiert Ihre Einschätzung?*
- *Wie wird er im Fall einer großen Diskrepanz reagieren?*
- *Wird er Ihre Einschätzung nachvollziehen können?*
- *Wenn nein, was können Sie tun, damit er es kann?*
- *Könnten Sie ebenso falsch liegen?*
- *Welche möglichen Schlüsse ziehen Sie aus dieser Reflexion?*

Eine Reflexion, aus der im Gespräch ein gegenseitiger Abgleich folgt, nennen Chris Wolf und Heinz Jiranek Resonanz-Feedback[114], das ich hier um den Begriff der Wirkung ergänzen möchte. Ein Feedback mit motivierender Absicht kann das Gegenteil bewirken und demotivierend sein, wenn der Mitarbeiter bereits motiviert ist.

Für ein gelingendes Feedback sollte
1. die Führungskraft zum Mitarbeiter in Ver-Bindung stehen, sich mit ihm in Resonanz befinden und seine Bedürfnisse nachvollziehen können.
2. ein offener, ehrlicher und klarer Abgleich der Wahrnehmung und Erwartungen stattfinden.
3. sich die Führungskraft der Wirkung ihrer Worte bewusst sein oder im Zweifelsfall durch Nachfragen bewusst werden.

---
[114] Vgl. Wolf/Jiranek, S. 36 ff.

Kommt Ihr Feedback an?

In China gibt es eine besondere Bambusart. Wenn sie eingepflanzt wird, passiert die ersten drei Jahre erstmal gar nichts. Erst im vierten Jahr schießt der Bambus aus dem Boden und wächst in kürzester Zeit zwei Meter hoch.

Woher wissen Sie, ob Ihr Feedback ankommt oder nicht? Manche Mitarbeiter benötigen Reifungszeit, das heißt Zeit, in der scheinbar nichts passiert und der Mitarbeiter darauf bedacht ist, sein Gesicht zu wahren. Was wäre, wenn er seine sich selbst gesteckten Ziele nicht erreicht? Das wäre doppelt peinlich: Vor Ihnen und vor sich. Also hält er sich lieber bedeckt und verfolgt eine positive „heimliche Agenda".

Würde es in solchen Fällen nützen, die Bambuswurzel wieder auszugraben, um nachzusehen? Wird ein Kuchen schneller fertig, wenn Sie alle zehn Minuten den Backofen kontrollieren? Reift eine Kiwi schneller, wenn wir sie drücken?

Das einzige, was Sie als Feedbackgeber verlangen können, ist die Gegenrückmeldung, dass Ihr Feedback angekommen ist. Welche langfristige Wirkung es erzielt, wird sich zeigen.

4.2.3 Motivation, Kritik und Feedback

Worin liegt der Unterschied zwischen Kritik und einer Rückmeldung?

Kritik kann negativ oder positiv sein. Im Alltag sprechen wir im negativen Fall von einer Kritik, im positiven Fall von Lob. Wenn wir genauer darüber nachdenken, gibt es sowohl positive als auch negative Film- oder Musikkritiken.

Dabei fußt Kritik meist auf einer hierarchischen Beziehung: Wenn ich jemanden kritisiere, gehe ich davon aus, dass ich mehr weiß als der andere und damit das Recht habe, mich über ihn zu stellen und zu bewerten. Kinder werden kritisiert. Mitarbeiter werden kritisiert. Kinder werden gelobt. Mitarbeiter … dazu später mehr.

Sofern mein Gegenüber diese Hierarchie akzeptiert, wird er auch meine Kritik, positiv oder negativ, akzeptieren. Doch was passiert, wenn er Hierarchien als Vertreter eines agilen Auf-Augenhöhe-Denkens nicht akzeptiert? Wenn er die Beziehung anders sieht als seine Führungskraft?

An dieser Stelle kommen hierarchieunabhängige Rückmeldungen ins Spiel. Rückmeldungen sind möglichst sachliche Beschreibungen der eigenen Sichtweise. Sie ermöglichen dem Gegenüber eine Außensicht auf seine Tätigkeiten, respektive seine Leistung.

Stellen Sie sich vor, Sie wären eine Heizung, die sich zwischen 21 und 23 Grad einpendeln soll. Wenn Sie von außen ein Lob bekommen wie „Super! Weiter so!", kann Ihnen das schmeicheln. Es wird Ihnen zeigen, dass es gut läuft. Schön, denn ein un-

FEEDBACK STATT STARRER ZIELE

eingeschränktes Lob erfahren wir viel zu selten. Meistens gibt es hier und da eine Kleinigkeit am Rande, die verbessert werden kann.

Wenn Sie ab und an über 23 Grad hinausheizen oder zu spät Gas geben und damit längere Zeit unter 21 Grad bleiben, könnten Sie die negative Kritik bekommen: „Pass doch auf!". Auf was Sie aufpassen sollten, bleibt unklar. Was Sie als Heizung brauchen, ist die konkrete Rückmeldung, dass es (zu lange) zu kalt oder (zu lange) zu warm ist. Diese Rückmeldungen in Unternehmen zu geben, ist die Aufgabe von Führungskräften.

Wenn wir uns den Aufbau einer Rückmeldung anschauen, ergeben sich folgende Komponenten:

- klare Erwartungen (des Umfelds, der Führungskraft, des Unternehmens, des Teams)
- darauf aufbauende kommunizierte Ziele
- eine Leistung, um dieses Ziel zu erreichen
- ein Ergebnis, das der Erwartung beziehungsweise dem Ziel entspricht oder von diesem abweicht

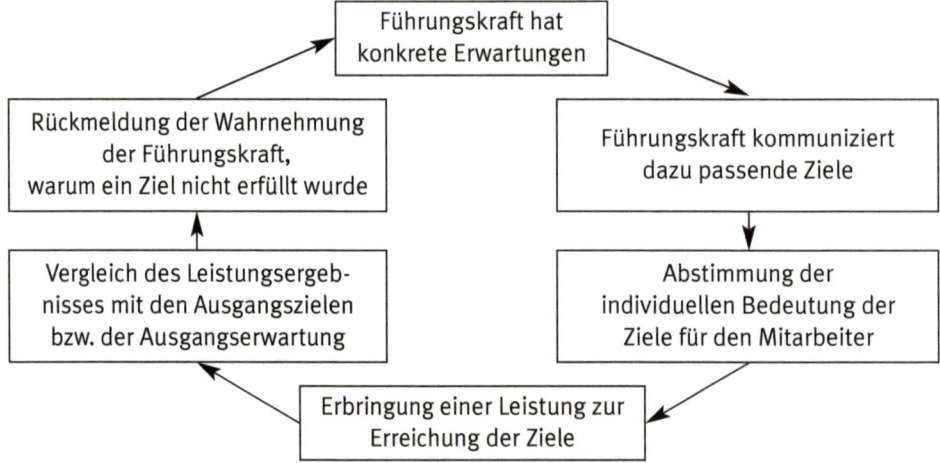

Im dritten Baustein dieses Feedback-Zyklus spielt die Absicht des Mitarbeiters eine wichtige Rolle. Sofern die Ziele sauber mit dem Mitarbeiter abgestimmt wurden und die Erreichung der Ziele mit einer zu erbringenden Leistung als möglich und sinnvoll eingeschätzt werden, ist der Mitarbeiter motivational mit im Boot. Er wird losziehen und versuchen, die gesetzten Ziele mit der eigenen Leistung zu erreichen. Wenn die Ziele dennoch nicht erreicht werden, sollte die Führungskraft als lebendes Rückmeldesystem ihre Sicht der Dinge einbringen. Sie sollte rückmelden, was sie beobachtet hat und warum aus ihrer Sicht die Ziele nicht erreicht wurden.

> **BEISPIEL: ÜBERTRIEBENER PERFEKTIONISMUS**
>
> Mitarbeiter Svenson hat sich so akribisch in seine Akten vertieft, dass er statt zehn Akten nur fünf innerhalb eines bestimmten Zeitraums bearbeiten konnte. Der Wille (Baustein 3) war vorhanden, die Ergebnisse (Baustein 5) stimmen jedoch nicht mit dem Ziel überein. Seine Führungskraft hat wahrgenommen, wie akribisch er sich in die Akten einarbeitete und teilt ihm dies so objektiv wie möglich mit. In anderen Fällen ist es eine große Stärke, derart perfektionistisch zu arbeiten. In diesem Fall stand der Perfektionismus dem Ziel und den Erwartungen entgegen.

Hier geht es nicht um ein Lob oder die negative Kritik an der Leistung, sondern um die Rückmeldung, dass eine erbrachte Leistung nicht zu einem gesetzten Ziel führte. Die Leistung an sich wird damit nicht kritisiert, so wie auch die Heizung nicht kritisiert wird. Denn in einem kleineren Raum kann es gut sein, dass die Heizung einwandfrei funktioniert. So wie Perfektionismus in einer anderen Situation wünschenswert ist.

4.2.4 Systemisches Feedback in evolutionären Prozessen

Als offensichtliches Ende einer Tätigkeit, sei es ein Projekt oder ein Prozess, bürgerte sich der Erfolg oder Misserfolg desselben ein. Das natürliche Ende aus evolutionärer Sicht wäre allerdings die Aufarbeitung der Ergebnisse, insbesondere bei Misserfolgen, um daraus Erkenntnisse für kommende Tätigkeiten zu ziehen.

Ein Erfolg oder Misserfolg wird jedoch aufgrund der Erfahrungen der Mitarbeiter subjektiv erlebt und bewertet. Die Kritik vor allem am Scheitern führt häufig zu einem individualisierten Schuldgefühl und damit auf individueller Ebene meist zu Abwehrreaktionen, während auf systemischer Ebene eine Aufarbeitung der Fehler vermieden wird.

Werden hingegen Erkenntnisse zur evolutionären Weiterentwicklung einer Tätigkeit als Prozess in den Fokus der Rückmeldung gestellt, wird eine etwaige Kritik damit entpersonalisiert. Vor diesem Hintergrund war ein begangener Fehler sogar hilfreich, um Tätigkeiten evolutionär zu verfeinern. Somit muss sich niemand schuldig fühlen.

Die Erkenntnisse aus diesem Prozess fließen zum Schluss wieder in neue Tätigkeiten ein, die wiederum auf Erfolg oder Misserfolg geprüft werden. Erfolg oder Misserfolg sind also lediglich die Marker, um zu wissen, ob wir auf dem richtigen Weg sind.

FEEDBACK STATT STARRER ZIELE

BEISPIEL: LERNEN DER ZUKUNFT

Aufgrund der Tatsache, dass Lernen über Feedback am besten funktioniert, wenn es schnell, direkt und individuell zugeschnitten erfolgt, liegt es auf der Hand, dass ein kontinuierliches Lernen am Arbeitsplatz, unterstützt durch Möglichkeiten individueller Reflexionsphasen, erfolgreicher wäre, als ein Lernen in standardisierten, abgeschlossenen Trainingseinheiten, die einen mühevollen Transfer erfordern. Wie viel Zeit und Einstiegsphasen könnten wir uns sparen, würde sich jeder Mitarbeiter mit Eintritt in sein neues Unternehmen auf einer Lern- und Wissensplattform anmelden und darauf fortlaufend Fragen bezüglich seiner Entwicklung sammeln. Ein Team von Trainern würde gemeinsam mit der Personalabteilung die Fragen clustern, damit sie anschließend in interessengeleiteten Trainingsgruppen aufgearbeitet werden.

Wer beurteilt und wer gibt Feedback im System?

Wer kann die Leistung eines Mitarbeiters am besten beurteilen? – Die Kollegen, mit denen er tagtäglich zusammenarbeitet. Und wer soll seine Leistung beurteilen? – Der Chef, der oftmals weit weg ist und daher von den täglichen Problemen des Mitarbeiters wenig Ahnung hat.

Wird Feedback mit Tadel und Kritik verwechselt, damit der Mitarbeiter in ein vorgegebenes Kästchen passt, bekommt die Rückmeldung einen hierarchischen Hintergrund. Der Chef gibt seinem Mitarbeiter zwar eine Rückmeldung, ob sie jedoch greift, steht auf einem anderen Blatt. Wird Feedback hingegen als normalste Sache der Welt zur Weiterentwicklung betrachtet, darf jeder im Team eine Rückmeldung geben. Die Methoden dazu sind vielfältig und gehen von kaum strukturierten wöchentlichen Feedbackrunden bis hin zur klar strukturierten Kollegialen Beratung.

Wichtig dabei ist der Mut zum Konkreten und Persönlichen. Die Woche mit einer Feedbackrunde:

- Was war gut?
- Was lief schlecht?
- Was wollen wir anders machen?

zu beginnen, ohne konkret zu benennen, was gut oder schlecht war und ohne den entsprechenden Personen Ideen zur Verbesserung mit auf den Weg zu geben, verliert sich schnell im Nebel: Passt schon. Nase fassen. Weitermachen. Bis zur nächsten Woche.

MIT FEEDBACK DAS SELBSTMANAGEMENT DER MITARBEITER FÖRDERN

BEISPIEL: DANKESKARTEN

Eine sehr persönliche Möglichkeit des Feedbacks sind Dankeskarten. Dazu liegen leere Postkarten neben einem Briefkasten. Jeder, der sich bei einem Kollegen für etwas bedanken möchte, schreibt dies auf eine Karte. Der Briefkasten wird in regelmäßigen Zyklen geleert und die „Post" öffentlich verlesen.[115]

Für privatere Feedbacks können Dankeskarten-to-go verteilt werden, die persönlich überreicht, jedoch nicht verlesen werden, um keinen öffentlichen Dankesdruck aufzubauen. Die Dankeskarten können mit Halbsätzen beginnen wie: ‚Irre, wie du …", „Erstaunlich, dass du …" oder „Auf dich kann ich immer …"

Die Kollegiale Beratung

Auch die Methode der Kollegialen Beratung zielt darauf ab, möglichst sachlich-natürliche Rückmeldungen zu vergeben. Dafür arbeitet die Kollegiale Beratung mit dem Buffet-Gedanken: Kein Mitarbeiter muss einen Vorschlag übernehmen, so wie niemand etwas vom reichhaltigen Buffet einer Party essen muss. Das umfangreiche Angebot sollte jedoch wertgeschätzt werden. Zudem darf sich im Anschluss niemand darüber beschweren, dass es nichts zu essen gab.

Zeit (Min)	Betroffene Person	Gruppe
5	Anliegen beschreiben Konkrete Fragestellung	Zuhören
5	Weitere Beschreibung Stimmt die Frage noch?	Nachfragen
5	Zuhören	Tabuloses Assoziieren Stichwortartige Einfälle schildern Sich in der Gruppe unterhalten
2	**Stille und Konzentration**	**Stille und Konzentration**
3	Was bewegt mich? Worauf springe ich an?	Zuhören
5	Zuhören	Lösungsvorschläge, Ideen „Ich empfehle dir …" „An deiner Stelle würde ich …"

---

[115] Vgl. Oestereich/Schröder, S. 267, in: Sattelberger et al.

2	Stille und Konzentration	Stille und Konzentration
3	Worauf springe ich an? Was nehme ich mir vor?	Zuhören
5	Zuhören	Was hat mich selbst weitergebracht?

Zeit insgesamt: 35 Minuten

4.2.5 Feedback als Balance-Akt

Es war einmal ein König, der in Zeiten, in denen er sich gut fühlte, mit Geld um sich warf. Doch auf diese Zeiten folgten Wochen tiefer Depressionen, in denen er all seine Ausgaben bereute. Es war nicht so, dass er das Geld verprasste. Er renovierte Schulen und baute Straßen. Er modernisierte sein Land. In seinen traurigen Zeiten rief er: „Es wäre auch ohne gegangen."

Monate später fühlte er sich wieder gut. Er lief fröhlich durch die Straßen und verstand nicht, wie er zuvor für einen Stillstand in seinem Land sorgen konnte. Unzufrieden bestellte er die klügsten Männer seines Landes zu sich. Niemand konnte ihm helfen.

Schließlich fasste sich die Putzfrau der königlichen Gemächer ein Herz und sprach zu ihm: „Ach, mein König. Ich bin unwürdig, Euch einen Rat zu geben. Aber vielleicht hilft Euch der Spruch meiner Großmutter, mit dem sie mich in euphorischen wie in traurigen Momenten auf den Boden der Tatsachen zurückholte: ‚Was ist, geht vorbei.'" Der König dankte der Putzfrau, die von nun an zu seinen wichtigsten Ratgebern zählte, und ließ sich ein Medaillon herstellen, auf dem stand: „Auch diese Zeiten gehen vorbei!"

Der Spruch wirkt auf den König wie ein korrigierendes Feedback. Stellen Sie sich eine Amplitude vor mit Höhen und Tiefen. Dem König ergeht es wie uns allen. Mal haben wir Erfolg, freuen uns und werden zusätzlich gelobt, obwohl dies oft nicht nötig wäre. Mal erleiden wir Misserfolge und werden zusätzlich gerügt, obwohl wir uns selbst bereits die größten Vorwürfe machen.

Lob, Anerkennung und damit unser Stolz aktivieren unser Annäherungssystem. Sie nehmen von außen vorweg, was wir innerlich in einem positiven Prozesskreislauf erleben: Das Bedürfnis eines Mitarbeiters wird erfüllt, indem er ein Verhalten zeigt, von dem er erwartet, dass es positiv wertgeschätzt wird.

Rügen und Kritik dagegen rufen unser Vermeidungssystem auf den Plan. Die Nicht-Bedürfnis-Erfüllung führt zu Frust, Ärger, Ängsten und Enttäuschung. Das gezeigte Verhalten wurde als falsch sanktioniert, wodurch der Mitarbeiter in der Luft hängt, sofern wir davon ausgehen, dass er nicht masochistisch veranlagt ist oder einen boshaften Plan verfolgte.

Das Erleben von Bedrohungen wird jedoch intensiver und andauernder erlebt als durch Belohnung ausgelöste Reaktionen, da diese aufgrund ihrer Überlebensfunktion zum einen wesentlich schneller ablaufen und zum anderen Kapazitäten des Gehirns beanspruchen, die dann nicht mehr für logische und kreative Denkprozesse zur Verfügung stehen. Werden Bedrohungen dauerhaft erlebt, wirken sie lähmend. Eine Art Totstell-Reflex tritt ein.

Je häufiger das jeweilige System im Gehirn gebahnt wird, umso leichter wird es reaktiviert. Wird zum Beispiel in einen Topf mit Gelatine heißes Wasser getröpfelt, ergeben sich Spuren, durch die später selbst kaltes Wasser läuft. Je heißer das Wasser, je emotionaler die Erfahrung, desto tiefer die Erinnerung der Gelatine.[116]

In manchen Fällen führt das bis zur Arroganz, mit der Folge, dass Sicherheitsvorkehrungen in den nächsten Entscheidungen in den Wind geschossen werden. Ikarus lässt grüßen. In anderen Fällen führt es zu Fehlervermeidungsreaktionen: Lieber einigeln und nichts entscheiden, bevor ich einen Fehler mache. Mitarbeiter sind sich dieser Prozesse in der Regel nicht oder nur eingeschränkt bewusst und können daher kaum steuernd eingreifen.

Selbstüberschätzung

Sehr selbstsichere Personen setzen sich Ziele, die sie eventuell überfordern, was zu Aggressionen, Abschottungen oder Selbstüberschätzungen führen kann:

- Das mache ich sowieso anders!
- Sie haben keine Ahnung!
- Das weiß ich schon!

> ### Exkurs: Generation Y
>
> Derartiges soll schon im Umgang mit der Generation Y passiert sein. Die Generation, die für manche Führungskräfte zu häufig auf Anweisungen ein „Warum?" entgegnet und damit bestehende Vorgehensweisen infrage stellt. Warum, stellt sich für mich die Frage, sollten junge Menschen nicht neugierig nachhaken, ob eine Tätigkeit sinnvoll ist oder nicht?

---
[116] Vgl. de Bono, S. 22 f.

FEEDBACK STATT STARRER ZIELE

Losgelöst von Generationenfragen ist Selbstüberschätzung eher[117] ein männliches Thema, das bereits im Alter von 8 Jahren beginnt. Ab dieser Zeit erweitert sich der Aktionsradius des Explorierens der Welt der Jungs um das Doppelte im Vergleich zu Mädchen, heute mehr denn je. Damit einher gehen die Vergrößerung des Hippocampus und damit eine schnellere Einordnung der Welt in Landkarten. Männer fragen deshalb seltener nach dem Weg als Frauen: Sie haben weniger Angst, sich in unbekannten Gebieten zurechtzufinden, überschätzen sich aber auch häufiger. So manche Ehefrau kann ein Lied vom „Ich finde den Weg alleine"-Syndrom singen. Dabei würden sie so gerne den Kontakt zur Urbevölkerung suchen. Muss ich den Weg kennen, wenn die hier alle so nett sind?

Selbstsichere Menschen klagen ein persönliches Vorwärtskommen aktiv ein. Sie verstehen Krisen als Herausforderung, setzen sich höhere Ziele, bisweilen zu hohe und tendieren zu einem riskanteren Verhalten als unsichere Mitarbeiter. Die Schmach, solche engagierten, aber unrealistischen Ziele nicht erreicht zu haben, lässt sich leichter in einem Vier-Augen-Gespräch aufarbeiten.

Problematisch wird es, wenn Mitarbeiter beginnen, aufgrund ihres hohen Selbstwertgefühls Lösungen zu ignorieren, die nicht in ihr Schema passen. Noch problematischer wird es, wenn diese Mitarbeiter im Falle eines Fehlers nicht ihr eigenes Handeln als Teil-Ursache des Problems erkennen, sondern lediglich ihr gesamtes Umfeld.[118]

Zurück auf den Boden vs. Fliegen lernen

Bestrafungen verstärken die Tiefenkurve der Stimmungsamplitude der Mitarbeiter, Belohnungen dagegen verstärken die Höhenkurve der Amplitude. Im Sinne eines „Mehr vom Gleichen" ist beides wenig hilfreich. Selbstsichere Mitarbeiter, wie viele Führungskräfte dies zumindest oberflächlich von vielen Millennials kennen, erleben ihre Erfolge stärker als ihre Misserfolge (schwarze Kurve), was sie häufig – auch aufgrund der instantanen Gratifikationen in der digitalen Welt – sehr ungeduldig macht, wie eine Fülle minderjähriger Jungunternehmer und Selfmade-YouTube-Stars zeigen.

---

[117] Logischerweise gibt es nicht den Mann oder die Frau, sondern ein eher männliches oder weibliches Verhalten.
[118] Vgl. Surowiecki, S. 61

MIT FEEDBACK DAS SELBSTMANAGEMENT DER MITARBEITER FÖRDERN

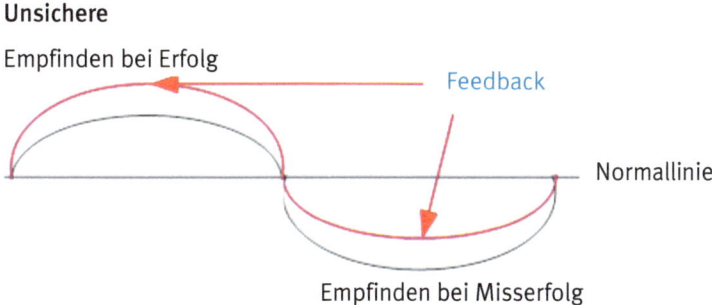

Arbeiten Sie mit Lob und Anerkennung, unterstützen Sie die Eskalationskurve eines selbstsicheren Mitarbeiters. Der Anpassungseffekt führt dazu, dass er immer mehr davon braucht, um eine größere Wirkung zu erzielen. Ein „Gut gemacht!" reicht nicht mehr aus. Es braucht ein „Großartig!", „Super!" und „Klasse!". Er wird süchtig nach Lob, egal wie sinnvoll es erscheint. Nicht, dass ich ein Lob an der richtigen Stelle schlecht finde. Mir geht es um das richtige Maß und um den inflationären Gebrauch von Lob, zum Beispiel in Form von Boni, die das „Winner-takes-it-all"-Prinzip auf die Spitze treiben und das Matthäus-Prinzip pervertieren: Wer hat, dem wird gegeben. Wer nichts hat, bekommt auch nichts.

So wie in Gesellschaften Globalisierungsverlierer und -gewinner auseinanderdriften, kann in Unternehmen ein unreflektierter Einsatz von Lob und Kritik zu einer Spaltung der Mitarbeiter in Erfolgreiche und Erfolglose führen. Boni an sich sind nichts Schlechtes. Meist fehlt ihnen jedoch der Bezug zur Handlung, wie etwa bei unserem bekannten Spiel *Tetris*. Deshalb benötigen wir ein system-immanentes Feedback, um den Bezug zwischen Handlung und Belohnung wieder herzustellen.

Auf der anderen Seite nehmen sich unsichere Mitarbeiter Misserfolge stärker zu Herzen. Nun könnte man meinen, sie mit Belohnungen wieder in eine realistische

Spur zu bringen. Leider können unsichere Mitarbeiter ein pauschales Lob oft nicht annehmen, da sie es nicht in ihre bisherigen Erfahrungen einzuordnen vermögen: „Das sagt der nur so. Das meint der nicht ernst."

Diese Gefahr lässt sich mit klaren situationsbezogenen Feedbacks vermeiden: „Die Aufgabe haben Sie aufgrund Ihres Hintergrundwissens und Ihres Engagements in einem zeitlichen Rahmen erledigt, der mich positiv überraschte." Oder in die andere Richtung: „Ich denke, wenn Sie besser recherchiert hätten, wäre der Fehler nicht passiert."

Mit situationsbezogenen Rückmeldungen sorgen Sie bei selbstsicheren Mitarbeitern für eine realistischere Sicht auf Erfolge und eine klarere Sicht auf Misserfolge. Unsicheren Mitarbeitern helfen Sie, sich ihre Erfolge mehr sich selbst zuzuschreiben und Motivationsknicks bei Misserfolgen zu vermeiden.

Bei Selbstsicheren dämpft Feedback das Erfolgsempfinden, während es Verdrängungstendenzen bei Misserfolgen entgegenwirkt. Bei Unsicheren helfen Rückmeldungen, Erfolg zu genießen und sich im Misserfolgsfall weniger zu grämen. Damit normalisiert Feedback das Empfinden unterschiedlicher Mitarbeiter.

Es geht hier nicht um eine große Gleichmachungs-Show. Die Mitarbeiter sind unterschiedlich und werden es bleiben. Es geht vielmehr um eine menschliche Annäherung beider Gruppen und die Vermeidung von Extremempfinden und -verhalten. So verhindern Sie, dass im Wettbewerb im Team grundsätzlich die schnellsten und lautesten gewinnen. Ein Schlüssel zu Hochleistungsteams ist die Geduld der Schnellen und der Mut der Leisen.

Mit ausbalanciertem Extremverhalten zum Teamerfolg

Gleichen Sie extreme Verhaltensweisen aus, helfen Mitarbeitern, ihre Eigenheiten und Kompetenzen so einzubringen, dass Konflikte durch ein Auseinanderdriften der Persönlichkeiten verhindert werden und das Team-System zu etwas größerem wird, als dessen Einzelteile suggerieren. Adam hatte andere Erfahrungen als Eva, und, wenn wir so wollen, andere Fähigkeiten. Einzeln wäre es für beide schwer gewesen, sich fortzupflanzen. Der Mensch ist kein Selbstbefruchter. Jeder Einzelne ist neben seiner Einzigartigkeit Teil eines Ganzen, in unserem Fall eines Teams, einer Abteilung, Projektgruppe oder Organisation. Das Ganze jedoch ist, wenn es gut funktioniert, größer als seine Einzelteile. Mehr noch, es würde nicht existieren.

Eine Schiffscrew kommt einige Zeit ohne Koch, Kapitän oder Ausguck aus. Auf Dauer wird es schwierig, den Kurs und die Moral aufrechtzuerhalten und Gefahren auszuweichen.

MIT FEEDBACK DAS SELBSTMANAGEMENT DER MITARBEITER FÖRDERN

Die Wirkung dieses „Mehr-als-Alleine" lässt sich aussagekräftig anhand der Durchschlagskraft einer Kugel verdeutlichen: Ein Mensch schiebt eine Kugel an. Ein zweiter und dritter helfen ihm dabei. Davon abgesehen, dass die Bewegung einer schweren Kugel erst möglich wird, wenn mehr Personen die Kugel anschieben, steigert sich, einmal in Fahrt, die Durchschlagskraft nicht um den Faktor 3, sondern wächst exponentiell auf eine Durchschlagskraft von 3 hoch 3.[119]

Da der Bremsweg eines gut funktionierenden Teams ebenso exponentiell anwächst, sollte das Team mit weiser Voraussicht gelenkt werden oder lernen, sich selbst zu lenken, um später nicht unnötig zurücksteuern zu müssen.

Eine Erklärung für dieses exponentielle Ansteigen liegt in der Eigensteuerung von Systemen. Lädt ein Bagger eine Ladung Sand ab, strukturieren sich die Sandkörner in einem bestimmten Winkel zu einem Hügel.[120] Ebenso strukturiert sich ein Team zu einem selbstorganisierten Gefüge, ohne dass Sie als Führungskraft etwas dazutun, freilich etwas komplexer als der Sandhaufen. Die Teammitglieder interagieren miteinander, sie tauschen Erfahrungen aus, bekommen Feedback voneinander und geben sich Tipps.

Was Sie als Führungskraft tun sollten, um Ihr Team agil und ausbalanciert aufzustellen:
1. Stellen Sie Ihre Teams breit auf. Mischen Sie Langsame mit Schnellen, Laute mit Leisen und Fachexperten mit Generalisten. Die Kollegen werden sich einander anpassen, was allerdings nur live und direkt, nicht virtuell funktioniert.[121]
2. Kreieren Sie eine gute Teamatmosphäre, um die Bindungen der Mitarbeiter untereinander zu fördern.[122]
3. Achten Sie darauf, dass in kreativen Brainstormings und Teamentscheidungen keine Kaskaden entstehen, in denen die Dominanten vorlegen und die Unsicheren nachfolgen.[123]

Reflexion: Balancierungsfeedback

- *Inwieweit sehen Sie hierarchische Differenzen in Ihrem Team?*
- *Woran liegt das?*
- *Was können Sie tun, um die Machtvolleren und die eher Zurückhaltenden auszubalancieren?*

---

[119] Vgl. Beetz, S. 38
[120] Ebd. S. 37
[121] Vgl. Sprenger, S. 84
[122] Vgl. Hübler, Mitarbeitermotivation, S. 45 ff.
[123] Vgl. Surowiecki, S. 97 f.

FEEDBACK STATT STARRER ZIELE

Die Balance evolutionärer Entwicklungen

Damit widerspreche ich manchen Agilitätsfreunden, die Feedback als Grundlage einer stetigen Optimierung von Mitarbeitern, Teams, Produkten und Dienstleistungen betrachten. Rückmeldungen als Kreisbewegung folgen nicht einem Pfad, der stetig nach oben führt. Die Entwicklung im Austausch mit der Umwelt liegt in der Verfeinerung von Details. Dies macht sie stabiler gegenüber Disruptionen. Systeme, die wie Ikarus zu hoch hinauswollten, Rückmeldungen ignorierten und sich nicht anpassten, erleiden meist einen frühen Tod und fallen wie Kodak, Leo Kirch, Anton Schlecker oder die Schickedanz-Erben vom Himmel. Zudem stellt sich die strategische Frage, ob Kunden grundsätzlich ein genuines Interesse an neuen, noch innovativeren Produkten haben, oder lieber ein Produkt wollen, das nicht einen Monat nach Ablauf der Garantie den Geist aufgibt.

Wie an anderer Stelle bereits erwähnt, geht es den kommenden Generationen laut Studien offensichtlich nicht um ein Mehr von Allem, sondern um eine neue, andere Art des Konsums: ungebunden, flexibel, zeit- und raumlos. YouTube statt Fernsehen. What's App statt telefonieren. Mancher Konsum wird ersetzt, anderer ergänzt und wieder anderer kombiniert und parallel genutzt. Über all dem schwebt die große Idee, die alles zusammenhält. Eine Plattform wie Airbnb als Teil der kapitalistischen Form einer shared economy, einer Gemeinschaft des Teilens statt Besitzens, vermittelt keine Zimmer, sondern fördert Freundschaften. Und BlaBlaCar macht aus einer langweiligen Fahrt mit der Bahn von A nach B eine spannende Reise voller Erzählungen mit interessanten Gastgebern.

Nehmen wir die Wünsche der kommenden Generationen ernst, müssen wir den Kundenwünschen nicht agil hinterherhecheln und damit die explosive Spirale der stetigen Optimierungen und Selbstoptimierung weiter und weiter in die Höhe treiben, bis uns der Laden um die Ohren fliegt. Wir können ihnen geben, was sie wollen: die Idee, die alles zusammenhält und hier und da eine kleine Innovation. Für den Postmaterialismus gilt: Ideen bewegten die Menschen immer schon mehr als das Material drum herum: die Entdeckung des Landwegs nach Indien oder der Neuen Welt. Die Idee, Wissen durch den Buchdruck jedem Menschen zur Verfügung zu stellen. Die Idee, sich durch eine Glühbirne unabhängig von den Tageszeiten zu machen. Oder die Idee der Vernetzung von Menschen durch das Telefon über weite Strecken hinweg.

Reflexion: Ergänzung Ihrer Idee

Noch einmal: Welche Idee steht hinter Ihrem Produkt oder hinter Ihrer Dienstleistung, mit der Sie sich aus dem Zwang befreien, Kundeninteressen bis zum Kollaps hinterherzuhecheln?

4.2.6 Feedback als kontextbezogene Rückmeldung

Jedes Mal, wenn ich bei Obi einkaufe, frage ich mich, warum ich auf diesen seltsamen „Ich war zufrieden"-Knopf drücken sollte und welche Informationen Obi damit bekommt. Natürlich bekommt Obi mit, wenn ich unzufrieden bin. Doch womit genau war ich unzufrieden? Weil der Boden nicht geputzt war? Ich einen Verkäufer für unfreundlich oder inkompetent halte? Oder weil eine Bestellung nicht funktionierte? Wäre es nicht sinnvoller, die Mitarbeiter füllten nach jedem etwas anderen Kundengespräch selbst einen kurzen Feedbackbogen aus?

- Kunde wollte einen Haken. Hatten wir nicht. Musste nachbestellt werden.
- Kunde wollte eine Arbeitsplattensonderanfertigung. Dauert eine Woche. Wir benachrichtigen ihn. War für ihn OK.

Ach ja: Dafür müssten wir Vertrauen in die Ehrlichkeit unserer Mitarbeiter haben.
Im Erfolgsfall bieten Rückmeldungen eine klare Verortung des Mitarbeitererfolgs im Rahmen bestimmter Bedingungen:

- **Persönliche Faktoren:** Erfahrungen und Kompetenzen
- **Teamfaktoren:** Zusammenspiel im Team
- **Ressourcen**, inklusive der vorhandenen Zeit
- aber auch: Zufälle, Reife einer Entscheidung beziehungsweise der richtige Moment

Im Fall eines Misserfolgs gilt dasselbe: Rückmeldungen sind keine Bestrafungen, sondern Darstellungen logischer, prozesshafter Zusammenhänge eines Verhaltens im Kontext verschiedener äußerer Faktoren mit dem Effekt eines Misserfolgs:

- Was können wir an den Kompetenzen und Erfahrungen verändern?
- Was an den Rahmenbedingungen und Ressourcen?
- Mit welchen Zufällen müssen wir auch zukünftig rechnen?

FEEDBACK STATT STARRER ZIELE

Hier zeigt sich wiederum das 20/80-Prinzip: Wenn ich mich mit 20 Prozent Vorbereitung um einen 80-prozentigen Erfolg kümmere, mit welchen restlichen 20 Prozent Chaos und Zufällen muss ich dann rechnen? Und wie könnte ich mich dagegen wappnen?

4.3 Feedback, Agilität und Demokratie – ein Zwischenfazit

Auch am Ende dieses Abschnitts testen wir wieder die vorgestellten Methoden auf ihr Förderpotenzial zu mehr Agilität und Partizipation im Team:

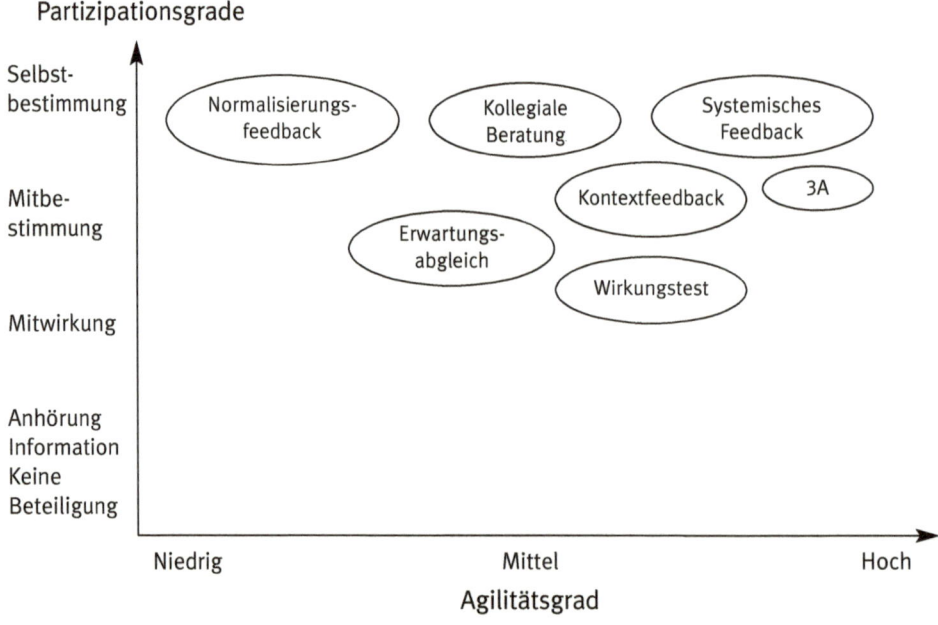

- Ganz oben auf meiner Wunschliste steht das Systemische Feedback. Wenn Sie es schaffen, Strukturen einzubauen, die Rückmeldungen aus dem Team zur stetigen Aktualisierung und Weiterentwicklung natürlich erscheinen lassen, wird Ihr Team bald wie ein gut gesättigtes Kätzchen schnurren. Wobei der Kontext eine große Rolle spielt, um die volle Entfaltung eines Feedbacks zu bewirken.
- Dicht gefolgt von der Kollegialen Beratung, einer wunderbaren Methode zur demokratischen Kommunikation auf Augenhöhe im Team. Gleichzeitig schafft

sie die Grundlage eines breiten Konsens, der für spätere agile Entscheidungen wichtig ist.
- Mit der 3A-Methode lässt sich schnell testen, welche Angebote für die Entwicklung von Mitarbeitern sinnvoll sind und welche nicht. Die 3A-Methode ist daher hochgradig agil und überlässt dem Mitarbeiter die Wahl.
- Aus Agilitätsgründen ist das Normalisierungsfeedback sicherlich nicht die erste Wahl. Mit Abstand betrachtet verhindert es ein Auseinanderdriften zwischen den Schnellen und Lauten auf der einen sowie den Langsamen und Leisen auf der anderen Seite im Team und schafft damit eine Grundlage für eine gute Teamatmosphäre, in der die Fähigkeiten aller berücksichtigt werden.
- Erwartungsabgleiche oder der direktere und schnellere Wirkungstest schließlich sind als Instrumente der Klärung und Einstellung geeignete Tools, um Agilität auf Augenhöhe zumindest anzutriggern.

5
GAMIFICATION STATT FEHLERMANAGEMENT

5.1 Mehr gestalten, weniger planen

Da ich zuvor von einer lernbereiten Fehlerkultur schrieb, sollte ich diesen Punkt weiter ausformulieren. Über einen besseren Umgang mit Fehlern wurde jedoch schon so viel geschrieben[124], dass ich mich an dieser Stelle anderweitig austoben und Ihnen den Gamification-Ansatz nahelegen möchte, mit demselben Effekt der Reduzierung von Fehlern und gleichzeitig dem agilen Denken viel näher als die traditionelle Betrachtung einer fehlerfreundlichen Lernkultur. Und sexyer als der Umgang mit Fehlern sind Spiele ohnehin.

So wie die Evolution über Variation und Selektion immer wieder neue spielerische Anpassungsleistungen vornimmt, geht auch die Wirtschaft seit jeher vor: Bis wir die Halogenlampe in der Hand halten konnten, mussten etwa 160 Jahre vergehen.[125] Und vermutlich sind wir noch lange nicht am Ende unserer Leuchtbirnenentwicklung angekommen.

Das Über-Credo des Gamification-Ansatzes könnte daher lauten: mehr handeln, weniger planen. Ein wenig mehr Mut in einfachen Handlungen würde uns allen gut tun. Gerade weil wir nicht alles wissen und nicht alles planen können, bleibt uns oftmals nichts anderes übrig, als Optionen auszuprobieren. Oder wurde jemals ein Mitarbeiter wegen einer spontanen, unabhängigen Entscheidung gekündigt, zum Beispiel weil er einen Kugelschreiber ohne Firmenlogo kaufte?

Agiles Management geht anders, ist spontan, provokant, lebendig und unberechenbar wie ein spannendes Spiel. Mit dem Gamification-Ansatz befinden wir uns im aktiven Teil des agilen Denkens. Hier geht es nicht darum, sich als System adaptiv an die Umwelt anzupassen, sondern Fehler aktiv und spielerisch zu provozieren, um schneller als andere so viele Fehler wie möglich zu begehen, um Innovationen voranzutreiben und sich evolutionär weiterzuentwickeln.

Das Aufgehen im Spiel zeigt sich in Momenten, in denen ich als Spieler weder plane, noch nachdenke, sondern schlichtweg mache, einfach bin. Im besten Fall verwächst der Spieler mit seinem Schläger und wird eins mit ihm. Der Schläger wird zur

---

[124] Zum Beispiel hier: Hübler, Provokant – Authentisch – Agil, S. 78 ff.
[125] Vgl. Glaubrecht, S. 37, in: Grolle

GAMIFICATION STATT FEHLERMANAGEMENT

Verlängerung seines Ichs, wie der Stift, mit dem ich schreibe, ohne mir Gedanken über diesen Fremdkörper zu machen. Beginnt ein Boxer über seine Rechte und Linke zu grübeln, hat er bereits verloren. Beginnen Sie selbst, jedes Wort auf die innere Goldwaage zu legen, ist es bereits zu spät für eine kluge Antwort.

Ein guter Tennisspieler denkt nicht darüber nach, wie er seinen nächsten Aufschlag anschneiden oder ob er einen Ball „cross" oder „longline" spielen sollte. Er tut es einfach. Würde er nachdenken, wäre er zu langsam und würde verlieren. Stattdessen verliert er sich und findet sich wieder in erfahrungsbasiert-intuitiven Handlungen, die nicht trotz, sondern wegen ihrer Unreflektiertheit zu Kreativität und Sieg führen. Er geht auf in einem ernsten Spiel, in dem er als ganzer Mensch gefordert wird und sich so spielerisch weiterentwickelt. Das große Ziel ist nicht der Sieg gegen einen Gegner, sondern ein spannendes Match. Der Zweck ist die persönliche und gemeinschaftliche Weiterentwicklung der Kompetenzen aller Beteiligten: Flexibilität, Kreativität, Ausdauer, Schlagfertigkeit, Problemlösefähigkeit, Entscheidungsfreude, Geduld oder Stressresistenz. Durch das Aufgehen im Spiel wird der gemeinsame Moment so spannend und kreativ gestaltet, dass der Spieler nicht einmal merkt, wie sehr er an seinen Kompetenzen „arbeitet". Möglich wird dies, weil im Gegensatz zum Planen einer Tätigkeit wie im traditionellen Management, neben dem logischen Denken alle Ressourcen, die uns zur Verfügung stehen, eine Rolle spielen, insbesondere unsere Wahrnehmung und Intuition, die wir mitten im Gefecht ausspielen können. Die Logik alleine wäre viel zu langsam, um agil zu (re-)agieren.

Im Spielen wird weniger geplant, um stattdessen schneller in die Aktion zu kommen. Das Kontrollbedürfnis vieler Manager flüstert ihnen ein: „Plane, um sicher zu gehen, dass es so funktioniert, wie du es willst." Obwohl das Bedürfnis nach Sicherheit verständlich ist, führt es in einer agilen Welt in Sackgassen: Machbarkeitsstudien werden erstellt, um anschließend weitere Studien in Auftrag zu geben, die die Umsetzbarkeit der Machbarkeitsstudienergebnisse untersuchen. Bis dahin ziehen Jahre ins Land, die nicht nur Geld kosten, sondern auch die Frustrationstoleranz der Mitarbeiter auf eine harte Probe stellen:

- Solange geplant wird, wird nichts unternommen.
- Vorhandene Probleme bleiben ungelöst.
- Mitarbeiter wollen loslegen, dürfen jedoch nicht.

Und zu guter Letzt überholt plötzlich die Praxis auf der rechten Spur unsere ambitionierte Planung.

Warum fällt es uns so schwer, eine Entscheidung abzuschließen und in die Tat umzusetzen? Gründe dafür können sein:

- Entscheidungen ziehen Konsequenzen nach sich, mit denen ich leben muss. Planungen nicht.
- Die Wahrscheinlichkeit des Auftretens eines Fehlers und dessen Folgen innerhalb dieser Konsequenzen werden oftmals überschätzt.
- Die Sicherheit und Kontrolle, die wir durch Planungen erreichen, wird ebenso überschätzt. Entscheidungen lassen sich nie zu 100 Prozent planen.

Vielleicht denken Sie sich jetzt: Bei kleineren Projekten sehe ich das ein. Aber bei Großprojekten sollte ich perfekt planen!

Sollten ja! Aber Können? Wenn wir an Stuttgart 21, die Elbphilharmonie oder den Berliner Flughafen denken: Wurde hier gut geplant? Ich hoffe doch! Gab es Probleme? Offensichtlich! Anscheinend kann kein Plan der Welt den Ernstfall so vorbereiten, dass anschließend alles glatt läuft.

Reflexion: Planen oder Gestalten?

- *Welche Planungen gehen Ihnen auf den Geist, weil Sie immer wieder umplanen müssen?*

Wenn Sie an ein solches Projekt denken:
- *Was könnten Sie stattdessen tun? Wie kommen Sie vom Planen ins Gestalten?*
- *Was benötigen Sie unbedingt, um das Projekt zu starten?*
- *Welche Informationen sind aktuell unwichtig?*
- *Welche ersten Schritte sollten Sie ausprobieren?*
- *Welches Feedback brauchen Sie, um weiterzumachen?*

5.2 Training oder Ernstfall?

Hätte Newton die Prinzipien der Erdanziehungskraft entdeckt, wäre er nicht gemütlich unter einem Baum gesessen und hätte beobachtet, wie ein Apfel auf den Boden fällt?

Wie Newton braucht auch der selbstorganisierte, agile Mitarbeiter Freiräume, um spielerische Entscheidungen zu treffen. Erst durch die Postulierung freier Spielräume wird Entwicklung möglich. Erwartungen an Mitarbeiter müssen klar ausgesprochen werden. Doch wenn Führungskräfte keinen Schraubenschlüssel für das Gehirn der Mitarbeiter haben und diese ohnehin selbst entscheiden, ob sie einer Erwartung folgen, gilt die Maxime vom Preis, den Mitarbeiter zu zahlen haben:

GAMIFICATION STATT FEHLERMANAGEMENT

Der Mitarbeiter kann sich dazu entschließen, den Erwartungen zu folgen und eine vereinbarte Entwicklung gemeinsam anzustreben. Der Preis dafür ist ein höheres Engagement, das im agilen Umfeld mit mehr Gestaltungsfreiheiten und mehr Verantwortung vergütet wird. Oder er entscheidet sich dagegen.

Das agile Denken kommt aus dem Bereich der IT-lastigen New Economy, die naturgemäß einen schwungvolleren Arbeitsstil bis zur Selbstverleugnung an den Tag legt. Agiles Denken wird mehr und mehr in Bereichen Fuß fassen, in denen nicht alle Mitarbeiter von dieser neuen Art des Arbeitens überzeugt sein werden. In solchen Fällen sollten Sie sich als Führungskraft nach einigen Anläufen damit abfinden, dass der Mitarbeiter nur das vertraglich geregelte Mindestmaß an Leistung erbringt. Es wird Ihnen ohnehin nicht viel anderes übrig bleiben. Nachdem das geklärt ist, können Sie diesen hoffnungslosen Fall abhaken und sich fortan den wirklichen Hoffnungsträgern des Unternehmens widmen. So schlimm es klingt: Diesen unnötigen Ballast[126] nicht mehr motivieren zu müssen, setzt Energie für effizientere Aufgaben frei. Hier wünsche ich mir oft klarere Worte, zudem das Eingeständnis, dass es nicht unbedingt ein Unvermögen des Vorgesetzten ist, einen Mitarbeiter nicht motivieren zu können, sondern es auch an der Geschichte des Mitarbeiters liegen kann. So wie Führungskräfte einen Konflikt vom ihrem Vorgänger erben können, übernehmen sie ebenso das gesamte vorhandene Zusammenspiel von Rollen und gegenseitigen Erwartungen. Es kann sehr entspannend sein, sich als neue Leitung einzugestehen, für die bisherige Entwicklung und Geschichte eines Teams oder eines Mitarbeiters nichts dafür zu können.

Sollte es nicht um das Wollen, sondern um das Können gehen, ist es umso wichtiger, mit Einladungen statt Druck zu arbeiten. In solchen Könnens-Spielräumen gibt es keine direkten Sanktionen. Innerhalb klar definierter Grenzen ist alles erlaubt. Unterziele dazu lauten:

- Methoden ausprobieren
- kreativ sein
- sich selber testen
- Grenzen erforschen und ausloten

---

[126] Führungskräfte empfinden es als Ballast. Die Mitarbeiter selbst haben in der Regel gute Gründe, so zu handeln, wie sie handeln.

TRAINING ODER ERNSTFALL?

> **Ein Blick in die Evolution 11:**
> **Einfach mal was ausprobieren**
>
> Die Evolution probiert immer mal wieder was Neues aus. Bewährt es sich, wird es beibehalten, wie wir es von Nacktkatzen, Nasenaffen, Aye-Aye-Männchen, Flughunden, Riesenasseln und Nacktmullen kennen. Wenn nicht: weg damit. Der Megalodon bewährte sich Millionen von Jahren. Immerhin putzte er eine Menge Wale weg und hielt so das ökologische Gleichgewicht im Meer in Balance. Doch irgendwann war Schluss. Der Weiße Hai war schlichtweg schneller, flexibler und wendiger. Bye bye, Megalodon.

BEISPIEL: DIE NIEDERLÄNDISCHE EISENBAHN

2004 kämpfte die Niederländische Eisenbahn mit ähnlichen Pünktlichkeitsproblemen wie die Deutsche Bahn.[127] Nach langem Hin und Her konzentrierten sich die Manager der Bahn auf die Personen, die am besten wissen mussten, wie sich Zeit sparen und dies schnell und realistisch umsetzen ließ: die Lokführer. Die Manager überredeten die Lokführer dazu, einen Zeitsparmaßnahmen-Wettbewerb mit Punktekonten zu veranstalten. Daraufhin wurden die unterschiedlichsten Ideen getestet, beispielsweise Klappsitze im Eingangsbereich zu entfernen oder unterschiedlich schnell in den Bahnhof einzufahren. Nicht alles, was von den Lokführern ersponnen wurde, brachte den erwünschten Erfolg, nämlich eine Zeitersparnis. Doch auf manch kreative Idee wären sie anders niemals gekommen.

Gleicht Arbeiten einem Agieren in engen Grenzen, deren Verlassen Sanktionen nach sich ziehen, erfordert eine spielerische Auseinandersetzung mit Aufgaben begrenzte Freiräume ohne Sanktionen. Gerade in der Möglichkeit des Scheiterns zeigt sich, wie wichtig eine spielerische Herangehensweise für die Kreativität ist: Ohne potenzielle Fehler und die Möglichkeit des Scheiterns gibt es keine Innovationen – erst recht nicht im Spiel. Gamification heißt Ausprobieren ohne Strafandrohung. Dazu muss klar sein, wo diese Spielräume beginnen und wo sie enden:

[127] Vgl. Gillert, S. 13 ff.

GAMIFICATION STATT FEHLERMANAGEMENT

> *In einer Schreinerei ertönt ein Schrei. Der Meister geht rüber und fragt, was passiert sei. Der Lehrling zeigt seine blutende Hand, an der ein Finger fehlt, und meint: „Ich weiß auch nicht! Ich habe ein Brett genommen, so eines, und einfach so gemaaahhhh ..."*

Es gibt Fehler, die sollten wir nicht wiederholen. Und es gibt Fehler, die sollten niemals passieren. Gerade deswegen brauchen wir Spielräume in festen Grenzen, um derart fatale Fehler zu vermeiden.

Spielräume auszuloten, nennen wir es das Testen eines Prototypen, ohne sich auf feststehende Basisprinzipien und -kompetenzen zu berufen, würde Spielen die Sicherheit nehmen. Ein Mitarbeiter muss wissen, wie Prozesse normalerweise ablaufen und sich darauf verlassen können. Auf der anderen Seite ist es wichtig, die Grenzen der Spielräume zu kennen, zum Beispiel durch Werte. Zumindest Leib und Leben sollten nicht auf dem Spiel stehen.

Auf das Beispiel der Niederländischen Eisenbahn übertragen gab es drei Maximen:
1. Kunden dürfen nicht gefährdet werden.
2. Waren sich die Lokführer unsicher, konnten sie mittels eines direkten Drahts mit dem Management Fragen klären. Sie präsentierten auf diesem kurzen Dienstweg ihre Ideen, diese wurden innerhalb weniger Stunden ohne Zwischenstationen abgesegnet, wodurch sie das sofortige OK zum Testen bekamen.
3. Kleinere Aktionen konnten sie sofort ausprobieren.

Die Klappstühle wurden wieder eingebaut, da sie zum einen nicht die erhoffte Zeitersparnis einbrachten und zum anderen der Komfort von Kurzzeitreisenden erheblich beschnitten wurde. Bei den Klappstühlen handelte es sich um eine suboptimale Idee. Also weg damit. Der Kostenaufwand zum Ausprobieren hielt sich in Grenzen. Immerhin führte die Idee des unterschiedlich schnellen Einfahrens zu einiger Zeitersparnis.

5.2.1 Training und Probehandeln

Die Erlaubnis, Freiräume für Probehandlungen zu haben, erzeugt in Teams und Mitarbeitergesprächen eine Atmosphäre des Trainings vor einem großen Kampf. Im Training kann ein Mitarbeiter ehrlicher sein als vor dem Kunden. Dort muss er gegebenenfalls so tun, als ob er sich zu 100 Prozent sicher ist, wie ein Produkt funktioniert. Dort hat die Ehrlichkeit Grenzen. Es wäre geschäftsschädigend, dem Kunden die persönlichen Bedenken auf die Nase zu binden. Sind diese vorhanden, müssen sie vorab geklärt werden.

In der Biologie gelten unvorhersehbare, proteische[128] Haken und Sprünge aufgrund ihrer Verspieltheit als untrügliches Zeichen für Jugendlichkeit, Kraft und Vitalität. Tiere wissen jedoch genau, wann ein spielerisches Verhalten als Möglichkeit, etwas Neues zu lernen angebracht ist. Auf Beutejagd (oder Kundenjagd) ist es wenig sinnvoll, herumzutollen, um eine neue Rolle vorwärts zu lernen.[129] Während eine spielerische Vitalität in der Biologie ein klares Signal an die Damenwelt ist – „Nimm mich! Ich habe gesunde Gene!" –, können wir eine organisatorische, spielerische Vitalität als eindeutiges, unverfälschtes Zeichen an die Share- und Stakeholder betrachten, sofern die Mischung passt.

Ein Boxer, der im Ring Unsicherheiten zeigt, hat schon verloren. Im Training werden diese Unsicherheiten zum Thema der persönlichen, vitalen Verbesserung. Im Sport sind die Grenzen zwischen Training und Wettkampf klar geregelt. Sich im Training für seine Schwächen zu schämen, wäre nicht nur dumm, sondern fahrlässig. Im Team müssen diese Grenzen deutlich gezogen werden, um die Erlaubnis zum Spinnen zu bekommen.

Dabei konnten Studien belegen, dass Kreativität nicht nur aus Genialität besteht, sondern auch aus der Macht der großen Zahlen. Miller führt dazu das Beispiel des Psychologen Hans Eysenck an, der über 100 Bücher schrieb, von denen einige sehr gut, andere nur Durchschnitt waren. Auch Picasso war ein genialer Maler. Ob jedoch alle seiner 14.000 Gemälde herausragend sind, kann bezweifelt werden.[130]

In Organisationen wird diese Grenze zwischen verspieltem Probehandeln und Ernst zu selten gezogen. Dort lautet das Credo: Schwächen im Umgang mit Kunden zuzugeben ist peinlich und verbaut mir Karrierechancen. So werden Schnürsenkel ausgetauscht, obwohl der Schuh neu besohlt werden sollte.

Wie im Agilen Management nutzt es nichts, Gamification-Elemente ohne Werte- und Haltungsfundament in den Arbeitsalltag einzubauen. Es kann sogar schädlich sein, wenn spielerische Maßnahmen zur Motivationssteigerung unter dem Deckmantel des Gamification-Ansatzes verkauft werden. Assessment-Center jonglieren mit Spielelementen, die keinesfalls freiwillig sind im Sinne von: Ich kann nichts verlieren. Da Spiele jedoch die Lebendigkeit des Menschen antriggern, ist der anschließende Verlust umso größer. Auch wenn Burger-Ketten mit Feedbacksystemen arbeiten, die ein Versagen auf einen für jedermann sichtbaren Bildschirm projizieren, kann von Freiwilligkeit nicht die Rede sein. Spiele geraten so zu Zwangsveranstaltungen, die umso subversiver sind, da sie den ganzen Menschen an den Pranger stellen. Die Menschlichkeit wird damit pervertiert.

---

[128] abgeleitet vom Gestaltwandler Proteus
[129] Vgl. Miller, S. 247 ff., in: Sentker/Wigger
[130] Vgl. ebd. S. 250, in: Sentker/Wigger

Öffnen Sie mit Trainingseinheiten, verrückten Ideen und Testläufen im Team die Bereitschaft Ihrer Mitarbeiter, sich offen und ehrlich in den Sparring zu begeben, dürfen ihnen daraus später keine Nachteile erwachsen.

Reflexion: Trainingseinheiten und Gedankenspiele

Mit welchen Gedankenspielen zwischen vollkommenem Scheitern und glorreichem Erfolg könnten Sie in Ihre nächste Teamsitzung oder ein Mitarbeitergespräch gehen?

Es darf ruhig extrem sein, zum Beispiel: „Was müssen wir tun, um unseren wichtigsten Kunden zu verlieren?" Oder persönlicher: „Sie sitzen nächsten Monat auf meinem Stuhl und ich auf Ihrem. Was ist passiert?"

Am besten, Sie erarbeiten die spielerischen Worst-Case- und Best-Case-Fragen gemeinsam mit Ihrem Team.

5.2.2 Spielen bedeutet Wachsen

Oberflächlich betrachtet verfolgen manche Spiele keinen konkreten Zweck außer dem Spiel selbst. Computerspiele wie *Bioscopia* oder *Botanicula* geleiten den Spieler durch fremde Welten. Hier steht der Spaß im Vordergrund. Und dennoch vermitteln sie auf eine natürlich-spielerische Art biologische Zusammenhänge.

Workshops, kreative Phasen in Projekten und unternehmerische Planspiele bewegen sich ebenso in der Welt des Als-ob – in einer Welt, in der mögliche Konsequenzen des Handelns getestet werden, ohne dass es um essentielle Dinge geht, wie das reale Leben, eine mögliche Kündigung, den Verlust eines Kunden oder das Riskieren großer Geldsummen.

Dennoch haben Spiele Auswirkungen auf die Zeit danach. Im Spiel werden Regeln, Selbstbeherrschung und Rollen eingeübt. In einem Spiel wie *World of Warcraft* lernen Spieler, sich an Regeln des Aufbauens, Anbauens und Erntens zu orientieren, sich in monatelanger Kleinstarbeit eine Identität aufzubauen und letztlich in diese fremde Identität zu schlüpfen. Warum sollten die Spieler Fähigkeiten wie Selbstreflexion, -kontrolle und Geduld im realen Leben vergessen?

Spielen erweitert, ähnlich wie Humor, die Denkketten im Gehirn. Das Testen verschiedener Möglichkeiten macht den Handelnden klüger. Er merkt sofort, was funktioniert und was nicht. Das hilft ihm, seine neu erworbenen Kompetenzen und Potenziale in einer ähnlichen, realen Situation später besser einzuschätzen. Der Vergleich von Nobelpreisträgern und Schwerverbrechern ergab sogar einen deutlichen Unterschied in den jeweiligen Spielerfahrungen.

Wer mehr spielt, auch als Erwachsener, wird klüger und kann mit komplexen Situationen besser umgehen. Wer in Workshops und kreativen Brainstormings verrückte Prototypen erfindet, wird ebenso in der realen Welt einige Nasenlängen voraus sein: Alles schon mal dagewesen. Ich muss es lediglich wieder reaktivieren.

Zusätzlich könnten im spielerischen Ausprobieren spannende Abfallprodukte entstehen.

Ein Blick in die Evolution 12:
Große Erfindungen als Abfallprodukte

Waren Vogelfedern seit jeher dazu gedacht, Vögel in die Lüfte zu bringen? Laut einer spannenden Hypothese waren Federn als Flug-Ermöglicher nur ein Abfallprodukt der Evolution. Doch der Reihe nach: Zunächst traf eine Kältewelle auf die gerade dem Wasser entstiegenen Reptilien. Sie hätten dickere Schuppen ausbilden können, was jedoch das Problem nur unzureichend gelöst hätte. Zur gleichen Zeit vermehrten sich Insekten auf der Erde in rapider Weise. Insekten wiederum als Hauptnahrungsquelle enthalten eine Menge Eiweiß, einen Stoff, der zur Produktion von Federn benötigt wird. Hätten die Reptilien das Eiweiß einfach verstoffwechselt, hätte sich in ihrem Körper eine Menge giftiger Schwefelwasserstoff angesammelt. Nicht so schön. Idealer war es, die schwefelhaltigen Stoffe in die Federproduktion einfließen zu lassen, das heißt in Federn, die zuerst als Wärmedämmung und später zum Fliegen dienten.[131]

Doch auch hier ist die Trennung zwischen Prototyp und Realität enorm wichtig. Die Federn sollten zuerst ausprobiert werden, bevor wir uns eine Klippe hinunterstürzen.

Wie schmal der Grad zwischen den Welten des Als-ob und der Realität sein kann, zeigen zwei Fälle aus der jüngeren Geschichte:

BEISPIELE:

Zwei Negativ-Beispiele: Man(n) kann es auch übertreiben

Als im Jahr 2007 Jérôme Kerviel von der Bank Société Generale 5 Milliarden Euro an der Börse verzockte, überschritt er die Grenze zwischen Spiel und Ernst mit Siebenmeilenstiefeln.

Als sich Uli Hoeneß 2013 wegen Steuerhinterziehung selbst anzeigte, erkannte er immerhin, dass er diese Grenze überschritten hatte. Er zog die Reißleine seiner süchtig machenden Zockereien an der Börse, bevor ihn dieses „Spiel" mit in den Abgrund gezogen hätte.

---

[131] Vgl. Reichholf, S. 100 f., in: Sentker/Wigger

5.2.3 Improtheater: Annehmen statt Blockieren

Eine spannende und spielerische Art des Wachstums von Ideen zeigt sich im Improtheater. Die wichtigste Regel dort lautet: Annehmen! Niemals blockieren! Niemals Nein sagen. Die Übungen dazu, um in einen gemeinsamen Ja-Flow zu kommen, beginnen mit einem ritualisierten „Klingt gut" oder „Ja genau":

- Lass uns Ball spielen.
- Klingt gut. Wir könnten drinnen bleiben und den härtesten Ball nehmen, den wir haben.
- Klingt gut. Wir würden in der Küche beginnen.
- Klingt gut. Unsere Küche ist klein, aber das macht nichts. Umso besser. Das wird ein riesiger Spaß.
- Klingt gut. Wir werden erstmal auf die Wandteller zielen.
- Klingt gut ...

Was passiert, wenn ein Spieler blockiert und damit das Angebot des anderen ablehnt?

- Lass uns Ball spielen.
- Klingt gut. Wir könnten drinnen bleiben und den härtesten Ball nehmen, den wir haben.
- Ich will lieber draußen spielen.
- OK. Spielen wir draußen.
- Wir nehmen den Ball und gehen auf die Wiese.

Sobald ein Spieler blockiert, wird der kreative Fluss unterbrochen. Es ist normal, dass jeder Spieler mit seiner eigenen Vorstellung startet. Er sollte davon Abstand nehmen, die Ideen seines Gegenübers einzubauen. Ansonsten fährt sich der Kampf um die besten Ideen fest.

In der realen Welt müssen Sie nicht alles gut finden, insbesondere, wenn Sie Führungskraft sind. Dennoch sollten Sie lernen, die eigenen Pläne loszulassen und sich auf fremde Ideen einzulassen, um gemeinsam an einer richtig großen Vision zu basteln.

Der Gedanke des Annehmens eines Angebots beinhaltet ein „Sich-aufeinandereinlassen". Hier gilt die Tit-for-Tat-Regel: Ich nehme dein Angebot an und lasse mich auf dich ein, erwarte aber von dir, dass du dich auf meine Ideen ebenso einlässt. Wenn nicht, weise ich beim nächsten Mal deinen Vorschlag ab.

Spieler A wollte im obigen Beispiel in der Wohnung bleiben. Sein Vorschlag wurde jedoch abgelehnt. Wie ergeht es ihm dabei? Wie hoch ist die Wahrscheinlichkeit, dass er auf den Gegenvorschlag eingehen wird? Wie hoch ist die Wahrscheinlichkeit, dass er erneut einen eigenen Vorschlag platzieren wird?

Er wird sich zurückgewiesen fühlen. Spieler B hingegen tritt dominant mit seinem Vorschlag auf, nach draußen zu gehen. Nimmt A den Vorschlag von B nicht an, befinden wir uns sofort in einer Pattsituation:

- Drinnen
- Draußen
- Drinnen
- Draußen
- Drinnen
- Draußen

Eine Situation, die wir zu gut kennen. Lässt B jedoch von seiner Draußen-Vision ab, vertraut er darauf, dass A einen ebenso guten Plan hat und steckt demütig zurück. Im nächsten Moment kann er seinerseits einen Akzent setzen, indem er vorschlägt, in die Küche zu gehen usw.

Das gepflegte Scheitern

Im Improtheater gibt es kein Scheitern. Das Loslassen einer Idee bedeutet nicht, dass ich scheitere, weil ich mich stattdessen auf mein Gegenüber einlasse.

Übertragen auf größere systemische Kontexte bedeutet dieses agile Einlassen auf eine Situation kein Scheitern, sondern ein flexibles Reagieren auf Informationen, die ich zuvor nicht hatte. Die Situation wirkt dabei wie ein Feedback, das mir hilft, mich, mein Team und meine Organisation weiterzuentwickeln.

> **Übung I: Experteninterview**
>
> Zwei Teammitglieder bilden gemeinsam ein Expertenteam. Sie bekommen vom Restteam Namen und Funktion einer Erfindung vorgegeben. Ihre Aufgabe besteht darin, gemeinsam Entwicklung und Details ihrer Erfindung zu schildern. Die einzige Regel dazu lautet: Ein Teammitglied beginnt mit den Schilderungen. Sobald es nicht mehr weiter weiß, hakt das nächste Mitglied ein mit den Worten „Ja, genau" und erzählt weiter.

> **Übung II: Hollywood-Film**
>
> Zwei Teammitglieder bilden gemeinsam ein Regisseurteam. Sie bekommen vom Restteam Titel und Genre eines Hollywood-Films vorgegeben. Ihre Aufgabe besteht darin, gemeinsam Entwicklung und Details des Films zu schildern. Die einzige Regel dazu lautet: Ein Teammitglied beginnt mit der Erzählung. Sobald es nicht mehr weiter weiß, hakt das zweite ein mit den Worten „Klingt gut" und erzählt weiter.

Beide Übungen trainieren das Annehmen und Weiterspinnen von Ideen.

5.3 Spielerische Feedbacksysteme

In der realen Welt würden wir einen Ball nehmen und in das nächste Loch werfen. Kommt jemand auf die Idee, mithilfe eines L-förmig gebogenen Metallschlägers einen kleinen Ball von Loch zu Loch durch Wälder, Sandkästen und Teiche über eine kilometerweite Grünfläche zu schlagen, nennen wir es Golf. Idiotisch, oder nicht? Je komplizierter die Spielregeln und je ausgefuchster die Hindernisse sind, desto höher erscheint der Reiz, es dennoch zu schaffen.

Spielprozesse sind nicht vorbestimmt. Ständig passiert etwas, auf das wir reagieren müssen. Das fördert die Reaktionsfähigkeit, Stressresistenz, den Umgang mit Krisen sowie die Spannung: Was passiert als nächstes? ... und damit die Motivation.

In einem Umbauprozess sollten alle mittleren Führungskräfte eines Konzerns mit im Boot sein. Der typische Ablauf, wie wir ihn alle kennen, funktioniert so:
1. Die Ziele werden vom Topmanagement auf einer Tagung präsentiert.
2. Ein Teil der Führungskräfte findet die neue Ausrichtung wunderbar. Endlich passiert etwas. Der andere Teil denkt sich: „Auch das geht vorüber."
3. Der erste Teil versucht die Ideen umzusetzen, stößt jedoch auf Widerstand.
4. Nach wenigen Monaten versanden die neuen Ideen im Getriebe der Alltagsfakten.

Der Vorstand gibt vor. Die Mitarbeiter haben es umzusetzen. Funktioniert es nicht, folgen für beide Seiten frustrierende Feedbackgespräche. Und alle fragen sich, warum es nicht klappte. Wieder einmal. Warum sind die Mitarbeiter so veränderungsresistent? Und warum ist das Topmanagement so weltfremd?

SPIELERISCHE FEEDBACKSYSTEME

Arne Gillert beschreibt eine etwas andere Vorgehensweise:
Eines Morgens lag auf jedem Schreibtisch der Führungskräfte ein iPod mit Interviewfragen:[132]

- Was ist Ihnen in Ihrer Arbeit besonders wichtig?
- Wo sollten wir in den nächsten fünf Jahren stehen?
- Worüber freuen Sie sich am meisten?
- Was nervt Sie in der Arbeit am meisten?
- Welche Termine in Ihrem Kalender halten Sie für besonders wichtig?
- Welche Weichenstellungen sind in den letzten Jahren passiert?
- Warum haben Sie damals bei uns angefangen?

Die Teilnahme war freiwillig. Selbst wenn nicht, muss klar sein, dass Führungskräfte ein Recht darauf haben, dass ihre Aussagen nur mit ihrer Einwilligung veröffentlicht werden. Wer mitmachte, nahm am Gestaltungsprozess teil und bekam jede Woche einen neuen Input als iPod-Einspieler. Und wer als Führungskraft nicht gestalten will, hat wohl seinen Beruf verfehlt.

Gute Spiele fordern das Maximum eines Spielers. Er befindet sich damit stetig am oberen Ende seines „Gerade noch schaffbar"-Gefühls, obwohl es sich nicht nach Stress anfühlt. Level für Level wird der Stresspegel leicht erhöht, um die Kontrolle über das Spiel zu erhalten. Das ist das Geheimnis des Gamification-Ansatzes, weshalb er zum Heiligen Gral mancher unternehmerischer Ausbeuter wird.

Für manche Führungskräfte waren Fragen und Methode so realistisch wie ein Besuch in einem urzeitlichen Jurassic Park. Wollte oder konnte eine Führungskraft eine Frage nicht beantworten, machte das nichts. Dafür beantwortete sie die nächste umso ausführlicher. Wer sich nur dem widmet, wozu er am meisten zu sagen hat, behält jederzeit die Kontrolle.

Später wurden die auditiven Ideen zum Umbauprozess im Rahmen gemeinsamer Workshops aufgearbeitet und ausgewertet. Das Feedback kam damit nicht von oben, sondern – ähnlich wie in *Tetris* – vom System.

Ein paar weitere Beispiele: Oklahoma City bekam Anfang der Jahrtausendwende die zweifelhafte Auszeichnung als zwanzigdickste Stadt der USA. Daraufhin beschloss der Bürgermeister, seine Stadt spielerisch auf Diät zu setzen. Er ließ Fahrradwege bauen, bot Fitnessprogramme an und richtete eine Webseite mit einem Zähler ein. Jeder konnte sich eintragen. Zu große Zahlen auf einmal einzutragen war nicht erlaubt, um Manipulationen vorzubeugen. Das epische Ziel: Eine Million Pfund ab-

---
[132] Vgl. Gillert, S. 275 ff.

GAMIFICATION STATT FEHLERMANAGEMENT

specken. Der Effekt: Oklahoma schaffte es innerhalb von vier Jahren und drei Monaten auf Platz 5 der gesündesten Städte der USA.[133]

Das Laufsystem Nike+ arbeitet mit Echtzeitdaten, einem Levelsystem, einem Avatar im Internet, gemeinsamen Spielaktionen und Wettbewerben zu einer gemeinsamen epischen Erdumrundung. Bei beiden Systeme bin ich frei, als Einzelperson mitzumachen. Steige ich nicht ein, erfahre ich keine Sanktionen, sondern bleibe schlimmstenfalls bei meiner nicht vorhandenen Fitness und behalte mein Körpergewicht.

Auch in Workshops und Projekten sollte es deshalb Introvertierten erlaubt sein, sich nicht jederzeit einbringen zu müssen. Manche Mitarbeiter haben andere Qualitäten, als in Brainstorming-Runden über spritzigen Ideen zu brüten und kreative Prototypen zu entwickeln. Aus meiner Erfahrung sind es jedoch gerade die Introvertierten, die zum Schluss leise die alles toppende Idee auf den Tisch schieben. Zurückhaltenden Menschen fällt es allerdings oftmals leichter, wenn sie im Team Szenarien mit Playmobilfiguren und Brücken, Seen oder Hügeln als Hindernisse zur Zielerreichung aufstellen können.

Auch Sie sollten Rückmeldungen vom System bekommen: Ich bin Teil eines großen Ganzen, einer Erdumrundung, der Verbesserung des Rufes meiner Heimatstadt oder der Herstellung eines einzigartigen neuen Produkts.

Was lernen wir aus diesen Beispielen? Wenn Sie es als Führungskraft schaffen, automatische, spielerische Feedbacks aus dem System zu installieren, haben Sie kaum Weiteres zu tun, als die Strukturen in Ihrer Abteilung so anzupassen, dass die Rückmeldungen auch in Zukunft fließen.

Reflexion: Automatisierte Feedbacksysteme

Verbunden mit der 4R-Methode aus Kapitel 1.7.6: Was können Sie tun, um automatische Rückmeldungen zu fördern?
- *Welche **Rollen** im Team könnten Sie installieren?*
- *Welche **Richtlinien** und **Regeln** könnten Sie festlegen?*
- *Wie lassen sich Feedbacks als **Ritual** einführen?*

---

[133] Vgl. Verspielte Welt, 3Sat-Dokumentation

5.4 Der epische Rahmen als Bindungskitt

Erfolgreiche Spiele kreieren einen Mythos und werden getragen durch eine epische, Ehrfurcht gebietende Rahmenhandlung, die mit der Zielerreichung verbunden ist. Oft gilt es, die Welt zu retten, im Großen oder Kleinen.

Im echten Leben kennen wir dafür den Bau einer großen Kathedrale, der Chinesischen Mauer oder des Tempels von Göbekli Tepe – konstruierte epische Orte, die erst durch das Zusammenspiel von Gemeinschaft, Geheimnis, Stolz, Spannung, Neugier und Ehrfurcht möglich wurden.

Epische Ziele sind eng verbunden mit Sinnerleben:

Ein Mann läuft durch die Straßen einer Stadt. Als er auf einen Maurer trifft, fragt er diesen: „Guter Mann, was machen Sie hier?" – „Ich weiß nicht, aber sie sagten zu mir, ich soll hier eine Mauer errichten. Also setze ich Stein auf Stein." Der Mann trifft nach wenigen Schritten auf einen weiteren Maurer. Dieser antwortet ihm: „Ich helfe mit, hier eine Kirche zu bauen." Der Mann läuft wieder ein paar Schritte und fragt schließlich den dritten Maurer. Dieser antwortet: „Wissen Sie, ich lebe schon seit vielen Jahren in dieser Stadt. Früher stand hier eine Kirche. Doch als es vor zwei Jahren ein schweres Erdbeben gab, wurde sie so sehr beschädigt, dass sie abgerissen werden musste. Seitdem fahren die Menschen aus der Stadt in die nächste fünf Kilometer entfernte Ortschaft, um dort zu beten. Vor allem für die alten Menschen ist es sehr mühsam, mit dem Bus dorthin zu kommen. In einem Jahr wird unsere Kirche wieder in neuem Glanz erstrahlen."

Die Frage, welcher epische Rahmen am sinn-haftesten, am wert-vollsten, am tragfähigsten, am motivierendsten ist, brauche ich nicht zu stellen. Damit wird abermals deutlich, wie eng das spielerische Denken mit dem realen verknüpft ist: Die Ernsthaftigkeit wird hierdurch nicht gefährdet. Im Gegenteil: Der epische Rahmen verleiht dem „spielerischen" Steinesetzen eine Wertschöpfung, die den dritten Maurer mit allen Kollegen und Bewohnern der Stadt, die ähnlich fühlen und denken, verbindet, am Ende sogar mit Gott.

Diese Bindung wird zusätzlich durch einen Hebel verstärkt, wofür die Spielewelt einen besonderen Begriff prägte: „Naches" kommt aus dem Jüdischen und bedeutet Familienstolz. In der Spielewelt wird er übersetzt mit „stellvertretender Stolz". Das Naches-Prinzip greift, wenn ich einem Mitspieler oder Kollegen etwas erkläre und anschließend beobachte, wie ihn meine Anleitungen voranbringen. Gemeinschaftsspiele bekommen damit eine positive Auswirkung auf das Sozialleben der Spieler.

GAMIFICATION STATT FEHLERMANAGEMENT

Der epische Rahmen macht aus Einzelkämpfern Kooperationskämpfer für das Wahre, Gute und Schöne, eine Redewendung, die auf Platon zurückgeht. Das Wahre war für Platon die objektive Wahrheit, die sich mit unserem Verstand prüfen lässt, in unserem Fall die kreativen Lösungen, die ein Team erbringt, um im Spiel weiterzukommen. Mit dem Guten verband er die gemeinsame Einigung auf Regeln, Moralvorstellungen, Handlungsprinzipien und Grundsätze, die das Team zusammenhalten. Mit dem Schönen schließlich bezeichnete er das individuelle Empfinden für Ästhetik.

Damit schließt sich an dieser Stelle der Kreis zwischen den individuellen Erfahrungen einzelner Teammitglieder, die sich im *Schönen* widerspiegeln, vermeintlich objektiven Fakten, die das Team im gemeinsamen *Wahren* findet, sowie im *Guten* die übergemeinschaftlichen Moralvorstellungen, die die Werte einer Organisation repräsentieren. Eine Verbindung im Team, die gerade in einer agilen Welt enorm tragend sein kann.

Reflexion: Die große Idee als epischer Rahmen

Erinnern Sie sich an die Idee, die alles zusammenhält? Unser Schiff auf dem großen Ozean:
- *Wie schafft es die Idee oder der epische Rahmen, Ihr Team zusammenzuhalten?*
- *Was an diesem Rahmen ist wahr, gut und schön?*

5.5 Design Thinking: Über Personae und Prototypen

Das besondere am Design Thinking[134] aus agiler Sicht und im Vergleich zu anderen Kreativmethoden ist das Hineindenken in die Bedürfnisse einer Zielgruppe sowie der spielerische Umgang mit Fehlern. Nicht umsonst lautet eine Maxime im Design Thinking: Fail often and early!

Auch andere Maximen stehen auf einer Linie mit dem Agilitätsgedanken:[135]
- Leave your titles at the door.
- Build on ideas of others. (Klingt nach Improtheater!)
- Avoid criticism.

---
[134] Vgl. Gerstbach sowie Grots/Pratschke
[135] Vgl. Erbeldinger, S. 180, in: Sattelberger et al.

Ich möchte Ihnen in diesem Kapitel die verschiedenen Phasen eines Design Thinking-Prozesses anhand des Themas der Digitalisierung nahelegen.

In Prototypen denken

Das Denken in Prototypen entspricht der Philosophie des agilen Denkens moderner Unternehmen: Nichts ist für die Ewigkeit.

> **Ein Blick in die Evolution 13:**
> **Das Unperfekte ist besser für Veränderungen geeignet**
>
> 99,9 Prozent aller evolutionärer Linien, die jemals die Erde bevölkerten, waren offensichtlich nicht flexibel genug, vielleicht sogar zu perfekt.[136]
>
> Perfektionismus ist evolutionär nicht vorgesehen. Der Grund ist banal: Das Unperfekte besitzt Potenziale in mehrere Richtungen, die es je nach Umwelteinfluss ausbilden oder eindämmen kann. Das Unperfekte kann sich auf sein Umfeld einstellen, während das Perfekte bereits zu Ende entwickelt ist. Verändern sich die Umweltbedingungen, kann es Glück oder Pech haben. Es kann als Gewinner oder Verlierer aus der Situation herauskommen.

Das soll nichts mit einer geplanten Obsoleszenz zu tun haben, wenn auch gerade Bücher zum Thema Agilität durch eine besondere Rechtschreibfehlerfreundlichkeit aufzufallen scheinen. Neben diesen bisweilen schmerzlichen Kollateralschäden bleibt als agiles Argument bestehen, dass ein Produkt, dessen Entwicklungszyklus zu lange dauert, bereits obsolet ist, wenn es auf den Markt kommt. Und ein Kunde, der genau jetzt ein Problem hat, gibt sich nicht damit zufrieden, auf die interne Verbesserung und Weiterentwicklung in der Wertschöpfungskette zu warten. Er benötigt jetzt eine Lösung, auch wenn sie nicht die beste ist. Und doch könnten wir aus solchen Adhoc-Lösungen, sofern sie sauber dokumentiert werden, eine Menge lernen. Sich hinter einer Kette der Entscheidungshierarchie zu verstecken, wird ihn mit Sicherheit nicht befriedigen.

Auf der Organisationsentwicklungsebene bieten Prototypen damit die Möglichkeit, komplexe Themen auf ihre wesentlichen Aspekte herunterzubrechen, Kernpunkte zu bearbeiten und damit schneller zu etablieren. Auch nach einer Kick-off-Veranstaltung ist es sinnvoller, wie wir es im Kapitel Gamification gesehen haben, im

---
[136] Vgl. Mayr, S. 47 f., in: Sentker/Wigger

GAMIFICATION STATT FEHLERMANAGEMENT

Rahmen eindeutig abgegrenzter Experimentierfelder, Prototypen auszuprobieren, um zu testen, was sinnvoll ist und was nicht, bevor die Motivation nach der ersten Aufbruchstimmung im Keller versickert.

Um dies zu verhindern, besticht Design Thinking durch drei Komponenten:
1. Die Sichtweise einer konkreten Zielgruppe führt zu klaren Zielausrichtungen, die sich an der Nutzungsumwelt eines Produkts oder einer Dienstleistung orientieren und damit die Entwicklungs- und Anpassungsfähigkeit eines Teams fördern. Mit Zielgruppen und Kunden sind hier ausdrücklich externe und interne Zielgruppen und Kunden gemeint.
2. Das Denken in Prototypen macht kreative Erkenntnisse greif- und erfahrbar.
3. Der Prozess ist offen. Sprünge zwischen den verschiedenen Schritten sind jederzeit erwünscht.

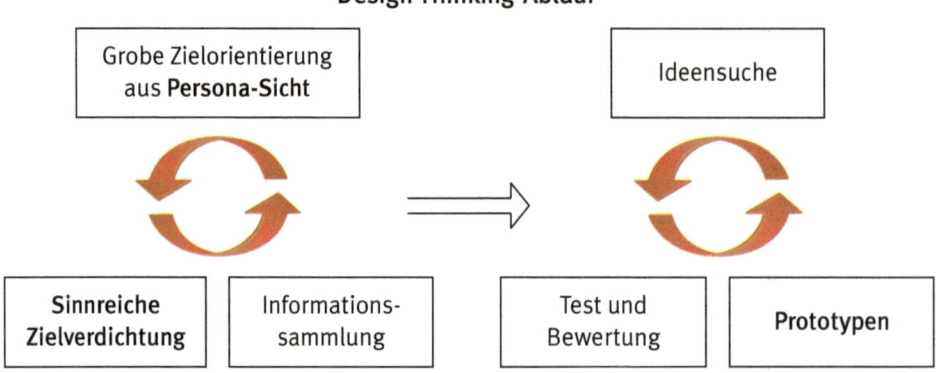

Notwendige Eigenschaften für Design Thinking-Prozesse

Als Grundvoraussetzung für Teamprozesse mit Design Thinking sollten die Teammitglieder

- offen und neugierig mit möglichen Fehlern umgehen,
- prozess- statt zielorientiert vorgehen,
- gerne interdisziplinär arbeiten, um unterschiedliche Denk- und Herangehensweisen zu lernen,
- kollaborativ und feedbackoffen miteinander umgehen sowie
- experimentellen, kreativen, bildhaften, intuitiven und manchmal verrückten Verfahrensweisen offen gegenüberstehen.

5.5.1 Grobe Zielorientierung aus Sicht der Nutzer

Der kreative Prozess im Design Thinking beginnt mit dem Abgleich von Fragen aller Beteiligten sowie möglicher Nutznießer kreativer Ergebnisse. Am Beispiel Teamentwicklung im Rahmen der Digitalisierung:

1. **Personen**/Wer/Für wen: Wer wird am meisten profitieren, wenn wir uns in Richtung Selbstmanagement weiterentwickeln? Wer am wenigsten? Welche konkreten Personen sind daran beteiligt? Auf wen hat es Auswirkungen?
2. **Innovation**/Was: Was wollen wir erreichen? Was soll verhindert werden?
3. **Nutzen**/Wofür: Wie sieht der interne Nutzen unserer Entwicklung aus? Ebenso interessant ist der organisatorische und gesellschaftliche Nutzen durch unsere potentielle Entwicklung.
4. **Kerngedanke**: In einem Satz: Um was geht es bei unserer Teamentwicklung?

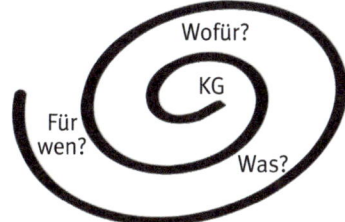

Beschreibung der Personae

Um sich in Personen, die nicht aktiv am Innovationsprozess beteiligt sind, intensiv hineinzudenken, ist es sinnvoll, diese möglichst detailliert zu beschreiben:

- Alternative, Geschlecht, Familienstand, Familiengröße
- Arbeit, Interessen, Hobbys, Fähigkeiten, Erfahrungen, Urlaubsvorlieben
- Abneigungen, Internet-/Medien-Affinität, Vernetzung, Freunde, Ehrenämter
- Erwartungen an das Produkt, Loyalität als Käufer/Konsument
- Ziele, Lebensträume

Im Design Thinking hat sich dazu der Begriff der Persona oder Personae[137] durchgesetzt.

---

[137] Im Lateinischen heißt es „personae" als Plural von „persona". Gängiger ist zwar das anglizistische „personas", ich habe mich jedoch für die korrekte Schreibweise entschieden.

GAMIFICATION STATT FEHLERMANAGEMENT

Anstatt detaillierter Beschreibungen reicht es oft aus, grobe Rollenbeschreibungen heranzuziehen, um die Folgen einer Innovation oder Entwicklung aus unterschiedlichen Perspektiven zu betrachten. Im Fall der Einführung von Digitalisierungsmaßnahmen sind dies beispielsweise analoge Bewahrer, digitale Nachzügler und digitale Pioniere.

Zusätzliche konkrete Perspektiven zum Thema Teamentwicklung vor dem Hintergrund der Digitalisierung sowie allgemein können sein: CEO, Bereichsleiter, Abteilungsleiter, Teamleiter, Kunden, Lieferanten und Kooperationspartner.

Die Perspektive aus Personae-Sicht ist nicht neu und führt das weiter, was de Bono bereits in den 1970er-Jahren mit seinen Denkhüten betrieb: Welche Sichtweisen in einem kreativen Prozess nehmen ein Ängstlicher, Visionär, Kreativer, Pragmatiker und Schwarzmaler ein? Wer dominiert das Gespräch? Wer kommt kaum zu Wort? Was können allesamt voneinander lernen?[138]

5.5.2 Informationssammlung

Nachdem die Sichtweisen der unterschiedlichen Beteiligten geklärt wurden, gehen wir einen Schritt weiter und untersuchen, was die Personae wahrnehmen, was sie denken, fühlen, befürchten, sich wünschen und erhoffen.

1. Wahrnehmungsebenen der Personae: Erlebnis-Landkarte

Erlebnislandkarten dienen zum einen der Vertiefung in eine Persona-Sichtweise, zum Beispiel unterschiedliche Kunden, Teamkollegen oder die Vertreter verschiedener Abteilungen. Gleichzeitig liefern sie eine Menge Informationen über die Personae. Auch hier zeigt sich, dass im Design Thinking ein Baustein niemals abgeschlossen wird, sondern sich stetig dynamisch weiterentwickelt: Indem die Wahrnehmungsebenen der Personae vertieft werden, können sich deren Sichtweisen nachträglich verfeinern.

Erlebnis-Landkarten sind vielfältig einsetzbar und werden über die unterschiedlichsten Nutzer angelegt. Will ein Team in Zukunft mithilfe einer digitalen Wissensplattform einen schnellen und autonomen Wissensaustausch pflegen, sind Landkarten über folgende Nutzer vorstellbar: Neulinge, Erfahrene, Aficionados, Viel- oder Wenignutzer.

---

[138] Vgl. https://de.wikipedia.org/wiki/Denkh%C3%BCte_von_De_Bono

Als Frau Merkel 2013 sagte: „Das Internet ist für uns alle Neuland", outete sie sich offensichtlich als Neuling, während der überwiegende Rest der Republik sich ein Schmunzeln nicht verkneifen konnte.

Konkret:
- Was denkt ein Neuling über die Wissensplattform?
- Welche Aha-Erlebnisse könnte ein Aficionado erleben?
- Was würde Vielnutzern überhaupt nicht schmecken?
- Was erwarten Wenignutzer?

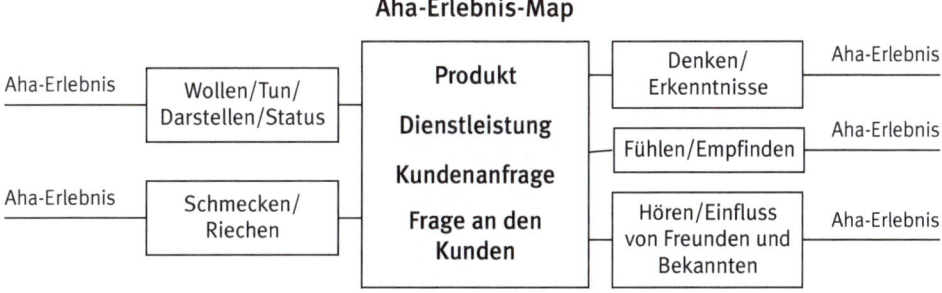

2. Bedürfnisse und Interessen der Personae: Bungee-Methode

Auch die Bungee-Methode[139] vertieft das Verständnis für Nutzer und Betroffene, und liefert damit neue Informationen, die eventuell zu einem Erkenntnisdurchbruch verhelfen.

Die Methode beruht auf dem einfachen Prinzip der mehrmaligen Warum-Frage[140], um die tieferen Beweggründe eines Nutzers zu verstehen. Wie ein Bungee-Springer steht der Betroffene auf einer Brücke und fragt sich, analog zur Frage, warum er springen will:

- Warum will ein Kunde dieses Produkt kaufen?
- Warum will er diese Dienstleistung nutzen?
- Warum will ein Team sich (nicht) verändern?

---

[139] Vgl. Hübler, Mitarbeitermotivation, S. 39 ff.
[140] Die Arbeit mit Warum-Fragen führt nur zu wertvollen Erkenntnissen, wenn sie vor einem wertschätzenden Hintergrund stattfindet. Ansonsten wirkt die Warum-Frage wie ein Angriff.

GAMIFICATION STATT FEHLERMANAGEMENT

Die ersten Antworten bleiben meist an der Oberfläche. Doch je tiefer er fällt, je häufiger er sich die Warum-Frage stellt, desto weiter dringt er zu seinen Bedürfnis-Schichten vor. Hat er am Ende des Seils die absolute Erkenntnis seiner Interessen und Bedürfnisse erreicht, schnellt das Seil wieder nach oben und er kann sich die Frage stellen, was er noch alles tun kann, um seine Bedürfnisse zu erfüllen.

Die Bungee-Methode bietet uns als schnelles Analyse- und Kreativitätstool im agilen Umfeld eine gute Möglichkeit zur Stabilisierung. Das Wie und Was kann sich schnell ändern, das Warum und Wofür bleibt in der Regel bestehen. Damit liefert die Bungee-Methode in einer Kurzform ebenso wie der U-Prozess für Teambildungsprozesse ein nachhaltiges Fundament für weitere Ideen.

Als Führungskraft können Sie die Bungee-Methode zur Reflexion über einen Mitarbeiter oder ein gesamtes Team einsetzen sowie zur Teamentwicklung gemeinsam mit den Teammitgliedern.

BEISPIEL: DIE MENSCHLICHKEIT IN DIGITALISIERTEN ZEITEN ERHALTEN

Übertragen wir die Bungee-Methode auf das Thema „Wir wollen (als Dienstleister) unser menschliches Antlitz in einer digitalisierten Welt erhalten", führt die erste Warum-Frage zu folgenden Erkenntnissen:

- Wir haben Angst, dass wir Entscheidungen, die ein Algorithmus trifft, nicht mehr verstehen und damit Kunden schlecht erklären können.
- Wenn der Computer alle Entscheidungen trifft, worin besteht dann der Sinn in unserer Arbeit?
- Was passiert, wenn der Computer ausfällt oder falsche Entscheidungen trifft?

Manche Antworten lassen sich bereits an dieser Stelle nicht mehr vertiefen. Bei der Antwort mit den Algorithmen ist noch Luft:

- Warum haben wir Angst, dass ein Algorithmus Entscheidungen trifft, die wir nicht mehr verstehen und damit Kunden schlecht erklären können? – Weil wir uns für die Auseinandersetzung mit der digitalen Zukunft nicht gerüstet fühlen.

Wenn für alle Fragen eine Tiefe erreicht wurde, von wo aus es nicht mehr weiter geht, das heißt der Kopf hängt bereits im Flussbett, geht der Schwung wieder mit diversen W-Fragen nach oben:

- Was können wir tun, um uns digital zu wappnen?
- Was brauchen wir, um Algorithmen zu verstehen?
- Wen brauchen wir? Wer kann uns die Funktionsweise von Algorithmen erklären?

- Wie tief können sich Mitarbeiter in ein Verständnis über Algorithmen einarbeiten?
- Wo liegen Grenzen des Verständnisses?
- Wie lässt sich der Angst der Mitarbeiter, den Sinn in der Arbeit zu verlieren, begegnen?
- Welcher neue Sinn in der Arbeit lässt sich finden?
- Wie lassen sich Freiräume durch die Übernahme mancher Entscheidungen durch Algorithmen nutzen?
- Wie lassen sich menschliche Sicherheitsnetze im Fall eines Computerfehlers einbauen?

Vertiefung: Was ist Menschlichkeit?

Sammeln Sie im Team gegensätzliche Adjektivpaare zum Thema Menschlichkeit[141] und lassen diese bewerten:

herzlich	kühl-sachlich
hilfsbereit/verständnisvoll	egoistisch
sprunghaft	planend/berechnend
gütig	unbarmherzig
gutmütig	streng

Damit zeigt sich:
1. Computer sind nicht automatisch das Gegenteil vom Menschen. Es gibt ebenso viele unmenschliche Kollegen.
2. Nicht alles, was wir unter Menschlichkeit verstehen, ist erstrebenswert, zum Beispiel Sprunghaftigkeit.

Welcher Philosophie der Menschlichkeit wollen wir also folgen?

5.5.3 Muster erkennen

Die einfachste Art eines Musters ist das regelmäßige, dauerhafte und wiederholbare Auftauchen der Auswirkung eines Faktors A auf einen Faktor B: Verändern sich Führungsprinzipien, hat das automatisch einen Einfluss der Sichtweise der Mitarbeiter auf ihre Arbeit: Aus A folgt B.

---

[141] Vgl. http://synonyme.woxikon.de/synonyme/menschlich.php

Verbindungen und Kontexte erkennen: Das POEMS-Konzept

Für komplexere Veränderungen reicht das nicht aus. Dazu sollten Sie mehrere relevante Wirkbausteine grafisch miteinander vernetzen. Das POEMS-Konzept verbindet die Auswirkungen von **P**ersonen auf **O**bjekte auf die Umgebung (**E**nvironment), auf den Informationsfluss (**M**essages), auf den **S**ervice, auf die Personen usw.:

- Konkret: Was verbindet die Nutzer mit den Objekten, dem Service etc.?
- Lassen sich Serviceleistungen verändern, um Objekte neu zu betrachten?
- Wie abhängig sind die Informationen von den Personen, Objekten etc.?

Das POEMS-Konzept fasst wesentliche Punkte im Kontext einer Organisationsentwicklung, der Weiterentwicklung einer Dienstleistung oder eines Produkts zusammen. In einem Projekt lassen sich alle relevanten Bausteine miteinander in Beziehung setzen, was wir noch im Transformations-Workshop in Kapitel 8.3 kennenlernen werden.

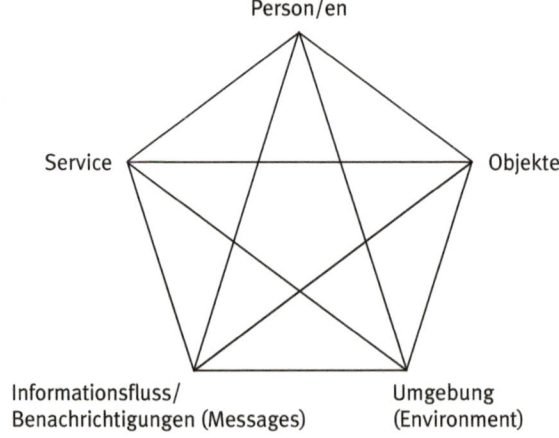

Vernetzungsbäume

In komplexen Prozessen ist es klärend, einen Schritt weiterzugehen und den Faktor Zeit mit in die Musteranalyse aufzunehmen. Der zeitliche Zusammenhang, beispielsweise eines Change-Projekts zeigt, wie die relevanten Bausteine aufeinander aufbauen:

- Worauf sollten wir uns als erstes konzentrieren?
- Was kommt als nächstes?
- Was hat Zeit?

Einen wunderbaren Überblick liefern uns dazu Roadmaps, hier im Stil eines liegenden Baums, auf dem alle beteiligten Faktoren oder Bausteine zeitlich eingetaktet sind. Der Baum wurde selbstredend nicht willkürlich ausgewählt, da er uns als organisches Symbol des Wachstums dient.

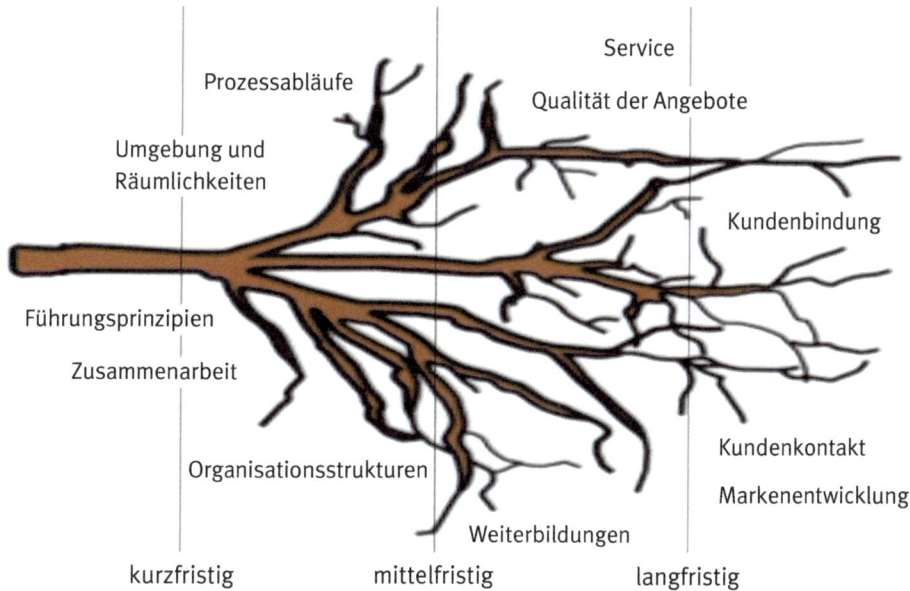

Zu einem späteren Zeitpunkt können die Äste mit konkreten Maßnahmen ausgefüllt werden.

5.5.4 Ideenfindungsphase

Aufbauend auf den Fragen aus Schritt 3 kommen nun Kreativmethoden zum Einsatz, auf deren ausführliche Beschreibung ich an dieser Stelle aufgrund der reichhaltigen Verfügbarkeit in Büchern und Internet verzichte und mich lediglich auf deren beispielhafte Erwähnung beschränke: Assoziationsrunden, Slogans, Zwerge-Modell (TRIZ), ABC-Listen oder Brainwriting inklusive Clusterbildung, Information-Desinformation, Ein-Minuten-Skizzen oder synektische Methoden.

5.5.5 Erstellen von Prototypen

Aus den gesammelten Ideen aus Schritt 4 werden Prototypen für ausgewählte Entwürfe erstellt, um diese konkret erlebbar zu machen.

Das Prototyping hängt eng mit den Personae zusammen. Erst wenn ich eine Zielgruppe verstehe, kann ich deren Sichtweise in der Zukunft simulieren. Je nach Branche gibt es unterschiedliche Möglichkeiten, Szenarien zu simulieren: In der IT werden Beta-Versionen getestet, Architekten bauen 3-D-Modelle zum Anfassen. Andernorts werden mit Playmobil oder Legosteinen – ähnlich einem militärischen Planspiel – Situationen spielerisch simuliert, was natürlich einen gewissen Aufwand mit sich bringt. Jederzeit möglich ist die mentale Simulation beziehungsweise das gedankliche Durchspielen unterschiedlicher Szenarien im Stil eines Was-wäre-wenn, was es bei Adhoc-Szenarien der Fall ist.

Adhoc-Szenarien

Adhoc-Szenarien sind Gebilde, die erst einmal grob umreißen, wie etwas in der Realität aussehen könnte. Gehen Sie dazu wie folgt vor:

1. Formulieren Sie einige Fragen, die aus den vorangegangenen Phasen des Design Thinking-Prozesses entstanden sind. Typische Fragestellungen lauten: Was würde passieren, wenn wir ... anbieten? Was passiert, wenn wir ... nicht mehr anbieten? Wie werden wir als Team agiler und selbstverantwortlicher?
2. Welche Kategorien und Komponenten fallen Ihnen zu den Fragen ein? In welchen Kategorien könnte eine Veränderung stattfinden: Teamgröße, Räumlichkeiten, Standort(e), Zeitraum?
3. Sammeln Sie mögliche Funktionen Ihres Teams: Was wollen wir mit ... erreichen? Welche Funktionen nehmen wir ein: Beraten, Entwickeln, Riskieren, Stabilisieren, Testen?
4. Verknüpfen Sie die Kategorien mit den Funktionen: Welche Funktionen lassen sich leichter erfüllen, wenn Sie die Kategorien verändern?
5. Bilden Sie Szenarien auf der Basis der Verknüpfungen.

DER EPISCHE RAHMEN ALS BINDUNGSKITT

BEISPIEL: FÜHRUNGS-WORKSHOP ZUM THEMA AGITALE FÜHRUNG

1. Wie könnte ein ideales Seminarangebot zur Einführung agitalen Führens aussehen?
2. Kategorien: Dauer, Ort, Technik(en), Inhalte, Teilnehmer
3. Funktionen: Lernen, Ausprobieren, Bestätigen, Visionieren, Vergleichen, Ergänzen
4. Verknüpfung zur Funktion „Vergleichen"
   - Dauer: Vergleiche sind in Mehr-Tages-Workshops leichter möglich, da zuvor eine Bindung aufgebaut werden kann; Vergleiche (mit sich selbst, Entwicklung des eigenen Führungsstils, Vergleiche in verschiedenen Situationen) können anschließend im Rahmen einer Online-Plattform stattfinden
   - Ort: Außer Haus – mit Abstand fallen Vergleiche leichter
   - Techniken: Video-Feedback, Fishbowl, Rollenspiele, Übungen mit Szenarien, Lernplattform mit Gamification-Ansatz (Wettbewerbe, Auszeichnungen, Punkte, Trophäen) zum spielerischen Vergleich, Open Space-Workshop mit digitalen Medien zur Dokumentation
   - Inhalte: Verschiedene Rollen ausprobieren (Vergleich mit sich selbst), extreme Rollen, in die Rollen von digitalen Pionieren, Nachzüglern und analogen Bewahrern schlüpfen, gemeinsame Reflexion der letzten zehn Jahre (Vergleich früher – heute)
   - Teilnehmer: Bunte Mischung von Digital Natives und Digital Immigrants in Teamübungen, um voneinander zu lernen

   Analog werden die anderen Kategorien ebenso mit jeder Funktion durchgespielt.
5. Ein Adhoc-Szenario:
   - Vor den Workshops werden Mitarbeiter befragt, wie sie die letzten Jahre erlebten und was sie insbesondere von digitalen Neuerungen erwarten (positiv und negativ). Die Mitarbeiter werden mit Szenarien konfrontiert, in denen sie mehr Entscheidungsfreiheit haben, und befragt, was sie davon halten. Weiterhin werden sie aufgefordert, Fragen zum Thema Agilität und Digitalisierung an ihre Führungskräfte zu formulieren (anonym), die ihnen unter den Nägeln brennen.
   - Am ersten Workshop-Tag werden die letzten zehn Jahre Führung und Führungsstilveränderungen reflektiert. Womit wurden gute Erfahrungen gemacht? Wie sahen diese aus? Womit nicht? Wo stoßen die bisherigen Führungsstile und -kompetenzen an ihre Grenzen? Welche gesellschaftlichen Veränderungen haben damit zu tun? Welche Chancen und Risiken bieten digitale Neuerungen? Was ist im Extremfall möglich? Wie weit wollen wir gehen? Welche Algorithmen-Ethik wollen wir uns geben?

- Anschließend werden die Ergebnisse aus den Mitarbeiterbefragungen präsentiert. Wie lassen sich die Fragen beantworten? Was ist neu? Was ist bekannt? Wie gehen Mitarbeiter mit der Vision einer größeren Selbstständigkeit um? Welche Schlüsse ziehen die Führungskräfte daraus? Die Schlüsse führen zusammen mit einigen Prinzipien des agilen Führens (Impulsvortrag) zu einer gemeinsamen Agenda agitaler Führung.
- Am zweiten Tag werden die Kernthemen aus dem ersten Tag im Rahmen von Open Space Sessions inklusive einer digitalen Dokumentation bearbeitet.
- Anschließend werden die Führungsprinzipien aus Tag 1 in wechselnden Rollen, gemischten Teams, mit und ohne Videofeedback zu verschiedenen prototypischen Situationen durchgespielt.
- Im Nachgang tragen sich die Führungskräfte in Wissensplattformen ein, um die neuen Erkenntnisse dauerhaft während der Arbeit zu reflektieren. Auf der Wissensplattform sind die neuen Führungsprinzipien als Wiki-Artikel abruf- und ergänzbar, außerdem stehen der Impulsvortrag zum Thema agiles Führen als Powerpoint sowie die Dokumentation zu den Open Space Sessions zur Verfügung.

Vertiefungen der Szenarien

Um die Ideen eines solchen Szenarios zu vertiefen beziehungsweise zu testen, ob ein Szenario wirklich das richtige ist, bietet es sich an, ein paar „alte Kollegen" wiederzubeleben:

- Mit Erlebnis-Landkarten testen Sie, ob es in unserem Workshop die passenden Aha-Effekte geben wird.
- Mit der Bungee-Methode testen Sie, was den Führungskräften im Workshop zum Thema Agitalisierung wichtig sein könnte.
- Mit Adjektiven, in unserem Fall zur Frage „Wie stellen wir uns die ideale agitale Führungskraft vor?", vergleichen Sie die Meinungen der Workshop-Teilnehmer und arbeiten so an einem oder mehreren idealen Führungskraft-Modellen.
- Und mit der Osborn-Checkliste prüfen Sie, wovon Sie mehr oder weniger machen, was Sie kombinieren, ins Gegenteil verkehren oder weglassen sollten.

5.5.6 Bewertungs- und Testphase

Die ausgearbeiteten Prototypen werden nun von potenziell Betroffenen auf ihre Anwendbarkeit und ihren Nutzen hin getestet. In unserem Beispiel wäre das ein erster Workshop-Leuchtturm.

Weitere Möglichkeiten des Testens sind die Bewertung der Prototypen mit
- einem ersten Assoziations-Stimmigkeits-Check: Klingt gut oder nicht?
- dem Systemischen Konsensieren, indem mehrere Szenarien gegeneinander abgewogen werden,
- einer Nutz-Wert-Analyse oder Majaro-Matrix mit konkreten Kriterien wie Aufwand- und Nutzen-Kategorien.

Das optionale Denken schulen

Um agiles Denken zu schulen, ist gerade das Denken in Optionen wichtig. Eine Möglichkeit für ein vorläufiges Fazit – im agilen Denken ist schließlich nichts in Stein gemeißelt – bietet die Gegenüberstellung von Erkenntnissen, Möglichkeiten und zurückgestellten Ideen:

Thema/Projekt		
Erkenntnisse/Zwischenfazit	Weitere Optionen (inkl. Aufwand- und Nutzenwahrscheinlichkeit)	Zurückgestelltes

Mithilfe einer Nutz-Wert-Analyse-Grafik können Sie die Bewertung agitaler Optionen noch detaillierter darstellen:[142]

---
[142] Vgl. Scheller, S. 535

GAMIFICATION STATT FEHLERMANAGEMENT

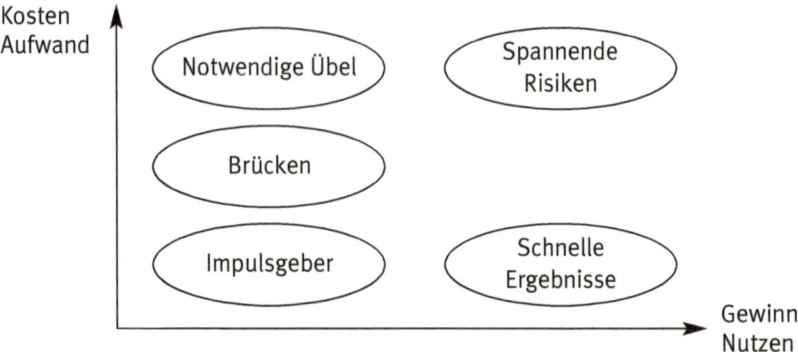

Schnelle Ergebnisse sind wichtig, um Transformationsprozesse voranzubringen.

Impulsgeber bieten zwar wenig bis keinen direkten Nutzen, können den Transformationsprozess jedoch durch Erkenntnisgewinne im Sinne von „In welcher Richtung sollten wir weiterdenken?" voranbringen.

Bei Brücken-Optionen zeigt sich, dass der Transformationsprozess greift. Damit lässt sich das Funktionierende ausbauen und das nicht Funktionierende reduzieren.

Auch wenn es sinnvoll wäre, manche Übel auf ein Minimum zu reduzieren, kann es dennoch aus langfristigen Stabilitätsgründen sinnvoll sein, diese mitzuziehen. Spannende Risiken schließlich führen neben den Risiken auch eine Menge Chancen mit sich.

Übertragen auf unser Workshop-Beispiel:
- Die Mitarbeiterbefragung vorab ist ein relativ günstiger **Impulsgeber**, dessen Nutzen erst noch erarbeitet werden muss.
- Die Erarbeitung einer Algorithmen-Ethik dauert Zeit und stößt meist auf weit auseinandergehende Meinungen zwischen Hasenfüßigkeit und Machbarkeitswahn, ist jedoch ein **notwendiges Übel**.
- Die Erarbeitung einer gemeinsamen Agenda agitaler Führung sollte auf einem Konsens basieren, auf den sich alle Führungskräfte relativ schnell einigen und ist daher ein **schnelles Ergebnis mit geringem Aufwand**.
- Die Durchführung eines Open Space-Blocks ist zwar aufwändig und nicht automatisch ertragreich, verdeutlicht als **Brücke**, wie unhierarchisch Workshops ebenfalls durchgeführt werden können. Der Bildungscharakter liegt daher mehr in der Methode statt den Inhalten.
- Auch die Arbeit mit einer Wissensplattform können wir als **Brücke** betrachten, ob die Plattform genutzt wird oder nicht. Das Risiko im Fall einer Nichtnutzung hält sich in Grenzen.

- Je nach Fortschrittlichkeit der Organisation können wir eine Open Space-Veranstaltung auch als **spannendes Risiko** betrachten, wenn der Gedanke, keine allmächtigen Experten auftreten zu lassen, die Teilnehmer zu sehr befremdet. Stattdessen könnten die Aha-Erlebnisse groß sein.

Nach der Bewertung finden weitere Anpassungen und Verfeinerungen der Prototypen statt:
- Lohnt es sich, das Risiko einzugehen?
- Lassen sich die Kosten für Brücken und notwendige Übel reduzieren?
- Wie werden Impulsgeber tatsächlich zu Impulsgebern und damit nützlich?

5.6 Prototyping mit der Krefa-Methode

Wollten wir alle verfügbaren Informationen und Faktoren zur Erreichung eines Ziels bedenken, kämen wir niemals zu einem testbaren Prototypen. Um zu starten, sollten wir die wichtigsten Faktoren entsprechend ihres Lenkungseinflusses auf das angepeilte Ziel herausfiltern, um komplexe Themen souverän anzugehen. Der Papiercomputer nach Frederic Vester liefert uns als kybernetische Standardmethode eigentlich das ideale Handwerkszeug zur Analyse komplexer Situationen.[143] In meiner (agilen) Beratungspraxis stieß ich allerdings regelmäßig auf zwei Faktoren, die eine umfangreiche Analyse behindern:

1. Die Analyse mittels Papiercomputer dauert in der Praxis zu lange. Meine Kunden benötigen nur ein grobes Verständnis der Einflüsse von Faktoren. Alles Weitere zeigt sich in der Umsetzung.
2. Oftmals wissen Teams bereits intuitiv, welche Faktoren wichtiger und welche unwichtiger sind. Eine komplexe Analyse ist daher nicht nötig. Eine kurze Bestätigung ihrer Intuition reicht vollkommen aus.

Vor diesem Praxishintergrund entstand meine Krefa[144]-Methode als Vereinfachung des Papiercomputers. Der Kerngedanke dieser Methode beruht auf der Tatsache, dass es in jeder Entscheidung Faktoren gibt, die größere und solche, die kleinere Auswirkungen zur Erreichung eines Ziels haben. Die Krefa-Methode geht von Orientierungszielen aus. Es kann sein, dass wir später auf andere Ziele kommen. Gleichzeitig

---
[143] Vgl. Hübler, Provokant – Authentisch – Agil, S. 167 ff.
[144] Krefa ist die Abkürzung für Kreativ-Faktoren.

GAMIFICATION STATT FEHLERMANAGEMENT

verabschieden wir uns von der Denkweise, alles im Griff haben zu müssen, da wir nicht alle Faktoren beeinflussen werden, sondern primär die einflussreichsten.

Das Krefa-Ablaufschema

1. **Fragen:** Welche Fragen sind mit dem Thema verbunden?
2. **Orientierungsziele:** Welche (vorläufigen) Ziele folgen daraus?
3. **Faktoren:** Welche beeinflussbaren Faktoren (max. 10) führen zur Zielerreichung?
4. Welche dieser Faktoren (max. 5 von 10) üben langfristig oder kurzfristig den stärksten **Einfluss** aus (auf das Ziel, auf andere Faktoren)?
5. **Ideenfindung:** Wie können Sie diese Faktoren positiv beeinflussen? Nutzen Sie die ABC-Methode für konkrete Ideen zur Lenkung der Faktoren: Wie können wir …? Was können wir tun, um …? Welche … sollten wir …?
6. **Ideencluster, Szenarien und Empfehlungen:** Clustern Sie die wichtigsten Ideen und entwickeln daraus szenarische Empfehlungen.
7. **Widerstände:** Auf welche Schwierigkeiten und Hindernisse sollten Sie vorbereitet sein? Wie können Sie damit umgehen? Welche Empfehlungen lassen sich daraus ableiten?
8. **Maßnahmenplan:** Wie setzen Sie die Ideen inhaltlich, zeitlich und personell um?

BEISPIEL: MEHR SELBSTORGANISATION WAGEN

Zu diesem Thema ergeben sich folgende Einflussfaktoren:
- Kommunikationsregeln, beispielsweise Entscheidungen offen miteinander kommunizieren
- Enthierarchisierte Führungsprinzipien
- Organisationsstrukturen und Prozessabläufe
- Klare Stellenbeschreibungen, inklusive Verantwortlichkeiten
- Klare Aufgabendefinitionen, inklusive Konsequenzen von Entscheidungen

Eine Analyse der gegenseitigen Wirkungen ergibt:
- Offenheit fördernde **Kommunikationsregeln** wirken sich auf die Strukturen und die Aufgabenbeschreibungen aus. Zwar lässt sich beides nicht durch Kommunikation verändern, sobald es um Deutungen von Konsequenzen oder Schnittstellen in Prozessabläufen geht, jedoch kann eine offene Kommunikation förderlich oder im Fall des Gegenteils hinderlich sein. Formal bekommt die Kommunikation damit **zwei** Einflusspunkte.

- **Führungsprinzipien** wirken sich auf alles aus. Verändert sich nichts in der Führung, werden damit alle anderen Faktoren übergangen und ausgehebelt. Führungsprinzipien bekommen damit **vier** Einflusspunkte.
- **Strukturen** können kommunikationsförderlich oder hinderlich sein. Ebenso können sie die Definition einer Stelle oder Aufgabe enorm beeinflussen. Sie bekommen damit **drei** Einflusspunkte.
- Das Sein bestimmt das Bewusstsein. Daher beeinflussen **Stellenbeschreibungen** die Art, wie wir miteinander kommunizieren. Ebenso lässt sich in Stellenbeschreibungen mehr „Selbstorganisation" hineinschreiben und dadurch Einfluss auf eine hierarchische Führung sowie auf Strukturen nehmen. Wir bekommen damit allerdings lediglich eine Verlagerung der Verantwortung auf mehr, nicht jedoch auf alle Schultern. Der Faktor Stellenbeschreibungen bekommt **drei** Einflusspunkte mit einem **Ausrufezeichen**. Während die bisherigen Faktoren einen langfristigen Einfluss ausmachen (sollten), stellt sich hier die Frage, ob wir Stellenbeschreibungen zumindest kurzfristig verändern sollten, um die Selbstorganisation zu forcieren oder ob dies aufgrund der Aufoktroierung nicht sogar hinderlich ist.
- **Aufgabendefinitionen** scheinen keine anderen Faktoren zu beeinflussen und spielen dennoch eine interessante, klärende Rolle.

Die gegenseitige Beeinflussung lässt sich als Mindmap darstellen.

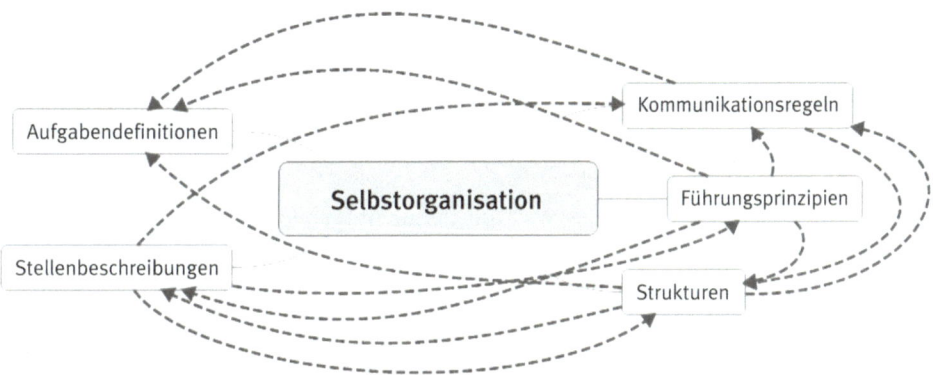

Damit bekommen wir eine priorisierte Ordnung der Einflussfaktoren:
1. Enthierarchisierte Führungsprinzipien
2. Organisationsstrukturen und Prozessabläufe
3. Klare Stellenbeschreibungen (zum Übergang?)
4. Offenere Kommunikationsregeln
5. Klare Aufgabendefinitionen

GAMIFICATION STATT FEHLERMANAGEMENT

Der Kreativitätsprozess wirft damit einige neue Fragen auf:
- Welche Führungsprinzipien wollen wir verankern?
- Wie kommen wir zu diesen Prinzipien?
- Was an den bisherigen Führungsprinzipien ist gut und was nicht?
- Welche Strukturen sollten wir verändern?
- Wie lassen sich Wissensmanagement-Tools einsetzen, um Strukturen und Prozesse zu flexibilisieren?
- Welche Prozesse wollen wir enthierarchisieren?
- Welche Prozesse lassen sich ohne große Probleme enthierarchisieren?
- Was brauchen wir, um offener und klarer miteinander zu kommunizieren?
- Bei welchen Aufgaben tauchen regelmäßig Entscheidungs- und Hierarchieprobleme auf und woran liegt das?

In der Ideenfindungsphase greifen Sie diese Fragen wieder auf, um sie mit bekannten Kreativmethoden zu bearbeiten. Ich persönlich arbeite gerne mit ABC-Listen. Nehmen Sie das ABC als Inspiration, um mit dessen Anfangsbuchstaben auf neue Ideen zu kommen:

Was benötigen wir, um offener und ehrlicher zu kommunizieren?
- A wie Automatisches Feedback
- B wie Betroffenheitsthermometer
- E wie Ehrlichkeitsskala

Welche Führungsprinzipien wollen wir verankern?
- F wie Freiräume für Entscheidungen
- G wie Gegenseitiges Feedback
- R wie Regelmäßige Adhoc-Besprechungen zur Aufgabenklärung

Die Erkenntnisse werden anschließend geclustert:
- Technische Unterstützung: Wissensdatenbanken, Plakate für Wertekodex
- Gemeinsame Kommunikationstrainings mit Führungskräften und Mitarbeitern
- Entwicklung eines Werte-Kodex für Führungsprinzipien und Kommunikationsregeln
- Zusammenstellung einer Liste mit Prozessen, die überarbeitungsbedürftig sind
- Überarbeitung des Organigramms
- Analyse kritischer Aufgaben inklusive interner und externer Konsequenzen im Fehlerfall

Die Punkte 7 und 8 des Krefa-Schemas erklären sich von alleine, wobei in den Clustern in der Regel bereits einige Maßnahmen konkret genannt werden.

5.7 Appreciative Inquiry[145] und Storytelling

Die Grundannahme einer wertschätzenden Erkundung von Potenzialen bei Mitarbeitern beruht darauf, was Milton Erickson in einem Satz beschrieb: „Energy flows where the attention goes." – Die Energie fließt dahin, wohin wir sie lenken. Reiten wir auf Problem-Bären, besteht die Gefahr, aus dem Wald nicht mehr heraus zu kommen. Steigen wir auf ein Lösungsschiff, bringt uns dieses mit hoher Wahrscheinlichkeit zu neuen Erkenntnissen und Lösungen – elegant und spielerisch.

Die Erkundung von Problemen ist sinnvoll, wenn tiefe „Wunden" vorhanden sind. In diesem Fall braucht es zuerst heilende Maßnahmen:

- Die Wertschätzung der Erfahrungen
- Ein Danke für entbehrungsreiche und anstrengende Jahre
- Eine Entschuldigung für die Folgen vergangener Entscheidungen

Im letzten Fall lässt sich gemäß der Feedbackregeln des Differenzierens der Kontext miteinbeziehen: Aus damaliger Sicht waren die Entscheidungen gut. Deshalb bringt es nichts, sich dafür zu entschuldigen. Dennoch können Sie manche Folgen einer Entscheidung bedauern. Damit wahren Sie als Führungskraft Ihr Gesicht und kommen Ihren Mitarbeitern dennoch entgegen.

Im Fall tieferer Verletzungen ziehe ich einen Facilitation- oder U-Prozess vor (vgl. Kapitel 3.3.8). Sind die Wunden weniger dramatisch, ist die Schönwetter-Methode Appreciative Inquiry, die ich in der Praxis mit Storytelling aufpeppe, sinnvoll und macht zudem eine Menge Spaß, weshalb sie ideal in unser Kapitel zum Thema Gamification passt.

Die ursprünglichen vier (manchmal fünf) Phasen eines AI-Prozesses habe ich auf drei Phasen reduziert:

1. Erkunden und Verstehen der Hintergründe
2. Visionieren einer Heldensaga
3. Umsetzung der Erkenntnisse

---

[145] Vgl. Walter; Wenzel/Landes/Boeser

1. Erkunden und Verstehen der Hintergründe

Die Discovery-Phase dient dem Erkunden positiver Erfahrungen im Team oder der Organisation: Wann fühlten sich die beteiligten Personen großartig und lebendig? Wann konnten sie sich optimal in ihrer Arbeit einbringen? Wann konnten sie gestalten und Weichen stellen? Welche Erfolge konnten sie verbuchen?

Die positiven Erfahrungen werden mithilfe von Interviews erkundet.

Die Wirkungsweise positiver Ausrichtungen basiert auf der Hypnotherapeutischen Kurzzeittherapie nach Milton Erickson:

1. Wann klappte es in der Vergangenheit richtig gut?
2. Was machten wir da anders?
3. Können und wollen wir davon mehr machen?

Nach den Interviews werden die positiven Erkenntnisse veröffentlicht. Welche Rahmenbedingungen haben diese ermöglicht? Könnten wir diese Rahmenbedingungen wieder oder sogar mehr davon herstellen?

Das Appreciative Inquiry-Interview

Wichtigster Baustein der Discovery-Phase ist das AI-Interview, das zwei Beteiligte anhand eines vorbereiteten Leitfadens miteinander durchführen:

1. *Wahrnehmung der Organisation*
    - Erzählen Sie mir von Ihrer Anfangszeit in unserer Organisation.
    - Wann kamen Sie zu uns?
    - Was hat Sie bewogen, bei uns anzufangen?
    - Was waren Ihre ersten Eindrücke und was hat Sie beeindruckt oder überrascht, als Sie zu uns kamen?
    - Was waren echte Höhepunkte in Ihrer Arbeit bei uns?
    - Wann fühlten Sie sich besonders wohl und lebendig?
    - Wann konnten Sie sich gut einbringen und hatten das Gefühl, etwas in unserer Organisation zu bewirken?
    - Was ist da geschehen? Wer war dabei?
    - Was ermöglichte dieses Erlebnis?
    - Was können wir als Organisation daraus lernen?
    - Was schätzen Sie an sich, an Ihrer Arbeit und an unserer Organisation?

2. Kernthemen
- Kernthemen-Fragen werden vorab auf das Team, die Abteilung, das Thema oder Produkt zugeschnitten und folgen einem ähnlichen Muster wie unter 1.

3. Zukunft der Organisation
- Welches sind Ihrer Meinung nach die Schlüsselfaktoren und Kernaspekte, die unsere Organisation zu etwas Besonderem machen?
- Wenn Sie unsere Organisation/Ihre Abteilung/... nach Ihren eigenen Vorstellungen weiterentwickeln oder radikal verändern könnten, welche drei Dinge würden Sie tun, um die Ziele, die Sie sich gesetzt haben, nachhaltig zu erreichen?
- Es ist das Jahr 20xx und wir wurden über unsere kühnsten Träume hinaus erfolgreich. Wie hat sich unsere Organisation verändert? Was machten wir anders? Was machten Sie anders?

Storytelling

Das AI-Interview folgt im Kern dem Storytelling-Gedanken und wird bereits von einigen Firmen[146] erfolgreich eingesetzt.

Die entstandenen Mini-Geschichten auf der Basis der Fragen zu den Unterpunkten 1 und 2 werden anschließend der restlichen Gruppe erzählt. Diese können sich nah an der Ursprungsgeschichte orientieren oder in einem übertragenen Kontext als Bild oder Metapher vorgestellt werden:

- Zu Beginn brachen wir mit unserem Schiff auf, um ...
- Als Fußballteam war es wichtig, ...
- Als wir damals zu unserer Expedition aufbrachen, ...
- Jeder nahm dabei sein Rolle ein: Chef, Koch, Ausguck, Ruderer, Steuermann, Trainer, Coach, Stürmer, Abwehr, Torwart, ...
- Auf was achteten wir damals? Was war uns wichtig?
- Unser Amerika ... / Unser Pokal ...
- Die Gefahren unterwegs ...
- Umso wichtiger war es, ...
- Wie konnten wir Erfolg haben?
- Was brachten wir von diesem Abenteuer mit nach Hause?

---
[146] Vgl. Laloux, S. 101 f.

GAMIFICATION STATT FEHLERMANAGEMENT

2. Visionieren einer Heldensaga

Wie soll sich die Organisation, ein Bereich, eine Abteilung oder das Team entwickeln? Welche Vorstellungen haben die Beteiligten für die gemeinsame Zukunft?

Auf der Basis der Fragen zu Unterpunkt 3 gibt es vielfältige Möglichkeiten zu visionieren: Zukunftsworkshops, Collagen, Mindmaps, Synektische Methoden oder Design Thinking. Da wir bereits in der synektischen Denke (Storytelling mit Metaphern) waren, möchte ich unsere Story aus dem ersten Teil weiterspinnen:

- Was sollte passieren, wenn wir eine Schiffsreise wie damals vorbereiten?
- Wie bekommen wir unser Fußballteam (wieder) fit?
- An was sollten wir denken? Was dürfen wir nicht vergessen?
- Wer sollte beteiligt sein?
- Was ist bereits da? Was fehlt?
- Brauchen wir neue Teamstrukturen (auf dem Platz, an Bord)?
- Was würde unser Team besonders motivieren (um die Champions League zu gewinnen, Amerika zu erreichen)?

> **Exkurs: Heldenreise**
>
> Eine typische Heldenreise folgt folgendem Muster:
>
> 1. Beginn und erste Erfolge: Zu Beginn starteten wir ... und hatten ...
> 2. Störung des Status Quo: Dann passierte ...
> 3. Weigerung des Heldenrufs: Was dazu führte, dass ... (wir uns vor der Realität verschlossen, uns gegenseitig beschuldigten, genervt wurden)
> 4. Weckruf des Helden: Bis eines Tages ... (etwas passierte, mit dem wir aus dem Teufelskreis gegenseitiger Beschuldigungen, flüchten und genervt Sein heraus kamen)
> 4. Seit diesem Tag ... (veränderten wir, sprechen anders miteinander)
>
> Und natürlich gibt es Brückenwächter, die den Helden erst über die Brücke lassen, wenn er drei Prüfungen bestanden hat, um für den Drachen gewappnet zu sein.

BEISPIEL: WIE FÜHREN WIR FLACHERE HIERARCHIEN EIN?

Es war einmal ein Unternehmen, das mit aller Macht und möglichst schnell flachere Hierarchien einführen wollte.

- Der Vorstand sprach: „Es läuft nicht alles prima. Immer wieder ärgern sich die Mitarbeiter, dass über ihre Köpfe hinweg entschieden wird. Die Mitarbeiter dürfen nicht mitsprechen, werden lediglich informiert. Es muss sich etwas ändern."

- Worauf seine Gebietsleiter beschlossen: „Ab jetzt wird alles anders. Wir führen agil. Mitarbeiter dürfen bis zu einer bestimmten finanziellen Grenze eigene Entscheidungen treffen. Stressige Kunden sollen ohne Rücksprache mit dem Abteilungsleiter abgefertigt werden. Verlangt ein Kunde dennoch den Abteilungsleiter, kommt dieser und verweist auf die Entscheidungskompetenz seiner Mitarbeiter."
- Was lediglich dazu führte, dass die Mitarbeiter zögerten oder sich weigerten: „Für so viel Verantwortung werden wir nicht bezahlt. Das spielt sich in einer viel höheren Gehaltsklasse ab. Und wenn etwas schief läuft, sind wir die Dummen."
- Die Gebietsleiter verstanden die Welt nicht mehr. Nur eines war ihnen klar: Wir brauchen klarere Regeln. Ergo führten sie das Beratermodell ein:
  - Jeder Mitarbeiter darf bis zu einer finanziellen Grenze Entscheidungen treffen.
  - Bei hohen Tragweiten einer Entscheidung befragt er erfahrene Kollegen sowie von der Entscheidung Betroffene.
  - Bei sehr hohen Tragweiten beruft er ein Meeting inklusive aller beteiligten Führungskräfte ein.

  Zusätzlich bekamen alle Mitarbeiter eine Entscheidungsfindungs-Fortbildung sowie eine in den Stellenbeschreibungen verschriftlichte Rückendeckung der Leitungskräfte.

  Da aufgrund der ebenfalls eingeführten Digitalisierungsmaßnahmen langfristig Personal eingespart wurde – schmerzhaft, aber unvermeidlich – bekamen die Verbliebenen mehr Geld, um ihrer neuen Verantwortung gerecht zu werden. Wer partout nicht wollte, durfte beim alten Modell bleiben.
- Ab da wurde alles gut. Es gab zwar einige wenige, die sich vor den neuen Aufgaben scheuten und lieber in ihren alten Gehaltsklassen blieben. Diese wurden jedoch Jahr um Jahr immer weniger, sodass die hierarchischen Grenzen nach und nach verschwanden. Und wenn sie nicht gestorben sind ...

3. Umsetzen der Erkenntnisse

In der letzten Phase werden die kreativen Zukunftsentwürfe in klare Aussagen gefasst. Was nehmen wir uns konkret vor? Was können wir sofort umsetzen? Was braucht Zeit und Planung? Wofür brauchen wir andere Personen? Wer soll alles beteiligt werden? Welche Ressourcen benötigen wir?

GAMIFICATION STATT FEHLERMANAGEMENT

Die Umsetzung erfolgt am besten auf einem Zeitstrahl:

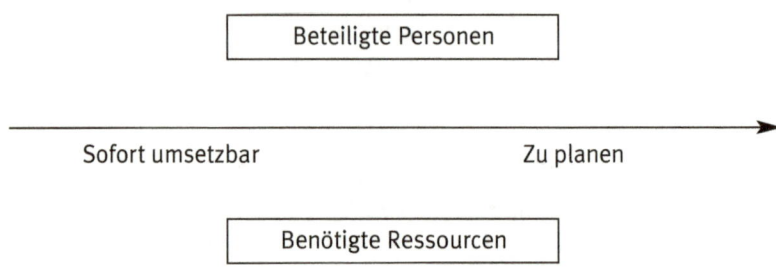

Wollen wir im Storytelling bleiben, lassen sich die beteiligten Personen als Unterstützer, Mentoren oder Widersacher betrachten.

Appreciative Inquiry und Storytelling dienen zum einen dem Aufbau einer tragfähigen Vertrauensbasis, wenn alle Teammitglieder ihre Geschichten miteinander teilen. Benutzen sie auch unterschiedliche Geschichten und Metaphern, haben sie doch zu einem großen Teil dasselbe erlebt. Zum anderen bieten sie einen lebendigen und motivierenden Ausblick in die Zukunft.

5.8 Gamification, Agilität und Demokratie – ein Zwischenfazit

Erneut testen wir die vorgestellten Methoden auf Agilität und Partizipation:

- Zur Agilität und nebenbei zur selbstbestimmten Testung der eigenen Kompetenzen ist ein gepflegtes Scheitern Pflicht, am sinnvollsten mit einem gut vorbereiteten Prototypen, zum Beispiel einem Adhoc-Szenario, erstellt im Rahmen eines Krefa-Workshops.
- Feedbacksysteme sind hochgradig agil, da sie, wenn sie funktionieren, so automatisch ablaufen wie in der Natur. Die Höhe des Partizipationsgrads hingegen ist davon abhängig, welche Systeme installiert wurden.
- Das Arbeiten mit Personae eröffnet uns neue Perspektiven und ermöglicht damit ein agiles Denken im mentalen Raum. Wir nehmen Reaktionsmöglichkeiten vorweg und sind damit für möglichst viele Eventualitäten gewappnet.
- Im Zusammenhang mit den Appreciative Inquiry-Interviews dient Storytelling zuerst der Vernetzung der Teammitglieder und ist damit wenig agil. Erst im zwei-

ten Schritt wird daraus eine Kreativmethode, die ähnlich wie das Denken in Personae eingesetzt werden kann.
- Das POEMS-Konzept schließlich dient ebenso wie Roadmaps und Vernetzungsbäume der Einordnung von Aufgaben in einen größeren Zusammenhang, inhaltlich oder zeitlich. Weiß ich, welche Aspekte wie zusammenhängen, hilft uns das zumindest, klare, demokratische Prioritäten zu setzen.

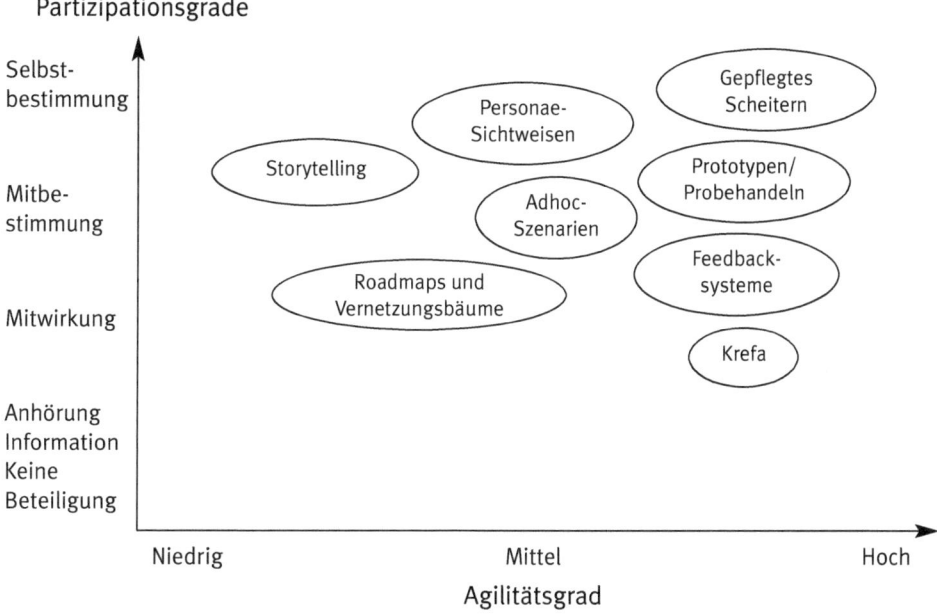

6
VERNETZUNG UND WISSENSAUSTAUSCH

6.1 Connectivity

Demokratische Führungshaltungen wurden installiert. Aus Feedback und Fehlern wurde gelernt. Kommen wir zu den Menschen, die das Ganze auf ihren Schultern tragen: den Mitarbeitern.

Was digitalisiert werden kann, wird auch digitalisiert. Ein Schreibtisch ohne Computer ist schon lange nicht mehr denkbar. Unsere Arbeit wird durch vielfältige Programme unterstützt. Egal, wo wir sind, über das weltweite Netz sind wir miteinander und mit dem Wissen der Welt, oft auch mit dem Fachwissen entsprechender Anbieter verbunden. Connectivity heißt das Schlagwort.[147]

Die digitale Vernetzung verlieh unserer Wissensgesellschaft einen Turboschub. Sie verändert Ausbildung und Fortbildung, Führung und Personalentwicklung, Kooperation und Informationspolitik. Die gesamte Gesellschaft ist im Umbruch durch die Digitalisierung: Musik, Landkarten, Vermietungen, Einkauf, Logistik, Taxiunternehmen, mediale Sehgewohnheiten, Zeitungen, Bücher. Die digitale Welt verändert unseren Blick, den Zugang zu und Umgang mit Wissen von Grund auf.

Gleichzeitig sind die Probleme, mit denen wir es in Unternehmen, Kommunen und sozialen Trägern zu tun haben, komplex, auch wenn manche dieses Wort kaum noch hören können. Unternehmen kämpfen gegen die Konkurrenz in China, Kommunen organisieren Flüchtlingsunterkünfte und Kindergärten versuchen, den Essensgewohnheiten und Religionen 20 verschiedener Ethnien gerecht zu werden.

Organisationen sind der hohen Dynamik durch Globalisierung und Digitalisierung ausgesetzt und werden es schwer haben, ohne Vernetzung langfristig mit diesem Druck umzugehen. Allerorten heißt es: „Ich habe keine Zeit." Dabei geht es vermutlich um andere Stressfaktoren als die mangelnde Zeit, die als Platzhalter vorgeschoben wird. Es geht vielmehr um die Überforderung im Umgang mit einer Welt, die uns vorkommt, als hätte eine heimliche Macht mit einem riesigen Magneten dem Kompass, mit dem wir aufwuchsen, die Orientierung geraubt.

Die Vernetzung von Wissen zum agilen Umgang mit komplexen Problemen ist umso dringender, wenn wir uns vor Augen führen, dass parallel zur Digitalisierung

---
[147] Vgl. Bumiller/Hübler/Simen, S. 10

VERNETZUNG UND WISSENSAUSTAUSCH

- ... die Fluktuation in der Belegschaft größer und schneller wird. Die Mobilität nimmt zu. Ehrgeizige Mitarbeiter wechseln schneller als früher ihren Arbeitgeber, was den Bedarf für einen konsistenten und tragfähigen Wissensfluss erhöht. Gleichzeitig behindert eine hohe Fluktuation die Bindung der Mitarbeiter untereinander, was den Wissensaustausch zusätzlich behindert.
- ... in wenigen Jahren der demografische Wandel zuschlagen wird. In manchen Organisationen wird von einem Austausch von bis zu 50 Prozent gesprochen. Mit dem Ausscheiden erfahrener Mitarbeiter geht eine große Menge an Wissen verloren, nicht zuletzt deshalb, weil viele derer, die in den nächsten Jahren ausscheiden, es nicht gewohnt sind, ihre persönlichen Prozess- und Projekterfahrungen zu dokumentieren und damit für ihre Nachfolger zu erhalten. Sollten die Generationen Y und Z ihre Dokumentierfreudigkeit behalten, werden wir zumindest damit zukünftig keine Probleme mehr haben.

Reflexion: Vernetzung

- *Welche Vernetzungen zwischen welchen Teams, Abteilungen und Bereichen sind in unserer Organisation dringend notwendig?*
- *Welche Informationen sollten unbedingt geteilt werden?*
- *Was würde eine Vernetzung bringen?*
- *Welche Überzeugungsarbeit müssten wir leisten?*

6.2 Komplex oder kompliziert?

Die Komplexität unseres Umfelds zwingt uns, uns mit anderen zu vernetzen, um Probleme gemeinsam zu meistern – in der Grafik anhand der sogenannten Cynefin-Matrix zusammengefasst:[148]

1. Einfache Aufgaben oder Situationen sind leicht zu handhaben: Ich unternehme eine Tätigkeit A, die zu einem Effekt B führt. In der Regel reicht es, auf die eigene bewusste oder intuitive Erfahrung zurückzugreifen oder einen Kollegen zu fragen.
2. Komplizierte Tätigkeiten sind ebenso kontrollierbar, allerdings in der Regel nicht mehr alleine, da aus A nicht mehr ausschließlich B, sondern ebenso C und D usw. folgen. Zudem könnte es zwischen A und B eine Blackbox geben, in der sich nur

---

[148] Vgl. https://de.wikipedia.org/wiki/Cynefin-Framework

Spezialisten auskennen. Dazu brauchen wir ein Team und eine gute bis perfekte Planung, um die komplizierten Zusammenhänge gemeinsam zu durchleuchten und anzugehen.

3. Komplexe Zusammenhänge sind undurchschaubar.[149] Während komplizierte Aufgaben meist mechanisch-technischer Natur sind, haben komplexe Aufgaben lebendig-organische Hintergründe. Selbst etwas Einfaches wie ein Meeting oder ein Mitarbeitergespräch ist nicht zu 100 Prozent planbar. Deshalb geht es hier darum, sich um die wesentlichen Aspekte einer Aufgabe zu kümmern und (oftmals intuitive) Prioritäten zu setzen, um sich ein Minimum an Kontrollgefühl zu erhalten. Prioritäten sind niemals rein logisch begründbar, sondern basieren auf Werten. Aufgrund der Komplexität ist es ebenfalls anzuraten, die Schwarmintelligenz eines Teams darauf anzusetzen. Im agilen Kontext weitet sich dieser Teamgedanke zusätzlich auf Kunden als Informationslieferanten aus.

4. Im letzten Feld geht um das pure Chaos während Katastrophen und Krisen, etwa wie in den Kündigungswellen im Rahmen einer Insolvenzanmeldung. Wirklich handlungsfähig ist in diesem Moment kaum jemand. Jetzt geht es erst einmal darum, die Ruhe zu bewahren und sich mit anderen zu verbünden, um wieder handlungsfähig zu werden.

Situations- und Aufgabenanalyse

	intuitiv	planerisch-kognitiv
nicht kontrollierbar	**komplex** z. B.: Mitarbeiterführung **Vorgehen:** Prioritäten setzen, Teamarbeit, kreativer Gruppenflow, Prototypen, aus Fehlern lernen, mit Wahrscheinlichkeiten/Möglichkeiten/Optionen rechnen	**chaotisch** z. B.: Krisen, Insolvenz **Vorgehen:** Ruhe bewahren, Vorbereitung, um wieder handlungsfähig zu werden, Rettungsaktionen, Steuerung durch Helden/Big Persons
kontrollierbar	**einfach** z. B.: Reparatur eines Produkts, Servicepoint **Vorgehen:** Erfahrungen umsetzen, Handeln nach dem Ursache-Wirkungs-Prinzip	**kompliziert** z. B.: Planung/Herstellung eines Produkts, Durchführung eines Prozesses **Vorgehen:** Analysieren, Austausch mit Experten, Teamarbeit, Perfekte Planung (Prozess-/Projektmanagement)

---

[149] Radermacher (S. 128 f.) erläutert den Unterschied zwischen kompliziert und komplex anhand eines Fußballspiels: Die Regeln sind kompliziert, aber erlernbar. Die Interaktionen im Spiel sind komplex und niemals zu 100 Prozent vorhersehbar. Wäre es anders, hätte das Anschauen eines Fußballspiels keinen Reiz.

VERNETZUNG UND WISSENSAUSTAUSCH

Reflexion und Teamübung:

Reflektieren Sie gemeinsam mit Ihrem Team, wie einfach, komplex, kompliziert oder chaotisch aktuelle Problemstellungen, Projekte oder Aufgaben sind. Nutzen Sie dazu Skalen von 1 bis 10:
- *1 bis 3: einfach*
- *4 bis 6: kompliziert*
- *7 bis 9: komplex*
- *10: chaotisch*

Sie können die Skala um eine Kaffeetasse sowie ein Fragezeichen erweitern:
- *Für eine Einschätzung brauchen wir mehr Zeit.*
- *Kann ich momentan nicht einschätzen.*[150]

Großprojekte wie den Berliner Flughafen, die Elbphilharmonie oder Stuttgart 21 können wir folglich als kompliziert und komplex, manchmal sogar als chaotisch, betrachten: Sie bestehen aus einer Unzahl an Teilprojekten mit mindestens so vielen Experten, Zulieferern und Interessengruppen, von denen niemand zu 100 Prozent berechenbar ist.[151]

Da in solchen chaotischen, komplexen und komplizierten Zeiten niemand alleine über den Stein der Weisen verfügt – obwohl manche Demagogen eben das behaupten –, bieten sich aus Wissensvernetzungssicht drei Auswege an:

1. Die Förderung organisationsinterner und -übergreifender Netzwerke und Kooperationen zwischen unterschiedlichen Akteuren, ohne an Hierarchien oder Wissen als Karriereturbo zu denken.
2. Das Wissen potenzieller Wissensträger herausfinden, kategorisieren und transparent machen.
3. Probleme konsequent mit interdisziplinärem Wissen angehen, ohne an Grabenkämpfe zwischen unterschiedlichen Glaubensrichtungen von Disziplinen zu denken.

---

[150] Vgl. Häusling, Praxisbuch Agilität, S. 79
[151] Deshalb verbietet es sich meiner Meinung, über komplexe und komplizierte Themen mittels Volksentscheiden abzustimmen. Eine Meinungsbildung ohne eine tiefere Beschäftigung mit der Thematik erscheint mir nicht möglich und eröffnet damit, Beispiel Brexit, Demagogen Tür und Tor. Den einzigen Ausweg bietet in solchen Fällen meiner Meinung nach die prozesshafte Bearbeitung des Themas durch ein Team, wie wir es in Kapitel 7 kennenlernen werden.

Management zu digitalisieren und auf Agilität zu trimmen bedeutet nicht, überall komplexe Zusammenhänge zu sehen, sondern klar zu unterscheiden, welche Situationen komplex sind, wann folglich eine agile Vorgehensweise sinnvoll und wann Planung angesagt ist.

Ebenso lassen sich komplexe Zusammenhänge nicht digital bearbeiten, während wir uns das Leben erleichtern können, indem wir komplizierte Zusammenhänge Computern überlassen.

6.3 Komplexität erfordert wertebasierte Entscheidungen

6.3.1 Warum Wahrheit und Logik nicht mehr ausreichen

Seit dem Siegeszug des Internets in den 1990er-Jahren ist es möglich, immer und überall auf Informationen zuzugreifen, was zuvor nur von einem festen Arbeitsplatz aus möglich war. Damit verbunden sind jedoch enorme Anforderungen an die Gestaltung von Telearbeitsplätzen hinsichtlich der Datensicherheit, Ergonomie des Arbeitsplatzes sowie des Selbstmanagements der Mitarbeiter. Größere Freiheiten erfordern mehr Kompetenzen und eine größere Verantwortung, auch und vor allem für Führungskräfte.

Seitdem ist die Wahrheit tot, auch wenn wir uns regelmäßig darüber streiten, wer nun recht oder die besseren Argumente hat. Wahr oder falsch gehören in die Wissenschaft, nicht in die Politik und nicht in die Unternehmensführung.

Die Kategorie Wahrheit gehört in geschlossene Systeme, in naturwissenschaftliche Labore. Mische ich Eisenchlorid und Schwefelwasserstoff zusammen, beginnt es, fürchterlich zu stinken. In meiner Kindheit wurden so im Chemieunterricht Stinkbomben hergestellt, was übrigens virtuell viel weniger Spaß macht. Die Reaktion funktioniert, sofern ich die richtigen Stoffe zusammenbringe und das Experiment sauber ausführe. Die Herstellung einer Stinkbombe ist extrem einfach. Ich kann im Laufe des Prozesses testen, ob der Test funktioniert. Ich kann den Wahrheitsgehalt von Versuch, Sauberkeit und Inhaltstoffen klar ermitteln.

Raucht es? Blubbert es? Stinkt es?

Habe ich die richtigen Stoffe zusammen gemischt? Wir wissen zwar, dass diese Kategorien nur im Labor sauber angewendet werden können. Doch leider fräsen sich die

Prinzipien der Aufklärung quer durch unseren Alltag. Also tragen wir die vermeintlichen Wahrheiten in Anpassungsprozessen wie ein Banner vor uns her. Das Problem ist nur: Vor einem Jahr sah dieses Banner noch ganz anders aus. Und im Jahr davor auch. Da fragt sich mancher Mitarbeiter, was das Ganze soll – und wartet lieber ab, bis sich der Sturm wieder legt.

Die Vereinfachung unseres Lebens durch diese Extrempositionen scheint eine so hohe Anziehungskraft auszuüben, dass wir sie wider besseren Wissens liebend gerne in unseren Alltag übernahmen. Unser Alltag ist jedoch so komplex, dass die pauschalen Kategorien wahr oder falsch nur selten zutreffen. Ist es wahr, dass sich die Weltmeere erwärmen? Es kommt darauf an, wie der Jurist sagt, zum Beispiel auf den zeitlichen Vergleichskontext. Statistiken werden nicht gefälscht. Sie werden lediglich in unterschiedlichen Kontexten dargestellt. Ist es wahr, dass Kaffee ungesund ist? Und Sport gesund? Fragen Sie einen 40-jährigen ehemaligen Profiturner. Ist Trump wirklich schlecht? Was würde die New York Times dazu sagen? Deren Online-Abonnements stiegen dank Trump sprunghaft an. Sie nennen es den Trump-Bump. Ist es wirklich schlimm, dass die AfD im Bundestag sitzt? Wie wäre es damit: Die Demokratie kann sich auf offener Bühne beweisen. Die Demokratie holte sich ihre Feinde ins Parlament, um offen mit ihnen umzugehen, statt gegen außerparlamentarische Schattenmonster zu kämpfen.

Die Wahrheiten, die uns allerorts präsentiert werden, sind nicht mehr als Halbwahrheiten. Es ist vielleicht schmerzhaft, aber die Wahrheiten, die Sie als Führungskraft präsentieren, sind auch nur Halbwahrheiten, die gegen die Halbwahrheiten der Mitarbeiter kämpfen.

Wahrheit ist nicht spürbar

Hinzu kommt, dass Wahrheit nicht spürbar ist. Wahrheit entsteht im Denken. Das Denken jedoch hat keine automatische Auswirkung auf unser Leben. Um etwas als wahr zu akzeptieren, muss es für Ihre Mitarbeiter Relevanz haben. Sie müssen es in ihrem Alltag umsetzen wollen und können, weil die Umsetzung klare logische Vorteile oder die Vermeidung von Nachteilen mit sich bringt.

Wahrheit im Sinne der Aufklärung hatte immer den Zweck, unser Leben zu verbessern, wenn wir entsprechend der Wahrheit handeln. Wahrheiten jedoch, die uns weder Sicherheit bieten, noch als Handlungsanleitung für die Zukunft herhalten, können diesen Sinn nicht mehr erfüllen. Virtuelle Teams haben folglich ein Problem. Sie können zwar über Wahrheiten diskutieren, jedoch kaum emotionale Relevanz vermitteln. Gleiches gilt für jedwede Art des digitalen Informationsaustauschs. Damit steht es 1:0 für das, was wir in Kapitel 6.5.1 als Communities of Practice kennenlernen werden.

Fake News oder alternative Fakten?

Vor diesem Hintergrund lassen sich alternative Fakten nicht nur als Gegenpol oder Leugnen von Halbwahrheiten betrachten, sondern als Zerrspiegel jener Halbwahrheiten einer heiß gelaufenen pseudoaufklärerischen Medienwelt. Picken sich rechte Demagogen genehme Teilaspekte aus Statistiken heraus, machen sie nichts anderes als alle anderen auch. Jeder sucht sich in gewissem Maße die Informationen aus, die seine Pläne stützen. Wir sollten daher lernen, zwischen Fake News und alternativen Fakten zu unterscheiden:

- Fake News verfolgen das Ziel, Falschwahrheiten zu verbreiten und Andersdenkende zu diffamieren.
- Alternative Fakten unterstützen alternative Meinungen.

Hinter beiden verstecken sich nicht nur Meinungen, sondern Wertegerüste, die unter dem Deckmantel der Fakten daher kommen. Wäre es nicht einfacher und klarer, diese Werte ehrlich anzusprechen? Nicht obwohl, sondern weil es weh tut!

Für uns stellt sich dabei die Frage, was wirklich wahr ist und was wir als angenehme inhaltlich und zeitlich begrenzte Wahrheit zu akzeptieren bereit sind. Müssen wir uns also wirklich verändern? Agiler werden? Müssen Führungskräfte lernen, loszulassen? Bringen Führungs-Coachings mit Pferden den großen Durchbruch?

Es kommt darauf an.

Ganz zu schweigen von den großen organisationalen Lebenslügen: Die Sozialen glauben, sie wären die Guten. Ist das wirklich so? Große Organisationen und Konzerne glauben, dass sie auch morgen noch existieren. Unumstößlich? 2012 war der Nürnberger Kreisverband der Arbeiterwohlfahrt plötzlich pleite. Der bekannte Wäschehersteller Schiesser musste 2009 Insolvenz anmelden. 2009 erwischte es außerdem die Kaufhauskette Woolworth. Große Namen sind kein Schutz vor einer Pleite.

Reflexion: Alternative Fakten

- *Woran glauben wir in unserer Organisation als feste Wahrheiten?*
- *Sind diese Wahrheiten wirklich so sicher wie das Amen in der Kirche?*

VERNETZUNG UND WISSENSAUSTAUSCH

6.3.2 Es geht um Werte, nicht um Fakten!

Ich glaube nicht, dass unsere Medienwelt parteiisch ist. Ich glaube aber an die Mem-Theorie, die besagt, dass dominante Theorien und Ideen sich stärker fortpflanzen als weniger dominante. Aktuell erscheint es normal, dass Ideen wie „Frieden ist besser als Krieg" oder „Nächstenliebe" sich in den Medien dominanter verbreiten als das Gegenteil. Aber es gab schon andere Zeiten.

Ob Krieg schlecht ist und Frieden gut, ist weder wahr noch falsch. Für beide Positionen gibt es genügend Gründe. Es geht um den Kontext, der entscheidet, was im speziellen Fall sinnvoller erscheint. Die Grünen mussten diese Erkenntnis zur Zeit des Kosovo-Konflikts in den 1990ern als bittere Pille schlucken.

Für Krieg oder Frieden zu sein hat weniger mit Wahrheit zu tun als mit Werten: Will ich als Menschenfreund eingreifen, um einen Genozid zu verhindern? Oder gehe ich davon aus, dass ein System sich nur aus sich selbst heraus weiterentwickelt und ich so wenig wie möglich eingreifen sollte?

Ob eine offene Konfrontation mit einem Mitarbeiter richtig ist oder nicht, lässt sich erst im Nachhinein ergründen. Sobald Menschen ins Spiel kommen, werden Situationen komplex und damit unkalkulierbar. Auch hier geht es um unsere Werte und unser Menschenbild. Trauen wir unserem Mitarbeiter zu, dass er sich angemessen wehrt? Gehen wir davon aus, dass ein reinigendes verbales Gewitter zu einer Klärung der gegenseitigen Erwartungen führt?

In diesem Sinne werden es auch bei Ihnen im nächsten Veränderungsprozess manche schaffen und andere nicht. Die wichtigste Frage dabei lautet jedoch: Wie reagieren Sie als Führungskraft? Verkaufen Sie Ihren Mitarbeitern noch die Fakten, von denen Sie nun wissen, dass es keine harten Fakten sind? Oder trauen Sie Ihren Mitarbeitern die komplexe Wahrheit zu, dass es keine Wahrheit gibt? Was bedeutet, dass nicht einmal Sie selbst die Wahrheit kennen.

Auf der Ebene der Fakten können keine Diskussionen gewonnen werden, in der Politik ebenso wenig wie in Organisationen. Hier stehen Halbwahrheiten alternativen Fakten gegenüber:

- „Wir halten es für richtig, dass unsere Organisation sich in Zukunft agiler aufstellt, weil wir den Kunden verstärkt als strategischen Richtungsanzeiger einsetzen wollen."
- (Regieanweisung: Ironischer Unterton) „Klingt gut. Das heißt: Wir schwimmen ab heute mit dem Strom, mit der Masse und reagieren auf jede Zuckung eines unzufriedenen Kunden."

Wer soll da gewinnen?

Stattdessen brauchen wir mehr Diskussionen über Werte und Menschenbilder:

„Wir halten es für wichtig, dass unsere Organisation sich in Zukunft agiler aufstellt. Wir wollen den Kunden verstärkt als strategischen Richtungsanzeiger einsetzen. Es geht uns um demokratische Entscheidungsprozesse zwischen Führungskräften, Mitarbeitern und Kunden. Wir glauben nicht daran, dass es sinnvoll ist, sich dem täglichen Kampf um die Deutungshoheit eines guten oder schlechten Produkts auszuliefern. Dafür ist die Welt zu komplex. Ehrlicherweise müssen wir zugeben: Wir haben eine Ahnung davon, was der Kunde will. Genau wissen tun wir es nicht. Deshalb glauben wir daran, dass wir gemeinsam an dem Produkt arbeiten sollten, das uns allen den größten Mehrwert bringt."

Damit eröffnen Sie eine demokratische Diskussion über Werte, in der sich jeder Mitarbeiter selbst verorten kann und muss. Seien wir dankbar für den oft als Lähmschicht gescholtenen Mittelbau unserer Organisationen, der es uns ermöglicht, diese wertebasierten Diskussionen mit seinen Mitarbeitern zu führen.

Reflexion: Werte

- *Welche Werte als Basis einer kooperativen Vernetzung sind Ihnen wichtig?*
- *Welchem Menschenbild hängen Sie an?*
- *Was trauen Sie Ihren Mitarbeitern zu?*

6.3.3 Komplexität erfordert provokante Führungskräfte

Über Wahrheiten lässt sich vortrefflich rational-logisch diskutieren – um Werte streiten wir. Es wäre schön, wären wir immer einer Meinung. Wir alle wissen, dass dem nicht so ist. Wer seine Mitarbeiter lenken will, muss sie folglich mit seinen Wertehaltungen provozieren. Bei all dem gilt es, für Ideen, Werte und Visionen zu kämpfen, statt Personen anzugreifen. Sie kennen das bereits: Es ist die Haltung, nicht die Methode!

Schauen wir uns dazu die vier archetypischen Führungsfiguren aus meinem Buch *Provokant – Authentisch – Agil* an:[152]

- Neugierige Visionäre bringen auf eine oft humorvolle und assoziative Weise Ideen ein, um zu testen, wie diese ankommen. Sie zeichnen sich aus durch Flexibilität, Anpassungsfähigkeit und Lebendigkeit.

---
[152] Vgl. Hübler, Provokant – Authentisch – Agil, S. 20 f.

VERNETZUNG UND WISSENSAUSTAUSCH

- Idealistische Kämpfer schlagen sich eindeutig auf eine Seite und provozieren damit Gegenmeinungen, die es folglich auszudiskutieren gilt. Sie zeichnen sich aus durch Authentizität, Echtheit, Direktheit, Streitbarkeit, Unnachgiebigkeit und Mut.
- Planerische Strategen setzen ihre Provokationen, zum Beispiel einen Witz, gezielt ein, um bei ihrem Gegenüber eine Reaktion herauszufordern. Jeder Witz und jede Anekdote in meinen Büchern ist sinnhaft und kann strategisch eingesetzt werden, um eine Diskussion in Gang zu bringen. Planerische Strategen zeichnen sich aus durch Vertrauen, Geduld und Souveränität.
- Geduldige Mediatoren provozieren durch insistierende Fragen. Sie zeichnen sich aus durch Menschlichkeit, Loyalität und Fairness.

Komplexe Zusammenhänge erfordern eine wertebasierte Führung, die wiederum authentische Führungskräfte nötig macht, die etwas bewegen, etwas verändern wollen und für klare Werte einstehen.

Als Einzelkämpfer können Provokateure langfristig nicht überleben. Ein Provokateur ohne kooperative Basis gleicht einem Querulanten. Führungskräfte brauchen Verbündete, auf die sie sich verlassen können, womit wir wieder beim Thema Kooperationen gelandet sind. Es geht in der Führung darum, im Streit seine Mitarbeiter so respektvoll zu provozieren, dass sie gerade deshalb anschließend an der Umsetzung mitarbeiten.

Damit wir uns nicht falsch verstehen: Eine einzelne Person kann Komplexität nicht alleine handhaben. Dazu braucht es kreative und kooperative Gruppen. Diese jedoch brauchen eine Führungskraft, die ihnen den Rahmen bietet, genau diese Komplexität zu meistern. Wie der Wissenschaftsjournalist James Surowiecki in seinem Buch *Die Weisheit der Vielen* zeigt, sind Teams Einzelpersonen in komplexen Situationen weit überlegen. Sie brauchen jedoch genau diese Einzelperson, die ihnen Rollen, Richtlinien, Regeln und Rituale an die Hand gibt, um nicht in einem Chaos zu enden. Und sei es nur die simple Brainstorming-Regel „Erst alle Ideen sammeln und dann bewerten", um Kaskadenbildungen[153] zu vermeiden.

---

[153] Kaskadenbildungen sind Folgeentwicklungen in Brainstormings, wenn alle anderen Teilnehmer dem Vorschlag einer dominanten Person folgen.

Reflexion: Werte vermitteln[154]

- *Wofür stehen Sie?*
- *Welche Handlungen anderer gehen Ihnen gegen den Strich?*
- *Wie sehen Ihre größten Stärken aus?*
- *Wie sehen Ihre Achilles-Sehnen aus?*
- *Mit welchen Mikrohandlungen setzen Sie sich täglich/wöchentlich/monatlich für eine bessere Welt ein?*

6.4 Kooperationen als soziale Basis für Agilität

6.4.1 Warum wir kooperieren

Die Komplexität und Unberechenbarkeit zeigen uns deutlich, dass wir kooperieren müssen, um zu überleben. Deshalb wird in digitalen Leitfäden geraten, sich als Unternehmen mit Start-ups oder Universitäten zu vernetzen, um sein eigenes Wissen zu aktualisieren sowie langfristige Kooperationen mit potenziellen Mitarbeitern anzubahnen.

Und dennoch hält sich der Wettbewerbsgedanke erfolgreich in unseren Köpfen und kam durch Donald Trump mit „America first" zu einer neuen Renaissance. Kooperationen gelten häufig als unsexy im Vergleich zum Heldentum der Alleingänge. Von Herakles und Odysseus bis zu Jesus und Buddha sind wir geprägt von einzelnen Kriegern und Heilsbringern, die für uns in die Bresche springen. Denken wir an Teams, fallen uns vielleicht als erstes die sieben Schwaben ein. Nicht gerade schmeichelhaft. Natürlich gibt es ebenso erfolgreiche Teams wie die deutsche Eishockeymannschaft, die bei den Olympischen Winterspielen 2018 in Pyeongchang beinahe Gold geholt hätte. Doch wer kennt deren Namen? Wir erinnern uns lieber an einzelne Helden, die am Ende das goldene Tor schossen. Doch was wären diese Einzelpersonen ohne ihr Team? Was wäre Odysseus ohne seine Mannschaft? Was hätte Jesus ohne Jünger bewirkt?

Entsprechend wird Teamfähigkeit zwar gefordert, nicht jedoch gefördert. Führungskräfte werden nicht für die Teamfähigkeit ihrer Mitarbeiter oder die Teamatmosphäre bezahlt, sondern für die Erfolge Einzelner im Vergleich zur Konkurrenz.[155] Fehlt uns die Demut, uns als Teil in ein Team einzugliedern?

---
[154] Unter Hübler, Provokant – Authentisch – Agil, S. 227 ff. finden Sie ausführliche Fragebögen zu den vier Provokateuren.
[155] Vgl. Sprenger, S. 20 f.

VERNETZUNG UND WISSENSAUSTAUSCH

Wie also lassen sich Kooperationen als mentale Modelle in Organisationen etablieren?

Zuerst einmal ist es wichtig, die Logik hinter Kooperationen zu verstehen:
- Der gute Ruf: Wir kooperieren, wenn jemand zusieht. Der gute Ruf wird daran sicher keinen Schaden nehmen. Immerhin sagte schon das Matthäus-Prinzip sinngemäß: Wer gibt, dem wird gegeben. Wenn wir es uns leisten können, anderen zu helfen und uns damit als Teil des Teams zu sehen, … also doch sexy sein.
- Wie du mir, so ich dir: Wir helfen anderen, um später selbst mit Hilfe zu rechnen. Manche setzen dies bewusst ein, um ihre Mitmenschen in der Hand zu haben, sie emotional zu bestechen: Wäre es nicht schändlich, wenn du mir nicht hilfst, wo ich dir schon so oft geholfen habe? Helfen und kooperieren wird damit zu einem guten oder bösen Return of Investment. Zudem wissen wir insgeheim, dass wir andere Menschen mindestens ein zweites Mal wiedertreffen und befürchten eine Revanche: Hilfst du mir nicht, helfe ich dir nicht.
- Großes schaffen wir nicht alleine: Wir kooperieren, weil wir nicht anders können. Organisationsziele können wir nur im Team erreichen.

Kooperationsphasen

Die Bereitschaft zu kooperieren lässt sich in drei Phasen einteilen:

1. **Altruismusphase:** Eine Vielzahl an Studien spricht dafür, dass Kinder altruistisch auf die Welt kommen. Sie helfen selbstlos, ohne etwas von der Gegenseite als Gegenleistung zu erwarten.
2. **Reziproke Kooperationsphase:** Spätestens im Kindergarten erfahren die Kinder, dass ihr Altruismus oft missbraucht wird. Sie lernen zu selektieren und sich ausschließlich den Menschen gegenüber altruistisch zu verhalten, die ihre Hilfe erwidern. Damit treten sie in die Phase des selektiven Altruismus beziehungsweise der reziproken (gegenseitigen) Kooperationen ein. Das „Wie du mir, so ich dir" im positiven wie negativen Sinne ist geboren.
3. **Eindrucksmanagement:** Auch Erwachsene kooperieren im Vergleich zu Tieren lieber als zu kämpfen. Anders wären Erfindungen von der Entwicklung unserer Sprache bis zum Teilchenbeschleuniger kaum denkbar. Wir spenden. Wir helfen anderen und bringen uns dabei selbst in Gefahr. 31 Millionen engagieren sich alleine in Deutschland ehrenamtlich. Mitarbeiter arbeiten auf Open Source-Platt-

formen an Programmen, für die sie niemals Geld sehen werden. Menschen scheinen intrinsisch motiviert zu sein, anderen zu helfen. Sobald man ihnen Geld dafür gibt, ist die Motivation dahin. Dennoch ist der Kooperationswille bei Erwachsenen nicht mehr so rein wie bei Kindern: Wir arbeiten an unserem Bild in der Öffentlichkeit, indem wir generös Normen einhalten, anderen helfen und so der Welt zeigen, wie verlässlich und fair wir doch sind. Im positiven Sinne handelt es sich dabei um ein absichtsloses Vorgehen, das in aller Regel dennoch belohnt wird. Im negativen Sinne mieten sich Hollywoodgrößen einen Kahn und einen Kameramann, um Menschen nach der Flut von New Orleans medienwirksam zu helfen.

Kooperationen zahlen sich aus

Kooperationen machen mehr Spaß, weil wir im Kooperationsmodus aufgrund unserer Spiegelneuronen, während wir anderen helfen gleichzeitig uns selbst helfen, sie verringern den Stresslevel, da wir uns jenseits des Kriegsmodus weniger beweisen und verteidigen müssen und sparen durch die Reduzierung von Konflikten eine Menge Zeit.

In komplexen Situationen führt ein gegenseitiges Vertrauen zu einer geringeren Anzahl von Kontrollen. Wenn ich jemandem vertraue, muss ich ihm nicht nachspionieren, um seine Leistungen zu überprüfen. Das spart Zeit, Nerven und Geld.

Kontrollierte Mitarbeiter hingegen achten stets darauf, nicht beobachtet zu werden und greifen mitunter zu der ein oder anderen kleinen oder größeren Lüge. Die Kreativität und Leistung bleiben dabei auf der Strecke, wenn jeder mit sich selbst beschäftigt ist.

> *Die Tiere des Waldes wollten den besten Sänger erkunden. Als ausgezählt wurde, ergab sich, dass alle für den Esel stimmten, außer der Esel selbst. Sie wollten alle gewinnen und gingen davon aus, dass der Esel ihr geringster Konkurrent wäre.*

Kann jeder seine Ideen frei äußern, ohne sich an der Meinungshoheit des Chefs zu orientieren, führen Kooperationen zu kreativeren Team-Leistungen. Chefs sollten sich deshalb zurückhalten, bevor nicht jeder im Team seine Meinung geäußert hat.

VERNETZUNG UND WISSENSAUSTAUSCH

Übungen zur Förderung von Kooperationen im Team

Übung 1: Ja-Kreis

Die folgende Improtheater-Übung hilft Ihrem Team auf spielerische Weise zu erkennen, wann es sinnvoll ist, einem Teamkollegen zu helfen und wann nicht.

Das Team stellt sich im Kreis auf. Eine Person (A) beginnt und sucht sich eine beliebige andere Person (B) im Kreis aus, die sie mit einem fragenden, einladenden oder forschen JA um Hilfe bittet. Nimmt B die Bitte an, antwortet sie mit einem zustimmenden JA und sucht sich die nächste Person. Lehnt B mit einem NEIN ab, versucht A mit einem forscheren, klareren oder freundlicheren JA, B doch noch für sich zu gewinnen oder sucht sich, sollte B bei seinem NEIN bleiben, eine andere Person aus.

In der anschließenden Reflexion wird diskutiert, was angenehmer war, das JA oder das NEIN und wann ein JA gerne angenommen wird, wann nicht. Meist wird ein JA nicht angenommen, wenn B spürt, dass das JA unklar ist, das heißt A sich selber nicht sicher ist. Oder es wurde zu schleimig, weinerlich oder aggressiv formuliert. Ein JA abzulehnen wird damit zum Geburtshelfer für eine klarere Kommunikation: „Wenn ich weiß, was du wirklich von mir willst, sage ich gerne JA."

Übung 2: Sprüche weitergeben

Die folgende Improtheater-Übung zeigt Ihrem Team auf spielerische Weise, dass wir alle unsere seltsamen Macken haben.

Das Team stellt sich wieder im Kreis auf. Die beginnende Person dreht sich ihrem Nachbarn im Kreis zu und gibt diesem einen Spruch und eine dazu passende Mimik und Gestik vor, zum Beispiel ein theatralisches „Das klappt doch nie!", während sie die Hände über dem Kopf zusammenschlägt. Die nächste Person wiederholt den gleichen Spruch mit der gleichen Gestik und Mimik. Anschließend sucht sie sich einen neuen Spruch mit einer anderen Gestik und Mimik aus, geht wiederum zum nächsten usw. So gehen die Sprüche und Mimiken reihum, solange das Team Spaß daran hat, wobei eine Runde meist ausreicht.

In der anschließenden Reflexion wird diskutiert, mit welchen Sprüchen das Team die größten Probleme hat und wie es am besten zum Beispiel mit Bremsern oder Nörglern umgeht. Am produktivsten ist es, im Sinne des Diversity-Gedankens die positiven Seiten eines Nörglers zu sehen, genauso wie ein ständiger Antreiber ebenso nervige Seiten hat.

6.4.2 Ist die Tendenz zur Kooperation angeboren?

Zahlreiche Studien gehen klar in Richtung „Helfen und Kooperieren ist angeboren". Die Fähigkeit zu Kooperationen scheint uns in die Wiege gelegt zu sein. Ist es denkbar, dass kleine Kinder sofort nach der Geburt gegen die eigenen Eltern rebellieren? Später ja. Doch direkt nach der Geburt? Wohl kaum. Wäre unklug. Der Grundstein für Kooperationen scheint gelegt zu sein. Und der Normalfall des elterlichen Altruismus verstärkt dieses Verhalten der gegenseitigen Hilfe. Immerhin kostete der Nachwuchs eine Menge Blut, Schweiß und Tränen mindestens einer Beteiligten. Es wäre seltsam, hier nicht auf einen emotionalen Return of Investment zu bauen.

Statt des egoistischen Samens, der sich gegen alle anderen durchgesetzt hat, könnte man genauso von den altruistischen Verlierer-Samen sprechen, die den Erfolg des Einzelnen ermöglichen, getreu dem Motto: Wir machen den Weg frei! Auf diesen Samen können Sie bauen. Vor diesem Hintergrund wird das egoistische zu einem kooperativen Gen.

Die Biologen Margulis und Sagan gehen sogar davon aus, dass weder der Kampf der Arten, noch die Anpassung an die Umwelt, sondern das Prinzip der Symbiose unser Hauptantrieb der Weiterentwicklung ist.[156] Immerhin entstanden Tiere, Pilze und Pflanzen durch unterschiedliche Phasen der Symbiogenese zwischen sauerstoffatmenden, wandlosen, schwimmenden und Photosynthese treibenden Bakterien.[157] Mit dieser Meinung sind die beiden Biologen nicht alleine, wie eine Fülle an Veröffentlichungen zeigt.[158]

Mit der Zeit scheinen Kinder es allerdings zu verlernen, anderen zu helfen. Eine klassische Studie mit Kindergartenkindern zeigt das sehr deutlich: Etwa 3-jährigen Kindern wurde ein Film gezeigt, in dem ein blaues, grünes und rotes Männchen zu sehen waren. Das grüne Männchen wollte einen Berg erklimmen und fiel immer wieder herunter. Da kam ein blaues Männchen hinzu und half dem grünen Männchen. In einer weiteren Sequenz kam ein rotes Männchen und schubste das grüne Männchen nach unten. Anschließend durften die Kinder sich aussuchen, mit welchem Männchen (rot oder blau) sie gerne spielen wollten, mit wem sie sich folglich identifizierten oder welches sie sympathischer fanden. Die meisten nahmen sich ein blaues Männchen. Am Ende der Kindergartenzeit wurde derselbe Test mit einigen Kindern wiederholt. Nun nahmen beinahe genauso viele Kinder das rote Männchen

---
[156] Vgl. Margulis/Sagan, S. 56, in: Grolle
[157] Ebd. S. 61
[158] Beispielhaft: Brandstetter, Johann/Reicholf, Josef H./Schalansky, Judith: Symbiosen – Das erstaunliche Miteinander in der Natur, Matthes Seitz 2017; und Offenberger, Monika: Symbiose – Warum Bündnisse fürs Leben in der Natur so erfolgreich sind, dtv 2017

wie das blaue. Vermutlich hatten einige gelernt, dass es besser ist, dem dominanten Männchen zu helfen. Kinder lernen folglich bereits im Kindergartenalter, dass es in einer rauhen Welt unvorteilhaft sein kann, auf Schwächere zu achten oder sich mit ihnen gemein zu machen. Eine deutliche Vorbereitung auf vielerlei Wettbewerbssituationen, die in Schule und Beruf noch stärker zum Tragen kommen.

Interessanterweise haben komplexe Varianten des Ultimatum-Spiels ergeben, dass Geber umso mehr Vertrauen in den Nehmer haben, je älter sie sind. Unser Alter lässt uns offensichtlich gelassener werden. Vielleicht sind es die Hormone. Vielleicht wollen ältere Menschen nicht mehr so viel im Leben erreichen. Oder sie wissen aufgrund ihrer Erfahrungen, dass Kooperationen sich langfristig eben doch mehr auszahlen als stetig gegeneinander zu kämpfen.

> **Exkurs: Das Ultimatum-Spiel**[159]
>
> Spieler A erhält einen Betrag von 10 Geldeinheiten und <u>kann</u> davon Spieler B etwas abgeben. Der Betrag, den A überweist, wird durch den Versuchsleiter verdoppelt, so dass insgesamt, je nach Großzügigkeit des Gebers, deutlich mehr Geld im Umlauf ist. Überweist A an B 5 Einheiten und damit die Hälfte seines Geldes, was den meisten fair erscheint, bekommt B 10 Einheiten überwiesen, wodurch insgesamt 15 Einheiten unterwegs sind. Nun ist B dazu angehalten, dem Geber aus seinen Einheiten, in unserem Beispiel 10, etwas zurückzugeben.
>
> Das Spiel wird eine begrenzte Anzahl von Runden gespielt, um zu beobachten, welchen Einfluss das Geben des einen auf das Zurückgeben des anderen hat.
>
> Am logischsten wäre es, alle Geldeinheiten zu überweisen. Kann ich jedoch meinem Gegenüber vertrauen?

Als beste Strategie kristallisierte sich die Tit-for-Tat-Regel heraus: Gibt mir jemand viel, gebe ich auch viel. Gibt er wenig, gebe ich auch wenig.

Die Tit-for-Tat-Regel können wir daher als Ur-Kern agilen Handelns bezeichnen: Ich orientiere mich an meinem Gegenüber und mein Gegenüber orientiert sich an mir. Ist mein Gesprächspartner nett, bin ich auch nett, ist er aggressiv, verteidige ich mich. Für zwischenmenschliche Kontakte empfehle ich allerdings die erweiterte Version als Tit-for-2-Tat-Regel: Ist mein Gegenüber aggressiv, gebe ich ihm eine zweite Chance. Bleibt er bei seinem Kommunikationsstil, verteidige ich mich.

Kooperieren ist logischer als ein Einzelkämpferdasein. Und dennoch kooperieren Menschen in Unternehmen so selten. Warum nur? Der Grund ist simpel: Koopera-

---

[159] Es gibt eine Vielzahl unterschiedlicher Versionen.

tionen und Teamfähigkeit werden offiziell propagiert. Belohnt und spürbar gefördert werden jedoch Einzelleistungen, angefangen bei Gratifikationen, über Aufstiege auf Karriereleitern bis hin zu den Zielen, die jede Abteilung ohne Rücksicht auf andere Abteilungen verfolgt: Die Beschaffung spart Geld, die Produktion achtet auf die Qualität, die Vertriebler sind auf der Suche nach schnellen Gewinnen, während die Organisationsabteilung langfristige Kundenkontakte anstrebt und der Service von den Beschwerden der Kunden genervt ist. Werden Unternehmensziele in Teilziele für jede Abteilung heruntergebrochen, wirken sie als Kooperationshemmschuh.[160]

6.4.3 Kooperationsförderer

Kooperationsnormen

Um in größeren Gruppen Vertrauen in Kooperationen zu haben, sollten Konformitäts- und Kooperationsnormen eingeführt werden:

- **Konformitätsnormen** werden durch Autoritäten oder durch Gruppendruck erstellt und aufrechterhalten.
  Ein typisches Beispiel für Konformitätsnormen ist die Einigung auf Führungsprinzipien der gesamten Führungsriege. Einzelne Führungskräfte mögen manche Normen und Prinzipien für fragwürdig oder sogar unsinnig halten. Sobald die Mehrzahl der Führungskräfte dahinter steht, entwickeln sich dennoch ein Anpassungsdruck und gleichzeitig eine Basis der Gruppenidentität. In schweren Fällen kann es sogar zu Sanktionen wie ironischen Sprüchen bis hin zur Kündigung kommen, um die Normen einzuhalten.
- **Kooperationsnormen** streben eine kooperative Problemlösung an. Wir strengen uns gemeinsam an, weil es für jeden von Vorteil ist. Niemand geht alleine auf Großwildjagd!

Kooperationsnormen können ebenso von außen angestoßen werden, wie es beispielsweise durch ein überhartes Einschreiten der Polizei regelmäßig auf Demonstrationen zu beobachten ist. Der Druck von außen erhöht den Kooperationsdruck im Inneren bis hin zur Aufopferung einzelner Individuen. So entstehen Phänomene wie etwa der Standing Man im Rahmen der Proteste auf dem Taksim-Platz 2013.[161]

---

[160] Vgl. Sprenger, S. 72
[161] https://de.wikipedia.org/wiki/Erdem_G%C3%BCnd%C3%BCz

VERNETZUNG UND WISSENSAUSTAUSCH

Transparenz

Um Kooperationen in einer agital-vernetzten Welt zu etablieren, braucht es Transparenz. Wird in Foren offen Wissen ausgetauscht als Zeichen der gegenseitigen Hilfe und Kooperation, bekommt das jeder mit. Damit steigt die Wahrscheinlichkeit, dass der Wissensgeber digitale Lorbeeren für seine Kompetenz bekommt und somit an seinem guten Ruf arbeitet. Gleichzeitig verhindert es einen Missbrauch durch blödsinnige Antworten. Anonymität hingegen verhindert Kooperationen beziehungsweise führt zu Egoismus und Skepsis, wie Millionen anonymer Hasskommentare im Internet zeigen.

> *Ein König war einst zu faul, Steuern einzutreiben. Stattdessen sollten all seine Untertanen einmal im Jahr einen Krug Wein spenden. Als es wieder einmal so weit war, schütteten sie alle einen Krug in ein großes Fass. Doch als der König den Wein probierte, war nur reines Wasser darin.*

Um zu verhindern, dass Menschen Angst haben, mit ihrer Meinung daneben zu liegen oder vom Management für das Äußern von „Fehlern" Repressalien erwarten zu müssen, braucht eine Organisation vor der Einführung eines Wikis oder Weblogs zur Vernetzung oder zum Wissensaustausch unbedingt eine lernfreudige Fehlerkultur.

In Kooperationen ist es sinnvoll, transparent zu sein, damit unser Umfeld uns einschätzen kann und Vertrauen gewinnt. Im Wettbewerb sieht die Situation anders aus. Wird eine Gazelle von einem Löwen gejagt, ist es nicht das Cleverste, vorhersehbar zu sein. In Kämpfen und Konkurrenzsituationen ist es sinnvoller, unberechenbare Haken zu schlagen und ein sogenanntes proteisches Verhalten (nach dem Gestaltwandler Proteus benannt) an den Tag zu legen.[162] Gleiches gilt für langfristige Beziehungen: Sind wir für einen Liebes- oder Kooperationspartner zu vorhersehbar, kommt schnell Langeweile auf. Eine gewisse Schlagfertigkeit macht nun einmal sexy. Unberechenbar sollten wir jedoch auch nicht sein.

Wichtig sind folglich eine gute Balance zwischen Transparenz und Überraschungen sowie die Frage nach dem passenden Zeitpunkt für einen unvorhergesehenen Haken. Für das erste empfehle ich eine Mischung analog zum Goldenen Schnitt: Etwa zwei Drittel Verlässlichkeit und ein Drittel Spannung, eine Regel, die sich zum Beispiel in der Werbung bewährte. Auch wenn wir an kreative Prozesse denken, bringen uns unvorhersehbare Sprünge in der Regel weiter, als das Altbewährte aufzukochen.[163] Für das zweite empfehle ich das Kairos-Prinzip: Vertrauen Sie darauf, dass

---

[162] Vgl. Miller, S. 242 ff., in: Sentker/Wigger
[163] Ebd. S. 247 f.

Ihre Intuition Ihnen im richtigen Moment das Signal für ein Wagnis einflüstert. Mit dem Goldenen Schnitt lässt sich sogar der Widerspruch zwischen der Anziehungskraft von Gleich und Gleich versus Gegensätzen klären: sowohl als auch. Es kommt auf die Mischung und den richtigen Zeitpunkt an.

Transparenz und Geheimnisse

In Dave Eggers Roman *The Circle* gibt es einen Schlüsseldialog zur Frage, wie viel Transparenz die Welt braucht, damit alle Menschen gleich miteinander umgehen. Und egal, welche Geheimnisse angesprochen werden, bei jedem fühlt man sich besser, wenn man es mit jemandem teilt. Nichts ist wirklich so schlimm, dass es nicht erzählt werden kann. Wenn doch, handelt es sich um ein Verbrechen, das in einer gläsernen Welt nicht mehr stattfinden würde.[164] Sie diskutieren jedoch nur um das „Was". In menschlichen Zusammenhängen spielen allerdings weitere Fragen eine Rolle. Ob ich ein Geheimnis teilen möchte, hängt auch davon ab, an wen, ob der Zeitpunkt passt und in welcher Dosis. Eine Veröffentlichung in sozialen Medien ist nicht mehr steuerbar. Doch gerade in heiklen Fragen – und darum geht es bei Geheimnissen immer –, spielt die Steuerbarkeit einer Nachricht eine wichtige Rolle: Ich äußere etwas, warte ab, was passiert, erläutere und verfeinere. Eine Diskussion beginnt. In sozialen Medien fehlt genau diese menschliche Komponente der feinen Actio und Reactio. Was jedoch am schwersten wiegt, ist der Zwang zur Transparenz. Transparenz lässt sich ebenso wenig einfordern wie Liebe.

An anderer Stelle des Romans findet sich sinngemäß der wunderbare Gedanke, dass unser Gehirn zwischen Bekanntem und Unbekanntem pendelt. Unser Gehirn scheint eine Balance zwischen den Geheimnissen der Nacht und der Klarheit des Tages anzustreben.[165] Wir brauchen Zeit, bis ein Fehlverhalten reif ist, um es zu äußern. Es braucht eine innere Reife, um mit Kritik umzugehen. Deshalb sollte auf kritische Feedbacks nicht sofort reagiert werden müssen. Wir benötigen Zeit, um Kritik zu verdauen. Statt einer Offenbarung für alle kann ein Tageslichttest[166], bei dem wir uns vorstellen, was andere Personen denken würden, würden sie uns „bei dunklen Tätigkeiten" sehen, helfen, sich klar darüber zu werden, wie schlimm eine Verfehlung oder ein Geheimnis wirklich ist. Dennoch bleibt es an uns, das Tageslicht an- oder auszuknipsen. Wir sollten die Freiheit behalten, das zu äußern, was wir wollen, oder mit Geheimnissen (noch) hinter dem Berg zu halten.

---

[164] Vgl. Eggers, S. 320 ff.
[165] Vgl. ebd. S. 488
[166] Vgl. Schütz, S. 155

VERNETZUNG UND WISSENSAUSTAUSCH

Verbindende Probleme

Kein Team funktioniert lediglich aufgrund guter Beziehungsgeflechte. Das Team braucht auch eine Ausrichtung, um zum Leistungsteam zu werden. Ausrichtend und gleichzeitig verbindend wirken Ziele und Probleme, die gemeinsam angestrebt und gelöst werden, in denen sich folglich Abhängigkeiten ergeben:[167]

- Probleme – hier ergeben sich Verzahnungen zur Strategie der Organisation – haben natürlich etwas mit dem Organisationszweck, konkret den Kundeninteressen zu tun: Welche Probleme wollen wir gemeinsam lösen?
- Unternehmerische Ziele lassen sich zerteilen, wonach jede Abteilung ihr eigenes Ziel bekommt. Allerdings hat das häufig eine egoistische Denkweise zur Folge, nämlich dass jede Abteilung für sich beansprucht, den größten Beitrag zur Wertschöpfung beizutragen. Der Verkauf braucht freien Zugang auf Daten. Die IT spricht von Datenschutz. Die Beschaffungsabteilung möchte sparen und versucht dies mit langfristigen Vereinbarungen. Die Forschungs- und Entwicklungsabteilung möchte mehr Geld ausgeben und strebt nach Innovationen, für die kurzfristige Besorgungen nötig sind usw. Sie alle wollen ihre Arbeit perfekt erledigen. Und je perfekter, desto schlimmer für die Nachbarabteilungen. Um nicht in Versuchung zu kommen, zentrale Regelungen vorzugeben, sollten sich die einzelnen Abteilungen zwei Ziele vornehmen:
  - Ihr Maximalziel bestimmt, was sie erreichen wollen, um ihre Arbeit optimal zu erledigen.
  - Ihr Minimalziel legt fest, womit sie geradeso zufrieden sind.
  - Anschließend verfolgen sie intuitiv und weiterhin dezentralisiert ein Ziel im oberen Drittel.

Reflexion: Welche Probleme verbinden uns?

- *Wie gehen wir mit Unterbesetzungen um?*
- *Wie lösen wir Abstimmungsprobleme?*
- *Wie schließen wir Informationslücken? Wie bleiben wir bildungstechnisch auf dem neuesten Stand?*

In jeder Organisation gibt es eine Menge Probleme, die alle Abteilungen angehen und daher auch gemeinsam angegangen werden sollten.

---

[167] Vgl. Sprenger, S. 58 f.

Strukturen

Auf der Basis des Ultimatum-Spiels entwickelte der Sozialpsychologe Lee Ross mit seinen Kollegen eine spannende Variante. Der einen Hälfte der Teilnehmer erklärten sie, sie würden das *Community Game* spielen, für die andere Hälfte war es das *Wall Street Game*. In der *Community Game*-Gruppe kooperierten 70 Prozent der Teilnehmer von Beginn an, in der *Wall Street*-Gruppe nur 30 Prozent.[168] – Ein weiterer Beleg wahlweise dafür, wie herdentriebhaft Menschen agieren oder wie wichtig vorgegebene Namen und Struktur sind – oder für beides.

Ideen

Noch kooperationsfördernder für alle Mitarbeiter und Abteilungen wirken Ideen. Eine Idee kann nicht delegiert werden. Sie wirkt oder eben nicht. Um zu wirken gilt es nicht, sie den Mitarbeitern einzutrichtern, sondern wie beim FC Barcelona die richtigen Spieler für die Idee eines schnellen Spiels zu suchen: Hat ein Spieler den Ball, sollte er ihn nach maximal drei Schritten weiterspielen. Kurz – schnell – erfolgreich. Wenn das nicht nach einer agilen Spielweise klingt?

6.4.4 Das perfekte Team

Wenn wir uns die Frage stellen, welche Teams wir brauchen, um agil mit Herausforderungen umzugehen, sollten wir auf die Aspekte der Balancierung des Extremverhaltens der Mitarbeiter (vgl. Feedback-Kapitel 4.2.5) und der Sinnhaftigkeit diverser Perspektiven zurückgreifen, wie wir es von den Personae aus dem Design Thinking-Kapitel kennen. Experten treffen ausgezeichnete Entscheidungen in komplizierten Situationen. Ein Schachspieler beispielsweise weiß mehrere Züge im Voraus, was er tun wird. In komplexen Situationen laufen Experten jedoch Gefahr, sich zu sehr auf ihre Sichtweise zu versteifen und alle Möglichkeiten, die nicht zu ihrem Denken passen, auszublenden.[169] Ein Team auszubalancieren bedeutet ja nicht, alle Teammitglieder gleichzuschalten, sondern die Starken, Lauten und Intelligenten dazu zu bringen, sich zurückzunehmen, bevor sie das Team mit ihren Meinungen dominieren und die Leisen im gleichen Atemzug dazu zu bringen, sich mehr einzubringen,

---

[168] Vgl. Sprenger, S. 87. Als deutsche Alternativtitel schlage ich Gemeinschafts- und Börsenspiel vor.
[169] Vgl. Surowiecki, S. 59

VERNETZUNG UND WISSENSAUSTAUSCH

um eine Balance der Diversität herzustellen. Überhaupt scheint die digitale Revolution den stillen, zurückhaltenden und introvertierten Kollegen in die Karten zu spielen: Endlich können sie in aller Ruhe im Homeoffice ihrer Arbeit nachgehen, ohne von zu viel Smalltalk gestört zu werden.[170]

Es geht also nicht um eine Kooperation im Sinne von die Dominanten geben vor und die Zurückhaltenden folgen nach oder unterstützen. In komplexen Situationen ist es erfolgreicher, viele Sichtweisen zu berücksichtigen, im Sinne einer weiten Diversity. Diversity bedeutet jedoch nicht nur Mann, Frau, erfahren, unerfahren, kulturell oder gehandicapt. Jeder Widerstand ist ein wichtiger Hinweis auf dem Weg zur perfekten Anpassung an eine unbekannte Situation. So fand der Politikwissenschaftler Scott Page heraus, dass zur Lösung komplexer Aufgaben ein gemischtes Team grundsätzlich geeigneter ist als ein Team aus ausschließlich hochintelligenten Mitgliedern.[171] Sherlock Holmes mag ein kluger Kopf sein, doch allzu oft braucht er die Hilfe des naiven, aber strukturierten Dr. Watson als perfekte Ergänzung.

Intelligenz hat immer noch eine Bedeutung, ein Team sollte sich jedoch aus multiplen Intelligenzen zusammensetzen, an die zuvor für die Lösung eines spezifischen Problems nicht gedacht wurde. Vielleicht kennen Sie das: Die spannendsten Partygespräche führen Sie selten mit ihresgleichen, sondern mit Personen, weit weg von Ihrem Fachgebiet: Musiker, Schauspieler, Regisseure, Physiker, Chemiker oder Augenoptiker stellen auf fachfremden Gebiet Fragen, an die Sie nicht einmal dachten. Gleichzeitig stehen Sie mit diesen Personen nicht in Konkurrenz.

> **Ein Blick in die Evolution 14:**
> **Kooperative Spermien**
>
> Wie es zur Befruchtung der weiblichen Eizelle Millionen männlicher Spermien braucht, bis das perfekte Spermium gefunden wurde, sind auch gute Entscheidungsfindungen in Teams davon abhängig, vor der Beschlussphase möglichst viele Meinungen und Ideen anzuhören.

Ein wesentlicher Faktor für einen umfangreichen Wissensaustausch sind damit klare Strukturen des kommunikativen Austausches und der Informationsweitergabe, die zusätzlich durch Mobilität, das heißt einen regelmäßigen Wechsel von Standorten, gefördert wird. Der Faktor Bewegung gilt als Grundbedingung für Schwarmintelligenz.[172]

---

[170] Vgl. Rechel, Simone: Into the Future, in: Human Resources Manager (01/2018)
[171] Ebd. S. 56
[172] Vgl. Breuer, Ingeborg: Schwarmintelligenz im Internet. Deutschlandfunk, 2012

Als tierisches Beispiel erzählt de Geus die Geschichte von Meisen und Rotkehlchen. Vor dem 1. Weltkrieg besaßen die Milchgläser auf der britischen Insel keine Verschlüsse, weshalb es sowohl für Meisen als auch für Rotkehlchen ein leichtes war, sich des leckeren Rahms auf dem Flaschenhals zu bedienen. Nach dem 1. Weltkrieg wurden die Milchgläser mit einem Aluminiumdeckel verschlossen. Die gesamte Meisenpolulation auf der Insel lernte bis Anfang der 1950er-Jahre, die Aluminiumdeckel zu durchstoßen, um an die Leckerei zu kommen. Bei den Rotkehlchen schafften es hingegen nur einzelne Vertreter ihrer Gattung. Während die Rotkehlchen sehr darauf bedacht sind, ihre Reviere zu verteidigen, ist der Informationsaustausch bei den Meisen wesentlich umfangreicher, wodurch sie es schafften, voneinander zu lernen.[173]

Unsere Teamvision

Zuvor sollten Sie allerdings den Rahmen der Teamentwicklung abstecken:

- Wo will das Team hin und was will es erreichen?
- Welche Kompetenzen sind bereits vorhanden und welche werden benötigt?
- Wo bestehen Kooperations- und Ergänzungsmöglichkeiten?

Dabei geht es ausdrücklich nicht um Vorgaben von oben, sondern um die gemeinsame Erarbeitung im Team, um nicht in die Bedrängnis zu kommen, das Team mitnehmen zu müssen, sondern sich als Gastgeber mit dem Team auf den Weg zu machen.

Erarbeiten Sie für eine erste Orientierung gemeinsam mit Ihrem Team eine Roadmap zu der Vision des Teams, den Stärken, Hindernissen und unterstützenden Ressourcen. Um einen Erfolg spürbar und messbar zu machen, braucht es Teilerfolge, um nicht auf halbem Weg aufzugeben. Gerade im agilen Kontext ist es wichtig, zu reflektieren, welche Experimente das Team ausprobieren will.

Visionen sind ausdrücklich keine Ziele. Eine Vision könnte sein, sich im Team blind zu vertrauen, Konflikte oder Probleme frühzeitig anzusprechen. Ziele hingegen haben meist etwas mit der Erreichung einer Kennzahl zu tun.

---

[173] Vgl. de Geus, S. 212 ff.

VERNETZUNG UND WISSENSAUSTAUSCH

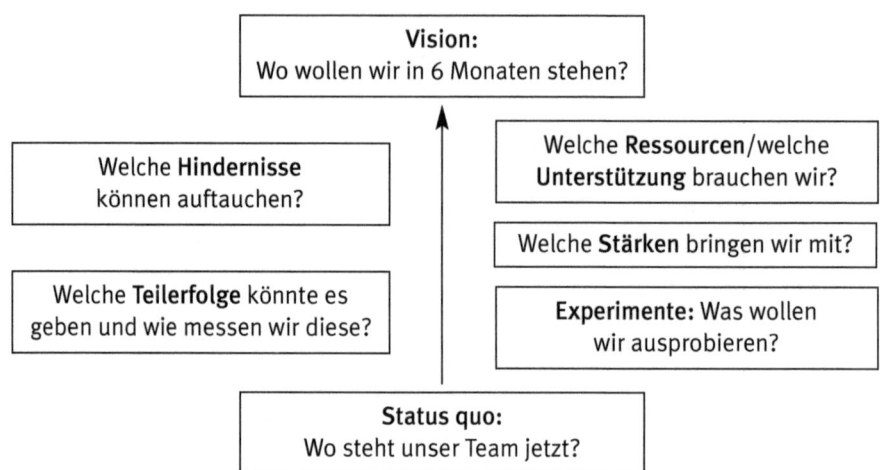

Die Handlungskompetenzen und den Handlungswillen fördern

Um das Selbstmanagement des Teams konkret zu fördern, ist es hilfreich und wertschätzend, die Handlungskompetenzen im Wollen und Können zu untersuchen, bevor Veränderungen angepeilt werden.

Ein Einstieg in das Thema kann eine stille Reflexion darüber sein, was jeder für sein Team tun kann, getreu dem Kennedy-Motto: „Ask not, what your country can do for you – ask what you can do for your country." Zur Förderung des organisationalen Zusammenhalts ist es hilfreich, wenn ganze Abteilungen darüber reflektieren, was sie für andere Abteilungen tun können:

Resonanz im Team

	Kurzfristig	Langfristig
Positives fördern	Was mache ich/kann ich tun, um anderen kurzfristig das Leben zu erleichtern?	Was mache ich/kann ich tun, um anderen langfristig das Leben zu erleichtern?
Negatives verhindern	Was kann ich unterlassen, um anderen kurzfristig das Leben zu erleichtern?	Was kann ich unterlassen, um anderen langfristig das Leben zu erleichtern?

KOOPERATIONEN ALS SOZIALE BASIS FÜR AGILITÄT

Als nächstes sollten moderierte Diskussionen darüber stattfinden, welche Probleme aktuell vorliegen, was jedes Teammitglied zu einer Lösung beitragen kann und will. Die Unterscheidung zwischen Können und Wollen soll nicht suggerieren, dass ein Mitarbeiter etwas nicht tun will, sondern etwas will, aber noch nicht kann.

Aktuelles Problem	
Was ich zu einer Lösung beitragen will:	Was ich zu einer Lösung beitragen kann:

Zusätzlich braucht es die Erlaubnis vonseiten der Führungskraft, selbstständige Entscheidungen treffen zu dürfen.

Das Selbstmanagement meines Teams

Können
- Was kann mein Team?
- Was sollte es noch können?

Wollen
- Wie erkenne ich die Motivation meines Teams?
- Wie könnten sie noch motivierter sein?

Dürfen
- Welche Entscheidungen darf mein Team ohne Rücksprache treffen?
- Welche Verantwortung kann ich ihnen noch übertragen?

VERNETZUNG UND WISSENSAUSTAUSCH

Eine entsprechende Reflexion sollten Sie als Führungskraft gemeinsam mit dem Team erarbeiten.

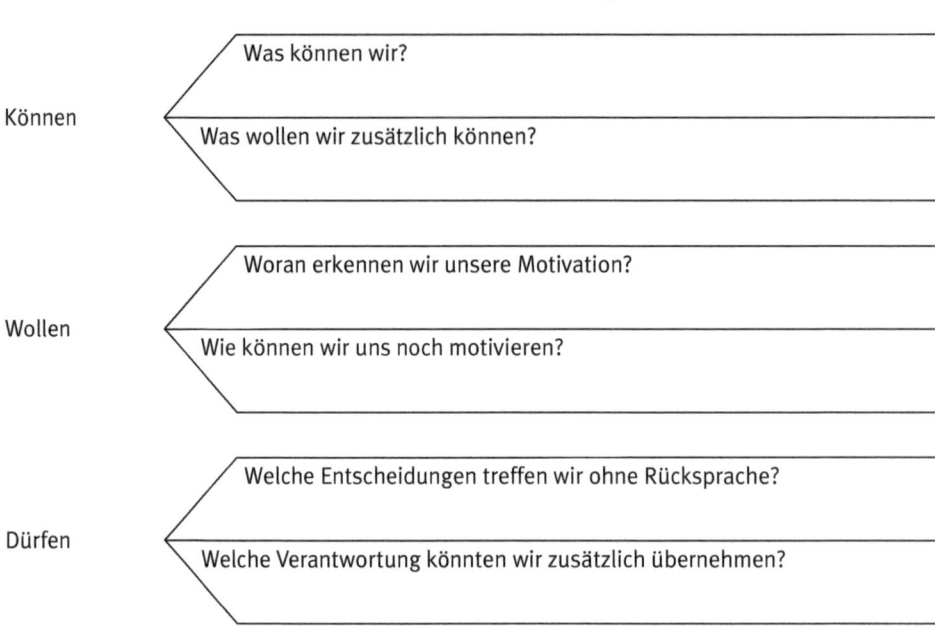

Zur detaillierten Vertiefung und Aufarbeitung der Ergebnisse hilft Ihnen die folgende Checkliste:[174]

A. Emotional-sozial-kommunikative Kompetenz
1. Im Team wird auf Augenhöhe kommuniziert. Es gibt keine geheimen Hierarchien.
2. Das Team macht keine Statusunterschiede zwischen Vor-Ort- und Tele-Arbeit.
3. Die Mitglieder wissen um ihre verschiedenen Rollen im Team und füllen diese perfekt aus.
4. Alle Kompetenzen und Rollen im Team werden gleichwertig behandelt.
5. Selbst Einzelgänger finden im Team eine Möglichkeit, ihre Kompetenzen einzubringen.
6. Das Team sagt sich ehrlich die Meinung.
7. Das Team löst Konflikte selbstständig.
8. Das Team geht angemessen mit Stressphasen und Krisen um.

---

[174] Vgl. Hübler, Provokant – Authentisch – Agil, S. 184 ff.

9. Abweichende Meinungen von innerhalb und außerhalb des Teams werden als Rückmeldungen aufgenommen.
10. Das Team nimmt Rückmeldungen von außen als Chance zur Verbesserung und nicht als Angriff wahr.

B. Logisch-kognitive Kompetenz

1. Das Team erkennt seine Handlungsspielräume.
2. Das Team kann in Hypothesen denken, da jede Zukunft hypothetisch ist.
3. Das Team denkt ergebnisorientiert.
4. Das Team setzt sich selber Orientierungs- und Zwischenziele.
5. Das Team plant selbstständig.
6. Das Team kennt seine Ressourcen und setzt diese optimal ein.
7. Das Team kennt seine Kompetenzen und seine Grenzen.
8. Das Team teilt seine Rollen und Funktionen selbstständig ein.
9. Das Team kontrolliert sich selbst um Fehler und lernt aus seinen Fehlern.
10. Das Team erkennt die Vielfalt seiner Mitglieder und nutzt diese, um hohe kreative Leistungen zu erzielen.

C. Moralische Kompetenz

1. Das Team erkennt, dass es für sich selbst verantwortlich ist.
2. Das Team betrachtet sich selbst als Subunternehmen. Aufwand und Kosten werden stetig auf ihren Nutzen untersucht.
3. Das Team/die Abteilung ist sich sowohl der Abgrenzung von anderen sowie der Ergänzung durch andere Teams/Abteilungen und damit seiner Rolle in der Organisation bewusst.
4. Das Team setzt wertebasierte Prioritäten, um mit komplexen Situationen umzugehen.
5. Das Team trifft autonome Entscheidungen, die in Einzelfällen, sofern gut begründet, gegen die Order von oben gerichtet sein können.
6. Das Team ist gewillt, sich selbst zu führen. Sollten Fragen auftauchen, werden diese zuerst im Team geklärt, bevor es eine hierarchische Stufe höher geht.
7. Das Team hält Teamleistungen sowie das Lob dafür für wichtiger als Einzelleistungen.
8. Das Team stellt sich hinter seine Teammitglieder.
9. Das Team besitzt ein gewachsenes Teamgewissen und lässt sich davon leiten. Dies äußert sich beispielsweise darin, Aufgaben gewissenhaft zu Ende zu bringen.
10. Das Team besitzt die Fähigkeit, sich selbst zu motivieren.

VERNETZUNG UND WISSENSAUSTAUSCH

Damit ein Team handlungskompetent und agil wird, benötigt es eine vierte Kompetenz: Den Willen, sich auf neue Erfahrungen einzulassen und flexibel mit Veränderungen umzugehen.

D. Agiles Denken und Handeln im Sinne einer Veränderungsbereitschaft[175]
1. Das Team sieht das große Ganze statt sich in Details zu verlieren.
2. Komplexe und komplizierte Zusammenhänge schrecken das Team nicht ab, sondern spornen es an, sich damit zu beschäftigen.
3. Das Team steht unkonventionellen Ideen positiv gegenüber.
4. Das Team geht neugierig fragend mit Neuem um.
5. Das Team integriert Veränderungen als Teil von Weiterentwicklungsprozessen.
6. Das Team tüftelt gerne an neuen Ideen und denkt sich neue Konzepte aus.
7. Das Team hinterfragt etablierte Wahrheiten.
8. Das Team nutzt Konflikte und unterschiedliche Meinungen zur Klärung eines Umgangs mit Neuem.
9. Das Team betrachtet jeden Zustand als vorübergehend.
10. Das Team ergreift eine erfahrungsfundierte Initiative, wenn es eine Chance zum Handeln erkennt.

Die vier Kompetenzen lassen sich im Team-Agilitäts-Kompetenz-Fadenkreuz einordnen:

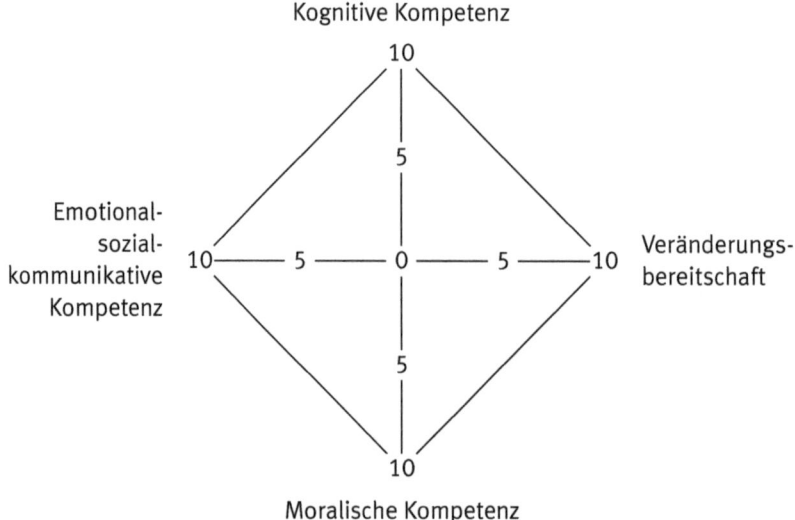

---
[175] Vgl. Howard/Mitchell, S. 64 f.

Reflexion: Teamkompetenzen

Wenn Sie Ihre Teams analysieren:
- *Welche Kompetenzen fehlen?*
- *Welche Kompetenzen wollen Sie verstärkt fördern?*
- *Wie könnten Sie dies tun?*
- *Was wollen Sie konkret verändern, um das Selbstmanagement Ihres Teams zu fördern?*

Der Markt der Kompetenzen

Eine Möglichkeit, im Team einen Austausch über die persönlichen Fähigkeiten und Kompetenzen anzuregen, ist der Marktplatz der Kompetenzen.[176] Dazu erstellt jedes Teammitglied eine in drei Sektoren unterteilte Flipchart und verfasst Post-its in drei verschiedenen Farben, die auf die Sektoren geklebt werden. Anschließend stellt jeder Teilnehmer kurz seine Kompetenzen vor. Kleinere Gruppen können von ihrem Marktplatz aus das Handeln beginnen: Was hätte ich gerne und was kann ich dafür bieten?

Größere Gruppen halbieren sich: Die Hälfte bleibt bei ihren Ständen. Die andere Hälfte der Teilnehmer geht mit den Kompetenzen, die sie einbringen können und die für andere interessant sein könnten, von Stand zu Stand, um ihre Kompetenzen zu ergänzen beziehungsweise gegen die Kompetenzen der anderen einzutauschen.

---
[176] In Anlehnung an Häusling, Praxisbuch Agilität, S. 166 f.

VERNETZUNG UND WISSENSAUSTAUSCH

Die Energiebilanz-Methode[177]

Ergänzend dazu oder auch stattdessen können die Tätigkeiten reflektiert werden, die jeder im Team gerne macht, ihm folglich Energie schenken, außerdem solche die neutral sind und solche, die ihm Energie rauben.

Die Methode verdeutlicht, dass es kaum Aufgaben gibt, die niemand gerne macht, sondern Energieräuber in der Regel persönlicher Natur sind. Einem Tausch von Tätigkeiten sollte daher nichts im Weg stehen, ohne ein schlechtes Gewissen zu haben. Gleichzeitig fördert die Methode den kommunikativen Austausch sowie das Verständnis füreinander.

6.5 Kooperationen im digitalen Zeitalter

Was liegt im Zuge digitaler Agilität näher als Werkzeuge wie Wikis und Weblogs als digitale Kooperationsformen zu nutzen? Kein Wunder, dass moderne Chefs gerne bloggen, twittern oder „whatsappen".[178] Wer die digitalen Speerspitzen der Mitarbeiterführung nutzen möchte, sollte jedoch einige Regeln beachten.

Für beide Medien gilt: Technologien werden genutzt, wenn
- der Nutzen erkannt wird,
- sie benutzerfreundlich sind und
- es bereits eine Community of Practice gibt, das heißt eine real existierende Gruppe, deren Mitglieder sich gegenseitig vertrauen.

6.5.1 Communities of Practice zur digitalen Teambildung

Viele Methoden und Tools des Wissenstransfers (Sharepoint, Wikis, Weblogs) funktionieren nicht, weil die Mitarbeiter Bedenken haben, ihr Wissen zu teilen und weiterzugeben. Teils liegt es daran, dass sie damit nicht mehr über die mit Wissen verbundene exklusive Macht verfügen. Denn exklusives Wissen ist in vielen Organisationen immer noch verbunden mit Aufstiegschancen. Teils liegt es daran, dass Mitarbeiter sich nicht trauen, in einer digitalen Runde, deren Teilnehmer sie nicht

---

[177] Vgl. Lind, S. 221 ff., in: Sattelberger et al.
[178] Aufgrund der geringen Prozesshaftigkeit lasse ich Instrumente wie Twitter und WhatsApp außen vor.

kennen, Fragen zu stellen. Am Ende würden sie eine „dumme" Frage stellen, obwohl es in Wirklichkeit nur dumme Antworten gibt. Oder sie fragen sich, wie sie einen solchen Prozess des Wissensaustauschs anstoßen sollen.

Abhilfe schaffen Eisbrecher, indem ein Wiki bereits mit einigen Inhalten gefüllt wird oder ein Moderator dafür sorgt, dass der Wissensaustausch in Gang kommt.

Als überaus hilfreich stellen sich feste Gruppen heraus mit Mitgliedern, die sich unabhängig von der Wissensplattform kennen oder bereits eine digitale Geschichte haben. Eine solche Gruppe wird Community of Practice (CoP) genannt und verfügt über mehrere oder sogar alle der folgenden Merkmale:

1. Gemeinsame historische und kulturelle Wurzeln, zum Beispiel einen ähnlichen fachlichen Hintergrund oder denselben Humor,
2. vereinbarte Gesprächs- und Dokumentationsregeln,
3. eine gesunde Balance zwischen Wettbewerb (ich bin schneller, liefere klügere Antworten) und Kooperation (und teile mein Wissen deshalb mit, um dies der Community zu zeigen),
4. voneinander abhängende Vorhaben, ein gemeinsames Problem und gemeinsame Aktivitäten.

Die vier Phasen einer Community of Practice

1. Die **Startphase** ist durch eine Handvoll Personen gekennzeichnet, die sich einer bestimmten Thematik annehmen.
2. Die Phase der **Vereinigung** ist geprägt durch die Bildung einer Grundstruktur, in der Ziele, Aufgaben, Rollen, Kommunikationsregeln und -wege definiert werden. Der Austausch über eine Wissensplattform ist besonders praktisch, wenn die Mitglieder räumlich weit voneinander entfernt oder Gruppentreffen aufgrund der individuellen Arbeitszeit schlecht zu koordinieren sind. Dabei sind Moderatoren-, Experten- oder Lernende-Rollen in den Wissensplattformen nicht starr, sondern bilden sich immer wieder neu und selbstverantwortlich heraus.
3. In der Phase der **Reifung** beginnen Wissensaufbau und -austausch. Mit zunehmender Aktivität der Gruppe steigt die Zahl der Mitglieder. Stetig werden Ziele, Aufgaben sowie die Art der Kommunikation an die Bedürfnisse der Mitglieder durch die Gruppe selbst angepasst. So variieren Kommentare auf Anfragen zwischen schnell und langsam oder kurz und umfangreich. Je größer die Gruppe wird, desto wichtiger ist es, dass Moderatoren und sogenannte Gärtner regelmäßig für Ordnung im Wissensgarten sorgen. Damit Wissensplattformen weiterhin genutzt werden, sorgen sie dafür, Kommentare an die richtige Stelle zu verschie-

ben, zu löschen, zusammenzufassen sowie Nutzer auf Regeln hinzuweisen und gegebenenfalls abzumahnen.
4. Die **Zielphase** ist erreicht, wenn eine akzeptable Anzahl an Mitgliedern erreicht ist (diese liegt aus meiner Erfahrung bei etwa 100) und Autorenschaft, Austausch und Lesen sich in einer guten Balance befinden. Im besten Fall löst sich die ursprüngliche Interessens- oder Projektgruppe auf und der Wissensfluss verselbstständigt sich.

Reflexion: Communities of Practice

Für welche Themen würden Sie gerne eine Community of Practice aufbauen?

6.5.2 Weblogs: Ideal für Diskussionen und Entscheidungen

In Weblogs können Themen gestartet und diskutiert werden. Ein neues Thema erscheint oben auf der Seite, während durch die Meinungen anderer Kommentarbäume entstehen. Dabei bleibt der Ursprungsartikel bestehen und wird nicht wie in einem Wiki weiterbearbeitet. Zwar werden die Themen kategorisiert, um ältere Themen wiederzufinden. Allerdings eignen sich Weblogs weniger, um Themen weiterzuentwickeln, sondern um Meinungen zu bestimmten Themen einzuholen, Diskussionen anzubahnen und Entscheidungen zu forcieren, oder um top-down als Alternative zu E-Mails Mitarbeiter über aktuelle Themen zu informieren. Sollte es sich allerdings um Informationen mit einer zeitlichen Dringlichkeit handeln, ist es nach wie vor sinnvoller, diese nach dem Push-Prinzip per E-Mail mitzuteilen, außer es ist gewährleistet, dass jeder Mitarbeiter den Blog liest.

> **BEISPIEL:**
>
> Ein Mitarbeiter veröffentlicht Erkenntnisse zu einem Projekt oder einer Problemfrage. Die Kollegen antworten daraufhin mit ihren Erkenntnissen. Damit kann der Mitarbeiter die Meinungen anderer einholen, wie es das einfache Beratermodell oder das umfangreichere Soziokratie-Konzept nahelegen. Beide Methoden werden wir im nächsten Abschnitt kennenlernen.

Werden Weblogs zur puren Informationsweitergabe genutzt, sind dafür Communities of Practice weniger nötig als bei Wikis.

6.5.3 Wikis: Ideal zur Lösungssuche in Prozessentwicklungen

Wikis hingegen dienen Themen, die regelmäßig aufgegriffen und weiterentwickelt werden sollen. In Wikis arbeiten Mitarbeiter gemeinsam an Themen, Problemstellungen oder Dokumenten, zum Beispiel mittels Mikroartikeln, und das im digitalen Zeitalter von jedem Ort der Welt:

Mikroartikel

Thema/Problem	
Kontext	

Einsicht(en)	Folgerungen	Anschließende Fragen

Dadurch ergeben sich wesentlich dynamischere Entwicklungen als in Weblogs. Voraussetzung dafür sind feste, kleine Gruppen beziehungsweise eine kleine Anzahl aktiver Teilnehmer, die erwähnte Community of Practice, um die gemeinsame Bearbeitung nicht in ein Chaos ausarten zu lassen. Für die Anzahl der Leser besteht keine Beschränkung.

Wikis sind aufgrund der Wissensvertiefung in aller Regel nachhaltiger als Weblogs. Sie werden durch ihre stetige Weiterentwicklung länger genutzt. Ebenso ist die Frequenz der Zugriffe in der Regel höher.

Für Wikis gilt ebenso wie für Weblogs: Wurden bereits einige Inhalte eingestellt, ergibt sich schneller ein größerer Sog von Mitautoren.

6.5.4 Der Nutzen von Wikis und Weblogs

Weblogs und Wikis sind prinzipiell für große Gruppen geeignet. Allerdings bieten kleine, exklusive Gruppen den Vorteil, die Hemmschwelle für Autoren geringer zu halten.

Unabhängig von den verschiedenen Nutzungsmöglichkeiten gibt es dennoch Gemeinsamkeiten von Wikis und Weblogs:

- Kollegen werden über die eigene Arbeit informiert.
- Relevante Informationen lassen sich weiträumig verbreiten.
- Manche Mitarbeiter könnten dadurch ihre Teilnahme an Meetings reduzieren.
- Bei einigen Themen werden E-Mails reduziert:
  - bei Weblogs Vorstandsneuigkeiten
  - bei Wikis Diskussionen über Problemlösungen und Projektentwicklungen
- Langfristig wird die interne Kommunikation verbessert:
  - Wikis regen einen Austausch über Fach- und Hierarchiegrenzen hinweg an.
  - Weblogs vom Chef machen diesen inklusive seiner Gedankengänge greifbarer.
- Weblogs und Wikis unterstützen Rückmeldungen:
  - Beide sind immer und überall verfügbar.
  - Das Feedback kommt aus interdisziplinären Richtungen.
  - Bei einer hohen Masse an Teilnehmern ist die Wahrscheinlichkeit hoch, die richtige Person für das eigene Problem zu finden.

Der Nutzen von Wikis ist eher bottom-up

- Wikis fördern die Transparenz und Durchsuchbarkeit einer Wissensbasis.
- Wikis helfen dabei, dauerhaft und für die Nachwelt erhaltend Prozesse und Arbeitsabläufe zu durchleuchten und zu verbessern, wodurch die Arbeit erleichtert wird.
- Clevere Wiki-Artikel erhöhen die persönliche Reputation in der Organisation.

Der Nutzen von Weblogs ist eher top-down

- Weblogs beschleunigen aufgrund des Aktualitätsbezugs der Informationen die interne Kommunikation.
- Weblogs erhöhen die Transparenz von oben nach unten.
- Weblogs reduzieren die Informationsflut bei typischen CC-Themen.

Kritische Punkte bei der Einführung von Wikis und Weblogs

- Fragen dürfen nicht kritisiert werden oder in kritischen Fällen von Chefseite gegen den Verfasser verwendet werden. Die Angst vor zu viel Transparenz über die eigenen Tätigkeiten muss vorab geklärt werden.
- Es braucht zeitliche Freiräume, um sich um das Einstellen und Suchen von Informationen zu kümmern.
- Zu wenige oder unregelmäßige Beiträge führen zu einer Verwaisung der Seiten.
- Zu wenige Autoren sind schnell frustriert vom Aufwand, den sie alleine zu leisten haben.
- Die Zugriffsrechte müssen geklärt werden. Bei Weblogs braucht es die Klärung, welche Mitarbeiter wann und wo auf den Weblog zugreifen dürfen.
- Die Bearbeitungsrechte müssen ebenso geklärt werden. Bei Wikis darf es nicht passieren, dass Artikel „hin- und hergeschrieben" werden und am Ende eigene Inhalte ohne Erklärung von einem anderen Nutzer gelöscht werden.

Erfolgsfaktoren

- Die Akzeptanz von oben, Plattformen nutzen zu dürfen, muss vorhanden sein. Insbesondere muss das Verfassen von Artikeln einen ähnlichen Stellenwert haben wie die restliche Arbeit, um in den Arbeitsalltag integriert zu werden.
- Bereits vorhandene CoPs sollten als Kernteams genutzt werden. Andernfalls können sie als Leuchttürme aufgebaut werden. Das kann beispielsweise im Rahmen einer Teambildungsmaßnahme oder eines Workshops stattfinden, indem Wikis oder Weblogs sofort mit Einstiegsartikeln bestückt werden.
- Beiträge sollten regelmäßig erscheinen, um bei Nutzern und Lesern keinen Bruch zu provozieren.

Reflexion: Einsatz von Wikis und Weblogs

Wofür könnten Sie Wikis, wofür Weblogs einsetzen?

6.5.5 Expertennetzwerke als Kooperationsbasen

Sinn und Zweck eines Expertennetzes, im Wissensmanagement „Gelbe Seiten" genannt, ist es, den Wissensfluss in Organisationen durch die Vermittlung konkreter Wissensträger zu fördern: Wer weiß zu Problem X eine Lösung, weil er in diesem Bereich bereits Erfahrungen gesammelt hat und mir deshalb weiterhelfen kann?

VERNETZUNG UND WISSENSAUSTAUSCH

Aus agiler Sicht bergen Expertennetzwerke ein mächtiges revolutionäres Potenzial in sich, da sie gleichzeitig der Enthierarchisierung einer Organisation und dem Selbstmanagement der Mitarbeiter dienen.

Das traditionelle Mindset zu Wissen lautet: Wissen ist Macht. Die Maximen eines neuen agital-demokratischen Mindsets lauten: Wissen ist frei verfügbar. Nutze es, um Probleme zu lösen, nicht, um Karriere zu machen. Halte dein Wissen nicht zurück, sondern teile es mit anderen und mehre so deinen Status. Karriere entsteht nicht durch das Zurückhalten von Wissen, sondern durch die kooperative Weitergabe der eigenen Erfahrungen, Kompetenzen und des eigenen Wissens.

Kann ich irgendjemanden in meiner Organisation, unabhängig von dessen Abteilung, Funktion oder Karrierestufe, zu meinem Problem befragen, wird Wissen von Karriere entkoppelt. Nicht die Position bestimmt, was richtig oder falsch ist, sondern derjenige, der die Antwort kennt, die zum Erfolg führt. Es kommt nicht von ungefähr, dass sich in sozialen Netzwerken Experten feiern lassen, denen diese Ehre im realen Leben verwehrt wird.

Expertennetzwerke und Gelbe Seiten

Zur Sortierung der Experten ist es allerdings hilfreich, den aktuellen Bestand an Experten in einer Organisation festzuhalten:

Wissenserhebung für Expertennetze			Name:		Abteilung:		
Wissensfeld	Ausprägung		Aktualität		Besonderheiten	In der Organisation seit	E-Mail
	gut	sehr gut	aktuell	aufzufrischen			
Führungserfahrung							
Prozessgestaltung							
Veränderungserfahrungen							
Erfahrungen mit Krisen							
Kundenkontakt							
Regionales Wissen							
Moderationskompetenz							
Umgang mit Konflikten							
IT-Kompetenz							
Netzwerkmanagement							
Öffentlichkeitsarbeitserfahrung							
Erfahrungen mit Evaluationen							
Projektdienstleistungswissen							
Präsentationskompetenz							
Projekterfahrung							
Organisationskompetenz							

Da agile Organisationen ohnehin in kleineren Einheiten arbeiten, können Sie die Wissensfelder aus dem Schema zur Orientierung verwenden. In Einheiten über 20 Personen, insbesondere, wenn die Mitarbeiter in hochmobilen Funktionen unterwegs sind, ist der Eintrag einer E-Mail, Skype-Adresse oder Telefonnummer unabdingbar.

6.6 Kooperationen, Agilität und Demokratie – ein Zwischenfazit

Ein vorletztes Mal testen wir die vorgestellten Methoden auf Agilität und Partizipation:

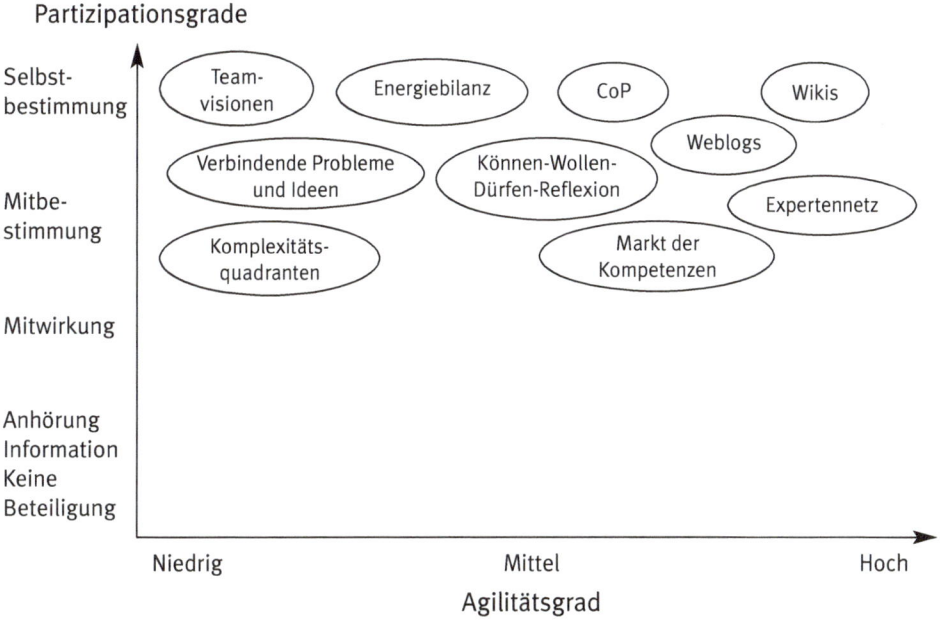

- Unerlässlich für die Teamfindung sind Teamvisionen und die Aufgabenanalyse im Team anhand der Komplexitätsquadranten, um zu entscheiden, wie agil das Team sein sollte.
- Verbindende Probleme und Ideen wirken wenig agil, stabilisieren jedoch, ähnlich wie Communities of Practice, ein Team, um es für agile Unternehmungen zu wappnen.

VERNETZUNG UND WISSENSAUSTAUSCH

- Der nächste Schritt besteht im demokratischen Austausch von Energiebringern und Energieräubern, einer Reflexion über die vorhandenen Fähigkeiten im Team bis hin zum agilen und tatsächlichen Austausch der Kompetenzen.
- Aufgrund der dezentralen Zugangsmöglichkeiten ist kaum etwas agiler als Wikis und Weblogs, die beide ohne demokratische Communities of Practice nicht funktionieren würden. Wikis sind aufgrund des kommunikativeren Ansatzes demokratischer und agiler als Weblogs. Im Expertennetzwerk schließlich wird der angebahnte Austausch der Kompetenzen zur agilen Vollendung geführt.

7
MIT DEMOKRATISCHEN STRUKTUREN ZU MEHR AGILITÄT

7.1 Die Form bestimmt den Inhalt

Form follows function – Die Form folgt der Funktion? Das war einmal.

Bestrebungen, den Einfluss des Inhalts auf die Funktion umzukehren, gibt es schon lange. Denken wir an die abgerundeten Wände in der Waldorfpädagogik. Auch die Wechselwirkungen zwischen einem unaufgeräumten Schreibtisch (außen) und einer blockierten Kreativität (innen) sind uns bekannt, auch wenn sie naturgemäß nicht für alle Menschen gelten. Und wer regelmäßig vor Publikum tritt, kennt den Unterschied der Stimmung auf einer kleinen schummrigen Theaterbühne vor 40 Zuschauern im Vergleich zu einem großen Saal vor 150 Personen. Oder denken wir an den Einfluss der Sprache auf unser Denken.[179]

> **BEISPIEL: SPRACHE UND ORIENTIERUNG**
>
> Die Pormpuraaw, eine Aborigines-Gemeinde in Nordaustralien, verwendet anstelle von Wörtern wie links, rechts, vorwärts oder rückwärts Richtungsbegriffe wie nördlich, südlich, östlich oder westlich. Sie sagen beispielsweise: „Auf deinem nach Norden gedrehten Bein krabbelt eine Monsterameise." oder: „Könntest du mir bitte das Känguru-Steak auf meinen Teller legen? Meiner ist der südlichste auf dem Tisch dort drüben." Bei der Begrüßung fragen sie nicht: „Wie geht es dir?", sondern: „Wohin gehst du?", worauf mit einer Richtungsangabe geantwortet wird: „Nach Osten."

Die Pormpuraaw verfügen offensichtlich über eine wesentlich bessere Orientierung und besitzen ein klareres, räumliches Vorstellungsvermögen als Sprecher von Sprachen, die einen relativen Bezugsrahmen (links, rechts, oben, unten) nutzen. Schlicht formuliert: Wer so spricht, weiß, wo es lang geht.

Die Beeinflussung von Sprache und Denken ist selbstredend ein Feedback-Kreismodell. Die Frage danach, was zuerst da war, ist müßig. Im Outback braucht man eine gute Orientierung, in der Stadt weniger. Gut, in manchen Städten ... So oder so

---
[179] Vgl. http://www.spektrum.de/frage/beeinflusst-sprache-unser-denken/867091

leben wir heute mit einer Sprache, die uns als Gefäß und Form unserer Gedanken nach wie vor prägt, so wie uns alle Formen, seien es Räume oder die Verfügbarkeit von Material, Malfarben, Flipcharts oder Stifte in unserem Verhalten beeinflussen. Oder unterschreiben Sie mit einem Ex-und-Hop-Werbe-Kugelschreiber genauso wie mit einem 100 Euro-Füller? Oder bewegen Sie sich in einem 08/15-Anzug für 100 Euro genauso wie in einem Designermodell für 600 Euro?

Wie wir bereits festgestellt haben, verändert die Digitalisierung unser Raum- und Zeitempfinden. Der virtuelle Raum, den uns Computer, Laptop oder sogar die Cloud einräumen, formt folglich ebenso unser Denken. Polemisch könnten wir sagen: Die Zeit der Qualität ist vorbei. Wichtig ist nicht mehr, was verfügbar ist, denn verfügbar ist alles, jederzeit und an jedem Ort. Von Bedeutung ist, wie schnell ich zugreifen kann oder wie lange es dauert, den Artikel zu lesen. Wichtig ist die Frage, ob ich ein Musikstück jederzeit auf einem 3 mal 5 cm großen MP3-Player mitnehmen kann. Daneben sind mir die gruseligen 128 kbps vollkommen egal! Was würden Johannes Brahms oder John Coltrane dazu sagen? Bei manch aktueller Hitparaden- und Schlagermusik scheint es tatsächlich egal zu sein.

In diesem Sinne müssen Formen heutzutage klein, schlank und leicht sein. Auch hier befinden wir uns wieder in unserem Feedback-Kreismodell der gegenseitigen Beeinflussung.

Oder das Objekt auf meiner System-Kamera: Die Leichtigkeit des Plastiks des Immer-drauf-Objektivs (14-45 mm) meiner Kamera suggeriert mir: Nimm mich mit! Das uralte Metallobjektiv, das ich neulich für 5 Euro in einem Secondhandladen erworben habe, flüstert mir stattdessen zu: „Überleg dir gut, ob du mich dabei haben willst." Das Metallobjektiv wurde 30 Jahre zum Scharfstellen benutzt, hat Ecken und Kanten, ist verdammt schwer und wird mich vermutlich überleben. Mein letztes Immer-drauf hat fünf Jahre gehalten. Wir hatten eine innige Beziehung, aber irgendwann muss Schluss sein. Moderne Objektive scheinen das Bäumchen-wechsel-dich-Prinzip genauso verinnerlicht zu haben wie die Arbeitswelt.

Apropos Fotografie, digitale: Anstatt sich vorher zu überlegen, von welcher Perspektive aus ich ein Bild schießen will, heißt es: Halt drauf. Irgendein Bild wird schon passen. Die Form bestimmt den Inhalt, schreibt vollkommen ohne bewusstes Zutun mein innerer Suchmaschinenoptimierer.[180]

Es stellt sich nicht die Frage, ob der Kaffee an der Ecke lecker ist oder ob ich ihn überhaupt in der U-Bahn genießen kann. Schüttel, schüttel, verbrüh(e), hmmm, Plastikbecher, lecker. Er ist überall verfüg- und leicht mitnehmbar. Wer braucht da die aus der Zeit gefallene Dreifaltigkeit aus Muße, Genuss und Geschmack? Anderer-

---

[180] ... denn Teile dieses Abschnitts waren einmal ein Beitrag auf meinem Blog.

seits bilde ich mir ein, dass mein eigener Schwarztee-to-go-Becher aus Metall ein tolles Statussymbol darstellt und ich damit gleichzeitig ein öffentliches Statement als Weltverbesserer abgebe. Das Trinken daraus erfolgt automatisch langsam und genießerisch, mit einem leichten Hauch von Arroganz.

Es stellt sich nicht die Frage, ob wir gerade telefonieren wollen oder ob wir eine Information für unser Glück und Wohlbefinden benötigen. Warum tun wir es dennoch, telefonieren, chatten, surfen, recherchieren, smsen und whatsappen? Warum twittert Trump rund um die Uhr? Doch nicht, weil wir es aus tiefster Überzeugung wollen oder müssen? Wir tun es, weil wir es können! Weil die Möglichkeit verfügbar ist. So wie ich zutiefst davon überzeugt bin, dass Raucher meist nicht wirklich rauchen wollen, sondern vor allem rauchen, weil Zigaretten leicht verfügbar sind.

Warum fliegen Menschen nach Kanada oder Südamerika? Weil sie dort schon immer hinwollten? Ich vermute stark, dass die Sehnsucht nach fernen Ländern ebenso durch die Verfügbarkeit billiger Flüge stimuliert wird. Immerhin gibt es Ecken in Europa, die mindestens genauso faszinierend und gleichzeitig mit dem Auto leicht erreichbar sind.

Wollen wir unsere Organisation, unser Team oder einzelne Mitarbeiter verändern, sollten wir uns ein paar Gedanken über die formalen Einflüsse machen, die uns umgeben und diese passend einsetzen. Ein kreativer Chat mit einer Gruppe, die sich zu selten offline trifft, nach dem Open-Space-Motto „Wer da ist, ist da", ist gerade deshalb so effektiv, weil die Form des Chattens ein hohes Tempo vorgibt. Damit wird Chatten zum perfekten Brainwriting. Für die Vertiefung der Erkenntnisse oder Entscheidungsfindungen sind Offline-Treffen besser geeignet, allein deshalb, weil wir aufgrund der virtuellen Ferne nicht garantieren können, dass jeder aus der Gruppe physisch teilnimmt oder geistig anwesend ist, und nicht parallel seine E-Mails kontrolliert.

Und, wie war es beim Zahnarzt?
Meine Zähne sind super. Aber das Zahnfleisch muss raus.

Strukturveränderungen sind nicht zuletzt deshalb so essentiell, weil ein Denken in alten Hierarchien die Gefahr in sich trägt, dass im Krisenfall Wettbewerbe und Einzelkämpfer doch wieder als erfolgsversprechender bevorzugt werden.[181] Als könnte dieser eine Manager im Alleingang alle Probleme lösen, die unser 10.000-Personen-Unternehmen in den letzten Jahren angehäuft hat.

---
[181] Vgl. Sprenger, S. 56

MIT DEMOKRATISCHEN STRUKTUREN ZU MEHR AGILITÄT

7.1.1 Die Macht des Kontextes

Wie verhaltensgenerierend Kontexte wirken, zeigt sich, wenn dieselben Menschen in unterschiedlichen Kontexten unterwegs sind. Stellen Sie sich vor, Sie sollten dreimal hintereinander auf denselben Satz reagieren: „Na, auch mal wieder da?"

1. in Ihrem Lieblingsrestaurant
2. auf der Firmen-Toilette
3. in der heimischen Küche

Der Kontext scheint sich nicht nur auf unser spontanes Verhalten auszuwirken, sondern ebenso auf unsere empfundenen Kompetenzen und unsere Motivation. Ein und derselbe Mitarbeiter mag im Arbeitskontext nicht einen Satz in diese Wissensplattform schreiben, während er auf dem Weg nach Hause – oder bereits in der Arbeit im Kontext des virtuellen privaten Raums – eine ganze Armada an Facebook- und WhatsApp-Nachrichten verschickt. Oder liegt es wieder am Vertrauen? Wenn die ganze Welt über mich Bescheid weiß, ist es bei weitem nicht so schlimm, wie wenn mein Chef weiß, was mich umtreibt.

Wenn die Form, der Rahmen, der Kontext, das Framing, wie Psychologen es nennen, uns so sehr bestimmen, sollten wir dessen Auswirkungen klären, damit aus einer heimlichen Beeinflussung eine bewusste wohlwollende Lenkung wird.

Reflexion: Der Einfluss von Strukturen

- *Welchen Einfluss hätte eine andere Struktur auf die Kreativität und das Selbstmanagement der Mitarbeiter, zum Beispiel die Auflösung von Hierarchien auf der Team- oder Abteilungsebene in Ihrer Organisation?*
- *Inwieweit wollen oder können Organigramme verändert werden?*
- *Welche Prozessabläufe können wir so entschlacken, dass agilere Entscheidungsprozesse möglich sind, im Sinne von erlaubt?*
- *Welche Auswirkungen haben (oder hätten) der Einsatz mobiler Projektgruppen, die digitale Mobilität der Mitarbeiter oder der Einsatz am Heimarbeitsplatz auf die Kreativität, das Selbstmanagement oder die Bindung der Mitarbeiter untereinander?*
- *Welchen Einfluss haben (oder hätten) die zeitliche Flexibilität, zum Beispiel in mobilen Lernsystemen wie moodle oder ilias?*

DIE FORM BESTIMMT DEN INHALT

Strukturen sind Verhinderer oder Ermöglicher. Sie können agile, demokratische und selbstorganisierte Prozesse der Mitarbeiter begünstigen oder unterminieren. Vielleicht liegt es auch an den demokratischen und dezentralen Strukturen, dass Mitarbeiter in ihrer Freizeit Linux umsonst weiterentwickeln. Sie können sich und ihre Fähigkeiten einbringen, ohne für Fehler gerügt zu werden.[182]

> **Ein Blick in die Evolution 15:**
> **Symbiosen im Riff**
>
> In einem Riff hat jeder seine Aufgabe, seinen Job, seine Rolle. Doktorfische putzen die Panzer von Schildkröten. Der Schmetterlingsfisch reinigt die Zähne von Haien. Die einen werden sauber, die anderen satt. Und die Großen würden niemals auf die Idee kommen, zuzubeißen, denn am meisten würden sie sich selbst damit schaden.[183]

Selbst, wenn keine großen Umstrukturierungen möglich sind, beginnen Veränderungen mit der kleinsten Struktur der Welt, unserer Sprache. Es macht einen Unterschied, ob Sie Ihr System in Umbruchsituationen fragen: „Was wirst du verlieren, wenn du an deinen Hierarchien festhältst?", oder ob Sie folgende Frage in den Raum stellen: „Wollen wir wirklich auf die kreative Macht freier Entscheidungen einer schwarmintelligenten Gruppe verzichten?"

7.1.2 Raum- und Gruppensettings

Die meisten Organisationen, die ich kenne und mit denen ich zusammenarbeite, halten zu gerne an ihren alten Strukturen fest, die ihnen zweifelsohne Sicherheit bieten. Die gewohnten Strukturen zwangsweise zu eliminieren, würde sie ins Chaos stürzen und eine weitere Entwicklung von Anfang an torpedieren. Sollte es nicht möglich sein, Strukturen grundlegend zu verändern, um Mitarbeitern die Möglichkeit zu geben, selbstverantwortlicher zu agieren, braucht es andere Wege.

Um dennoch agilere Strukturen einzuführen, können wir mit vermeintlich kleinen Veränderungen auf der Teamebene beginnen, um ein agileres Denken und Handeln zu fördern:

---
[182] Vgl. Surowiecki, S. 107 f.
[183] Vgl. Schätzing, S. 284

MIT DEMOKRATISCHEN STRUKTUREN ZU MEHR AGILITÄT

- Großraumbüros haben Vor- und Nachteile: Auf der einen Seite sind sie aus agiler Sicht kommunikations-, kreativitäts- und beziehungsförderlich. Besprechungen können flexibel eingebaut werden, ohne sie zuvor groß planen zu müssen. Andererseits besagen einige Studien, dass Großraumbüros krank machen, unter anderem aufgrund des Lärms, der Unruhe, unterschiedlicher Bedürfnisse nach Wärme oder Kälte oder möglicher Konflikte. In den Großraumbüros der Teambank Nürnberg finden sich deshalb neben einer flächendeckenden Anzahl an Dschungelpflanzen, um den Lärm zu dämpfen, viele kleine Raumeinheiten für Gruppen- und Einzelgespräche, die mich an Zugabteile erinnern. Mithilfe solcher Maßnahmen überwiegen wieder die kommunikationsförderlichen Vorteile von Großraumbüros.
- Es gibt Unternehmen, die in Pausenräumen Flipcharts aufstellen, um die Ideen der Pausierenden wie in einem Spinnennetz einzufangen.
- Sie können Teamsitzungen grundsätzlich auf eine Stunde begrenzen.
- Sie können Teamsitzungen im Stehen organisieren, was enorm beschleunigend wirkt. Ein anschließender Plausch bei Kaffee und Schnittchen ist davon nicht ausgeschlossen.
- Sie können Ihr Team reichhaltig mit Stiften und Papier eindecken, um seine Kreativität zu fördern. In einem Training zum Thema Agiles Projektmanagement hatte ich vor kurzem einen Kunden, bei dem ein unbenutztes Whiteboard, jedoch völlig unerwartet keine Stifte, keine Pinnwand und keine Moderationskarten vorhanden waren, worauf ich in der Mittagspause einkaufen ging.
- Sie können Ihre Mitarbeiter wahlweise mit Diktiergeräten oder schicken Notizbüchern ausstatten, statt dem xten Laserpointer, um Ideen zu unpassenden Zeitpunkten festzuhalten.

Räume, Material und Verfügbarkeit wirken sich offensichtlich stärker auf unser Denken, Fühlen und Handeln aus, als bisher geahnt.

Reflexion: Raum- und Gruppensettings

Welche Raum- und Gruppensettings könnten Sie verändern, um das Selbstmanagement Ihrer Mitarbeiter zu fördern?

7.1.3 Rollen statt Hierarchien

Ein personenzentrierter Ansatz betrifft die Frage, wie Aufgaben im Team verteilt werden sollten. So gehen einige Unternehmen vor allem auf der Mikroebene den

DIE FORM BESTIMMT DEN INHALT

Weg enthierarchisierter Rollenverteilungen. Anstatt auf Teamleiter werden im Unternehmen Buurtzorg (Pflegedienst, Niederlande, 9000 Mitarbeiter) verantwortliche Aufgaben in Teams mit einer überschaubaren Größe nach Kompetenzen verteilt:[184]

- Wer planen und organisieren kann, erstellt die Dienstpläne.
- Konfliktfeste schlichten Streits in den zu betreuenden Familien.
- Wer gerne präsentiert, leitet den jährlichen Tag der offenen Tür.

Dafür kann im Übergang eine Big Person als klar strukturierender Gastgeber von Nöten sein, um nicht unter Stress und Zeitdruck in alte Muster zurückzufallen. Langfristig werden dazu am besten Strukturen und Rollen eingeführt, um den Beteiligten Klarheit und Sicherheit zu geben. Leitungsfunktionen bis hin zum CEO bekommen damit nicht minder wichtige neue Funktionen:

- Die Teamleitung vertritt die Interessen des Teams nach außen und wirkt – sofern nötig – als letzte Instanz nach innen regulierend und stabilisierend.
- Der CEO vertritt die Organisation gesellschaftlich und wirkt nach innen als Antreiber und Visionär, da er nicht im Tagesgeschäft steckt und damit den Kopf frei hat. Er übernimmt damit teilweise die Funktion eines externen Beraters, der sich selbst einen Rat von seinen Mitarbeitern holen sollte. Für CEOs habe ich selbst das Bild unseres Bundespräsidenten vor Augen. Im Prinzip machtlos, doch in Krisenzeiten enorm wichtig, wie nach dem Scheitern der Jamaika-Koalition nach der Bundestagswahl 2017.

BEISPIEL: MEETING-ROLLEN

Neben den üblichen Rollen in Meetings wie Schriftführer, Zeitwächter oder Moderator wird im Klinik-Netzwerk Heiligenfeld (Deutschland, 600 Mitarbeiter) vor jedem Meeting ein Ego-Beauftragter festgelegt:[185] Entsteht eine hitzige Diskussion, klingelt er auf einer Zimbel und unterbricht die Diskussion. Auf dieses Signal hin kehren die Kontrahenten eine Minute lang in sich, befreien sich von ihrem Ego-Denken und versuchen anschließend wieder sachlich weiter zu diskutieren oder sich gegenseitig Fragen zu stellen.[186]

---

[184] Vgl. Laloux, S. 47 ff.
[185] Vgl. ebd. S. 106
[186] Vgl. Hübler, Provokant – Authentisch – Agil, S. 57

> **BEISPIEL: DER FEHLERAUSLESEBEAUFTRAGTE**
>
> Gibt es in Ihrer Organisation ein Frühwarnsystem für Fehler, Schnittstellenverzögerungen, Konflikte oder sonstige Störungen? Warum beauftragen Sie nicht monatlich eine andere Person im Team, um auf Probleme hinzuweisen? Eine Person, die dafür da ist, Ihr Fahrzeug namens Organisation regelmäßig zum Fehlerauslesen zu schicken. Die Störungen müssen nicht sofort bearbeitet werden. Eventuell sind es Ausnahmen. Taucht ein Problem jedoch mehrmals auf, sollten Sie sich darum kümmern.

Mit Rollen zur Selbstermächtigung

Rollen sind wie Fahrzeuge, mit denen wir unterwegs sind. Die Rollen, in die wir schlüpfen, als Mann, Frau, Elder Statesman im Unternehmen, weiser Mentor, Jungspund, Konfliktschlichter, Chaot, Miss Fix-it oder Mr. Brain sind nur ein Teil unserer Person. Wir steigen in diese Fahrzeuge, weil wir es gewohnt sind, damit gut voranzukommen.

Was uns dabei am meisten beeinflusst und leitet, sind die an uns gestellten Erwartungen, wodurch die Rollen relevant und mit Leben gefüllt werden:

1. Die Erwartungen anderer
   Als Erstes fallen uns in der Regel die Erwartungen anderer ein. Was erwarten andere von mir als Führungskraft? Welche Aufgaben (spezifische Rollen) sollte ich als Führungskraft erfüllen?

2. Die Erwartungen an sich selbst
   Meist sind die eigenen Erwartungen an eine Rollenerfüllung kritischer als die Erwartungen anderer. Werde ich meiner Rolle als selbsternannter Macher gerecht? Kann ich führen? Sollte ich im gesetzten Alter weniger ungestüm und stattdessen weiser agieren? Offenbar sind wir selbst unsere größten Kritiker.

3. Die eigenen Erwartungen an andere
   Zu guter Letzt kommen die eigenen Erwartungen an die Reaktion auf meine Rolle hinzu. Was erwarte ich, wie andere auf meine Rolle reagieren, wenn ich ihren Erwartungen entspreche oder nicht?

> **Übung: Erwartungen**
>
> Erstellen Sie eine Tabelle aus drei Spalten:
> 1. Welche konkreten Erwartungen von außen bestehen hinsichtlich einer bestimmten Rolle?
> 2. Welche Erwartungen habe ich selbst an meine Rolle?
> 3. Welche Reaktionen auf meine Rolle erwarte ich von meinem Gegenüber?
> 4. Wo gibt es Widersprüche? Wo liegen Verbindungen vor? Was ist realistisch?

Reflexion: Rollen-Steckbrief

Name der Rolle: Der Mechaniker[187]
Verhalten: Löst Probleme durch einfache Handgriffe.
Sehnsucht: Wird aufgrund der Simplizität seiner Lösungen geliebt.
Typische körpersprachliche Haltung und Gesten: Aufrechte Haltung, ein bestimmter Blick (zusammengekniffene Augen), kurzes Nachdenken (kurzes Zucken des Kopfes nach oben), ein kurzes Nicken, ein Spruch („Das ist einfach. Das krieg ich hin.") ... und fertig.

Im Team lassen sich auch andere Berufe stereotypisch aufgreifen: Die fürsorgliche Hebamme, der strenge Arzt oder der verwirrte Professor.

Da sich mit den Erwartungen an Rollen auch deren Input steuern lässt, bieten Rollen großartige Möglichkeiten, Mitarbeiter sanft zu steuern und deren Selbstkompetenz zu fördern. Dass das funktioniert, weiß auch die Wissenschaft: Die Rollenerwartung an Mädchen lautet: Sprachen hui, Mathe pfui. Interessanterweise schneiden Mädchen in reinen Mädchengruppen in Mathematik oder artverwandten Fächern wesentlicher besser ab als in gemischten Gruppen.[188]

---

[187] Als Vorbild dachte ich an den Bicycle-Repairman von Monty Python. Hintergrund: Der Mechaniker tut etwas, was mir und meinen kreuzkomplizierten, geisteswissenschaftlichen Grundhaltungen grundlegend widerspricht. Er bietet einfache Lösungen an, was ich normalerweise niemals tue, es mir jedoch insgeheim erträume und an anderen Menschen, die so vorgehen, bewundere.
[188] Vgl. Arnold, S. 96 f.

MIT DEMOKRATISCHEN STRUKTUREN ZU MEHR AGILITÄT

Der U-Prozess für Veränderungen mit Nachhaltigkeitsgarantie

Will ein Team neue Abläufe etablieren, sind diese langfristig tragfähiger, wenn sich das Team zuvor damit beschäftigt,
1. wie der Prozess bisher abläuft und was dafür nötig ist,
2. wer an dem Prozess bisher beteiligt ist,
3. welche Mottos und Grundsätze dem Prozess zugrunde liegen, bevor es
4. und 5. darüber sinniert, wie der Prozess in Zukunft ablaufen sollte.

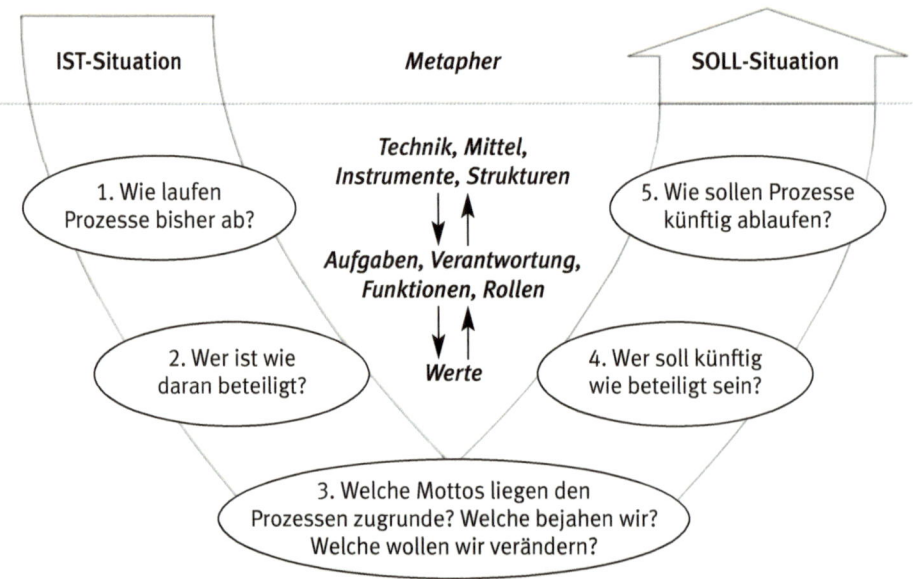

Entwicklung tragfähiger Prozesse

BEISPIEL: DIGITALISIERUNG

Im Zuge der Digitalisierung versuchen viele Organisationen, ihre Prozesse vom Analogen 1:1 in digitale Strukturen zu übertragen. Ein mühsamer Vorgang. Zum einen ist es rein zeitlich kaum möglich. Zum anderen müssen viele Prozesse komplett neu angedacht werden, da uns erst dann auffällt, dass manche Teilprozesse digital nicht mehr nötig sind. Es macht keinen Sinn, die analoge Absicherung in strittigen Kundenfragen in eine digitale Absicherung beim Chef zu verlagern, wenn ich digital die Möglichkeit habe, viel schneller in einer digitalen Wissensdatenbank, losgelöst vom Chef, Antworten zu bekommen. Die Erlaubnis dazu bekomme ich, wenn ich zuvor die Werte zu diesem Prozess hinterfrage:

- Wie wichtig ist eine schnelle Kundenorientierung?
- Wie viel Kompetenz trauen wir dem einzelnen Mitarbeiter zu?
- Wird er wirklich in einer Wissensdatenbank nachfragen?
- Wird sich der Chef überflüssig fühlen, wenn er nicht mehr gefragt wird?

Erst wenn wir diese Fragen geklärt haben, kann eine Wissensdatenbank etabliert werden.

7.2 Mit soziokratischen Strukturen das Selbstmanagement der Mitarbeiter fördern[189]

Soziokratische Strukturen in ihrer praktischen Anwendung gehen auf den Niederländer Gerard Endenburg zurück, der die Entscheidungsfindung bei den Quäkern mit kybernetischen Erkenntnissen kombinierte.[190]

Das Prinzip der Soziokratie ruht auf zwei Säulen:
1. Um eine Abschottung einzelner Teams oder ganzer Abteilungen zu verhindern sowie hierarchische Grenzen zu überwinden, ist es wichtig, einen überhierarchischen, regen Austausch in Organisationen anzuregen. Das geschieht in der Soziokratie über Kreise und Zirkel.[191]
2. Nachhaltige Gruppenentscheidungen beruhen auf einem Konsent.

Nach Endenburg haben lineare und streng hierarchische Organisationsformen den Nachteil, dass Entscheidungen von oben nach unten durchgereicht werden, ohne ein Mitspracherecht der unteren Gruppen, worunter deren Motivation leidet. Als ideale Struktur sieht er deshalb den Aufbau einer Organisation in Kreisen (Teams oder Zirkeln), deren Mitglieder sich teils überlappen. Das heißt: Zwei Mitglieder aus Team A sind gleichzeitig in dem hierarchisch weiter oben stehenden Team B usw. Durch diese Überlappung werden automatisch Netzwerke zum Informationsaustausch gesponnen, ohne zu groß und unübersichtlich zu sein.[192]

---

[189] Eine umfangreiche Sammlung von Praxisbeispielen soziokratischer Organisationen finden Sie unter: www.soziokratie.org/was-ist-soziokratie
[190] Vgl. Rüther, S. 14
[191] Im Ursprungstext ist von Kreisen die Rede. Ich persönlich empfinde den Begriff des Zirkels prägnanter, da viele Unternehmen ohnehin bereits Zirkel zu bestimmten Themen eingeführt haben (Gesundheitszirkel, Qualitätszirkel). Spotify hingegen nennt seine Kreise Tribes.
[192] Vgl. Rüther, S. 21 ff.

MIT DEMOKRATISCHEN STRUKTUREN ZU MEHR AGILITÄT

Soziokratische Strukturen verdeutlichen den Unterschied zwischen einer Pseudodemokratie per Abstimmung inklusive Volksentscheid und einer echten Auseinandersetzung mit Themen per intensivem Dialog im Rahmen eines demokratischen Prozesses. In Volksabstimmungen wie dem Brexit oder Stuttgart 21 werden die Bürger durch die beiden Interessengruppen informiert und überzeugt. Jetzt schlägt die Stunde der Demagogen. Die Entscheidungen sind abhängig von begabten Rednern, Meister der Vereinfachung und aktueller Stimmungen. Wie wir wissen, können sogar Naturkatastrophen wie ein Hochwasser oder Tsunamis wahlentscheidend sein. Plötzlich spielt es keine Rolle mehr, ob eine Regierung oder die oberste Führungsriege die letzten Jahre gut gearbeitet hat. Dafür sind Stimmungen zu anfällig für den Herdentrieb. So kann es leicht passieren, dass die Meinungen im Rahmen einer anstehenden Veränderung aufgrund eines Demagogen schnell vom Positiven ins Negative kippen.

In soziokratischen Prozessen hingegen beschäftigen sich mehrere Teams intensiv über einen längeren Zeitraum hinweg mit einer Entscheidung, wie es in Irland vor ein paar Jahren zum Thema „Gleichgeschlechtliche Ehe" der Fall war. Dazu wurde eine Anzahl Bürger per Zufall ausgewählt, um im gemeinsamen Dialog die Entscheidung pro oder contra homosexuelle Heirat (im erzkatholischen Irland!) über mehrere Monate hinweg für die Regierung vorzubereiten. Ein solcher Prozess erfordert eine umfassendere Beschäftigung mit der Thematik. Anstatt über die Entscheidung anderer abzustimmen und sich über die Gegenpartei aufzuregen, muss sich jeder beteiligte Bürger intensiv in das Thema einarbeiten und sich mit den Gegenargumenten auseinandersetzen.

7.2.1 Konsent-Entscheidungen

Während ein Konsens Mehrheitsbeschlüsse durch die Zustimmung möglichst vieler Teammitglieder anstrebt, konzentriert sich eine Konsent-Entscheidung auf die Reduzierung der Einwände. Diese Berücksichtigung von Minderheitsbedürfnissen unterscheidet soziokratische von demokratischen Strukturen.[193]

Nicht der Einbringer einer Idee muss diese anpreisen und verkaufen, sondern der Kritiker einer Idee muss erläutern, was an ihr schlecht ist. Derjenige, der sie schlecht findet, muss sein Nein begründen. Damit wird die Verteidigung einer Idee vermieden, was das Einbringen kreativer Einwürfe, insbesondere in großen Gruppen, er-

---

[193] Vgl. Oestereich, S. 237, in: Sattelberger et al. Eine Abgrenzung von Konsensmodellen ist dennoch nicht eindeutig, da beispielsweise die Methode des Systemischen Konsensierens, die wir in Kapitel 7.3.2 kennenlernen werden, vom Konsens abweichende Meinungen ebenso einarbeitet.

leichtert. Die Bindung, die in kleinen Gruppeneinheiten über manche unangenehme und hochemotionale Entscheidung hinwegrettet, trägt in großen Gruppen nicht. Deshalb dreht die Konsent-Methode den Spieß um. Dieser einfache Kniff entlässt alle Teilnehmer aus dem Dilemma, aus einer Verteidigungshaltung heraus, Kritik als Angriff zu betrachten beziehungsweise Kritik mit Gegenkritik zu begegnen. Eine eingebrachte Idee gilt so lange als sinnvoll, bis sie durch Argumente widerlegt wurde.

Vielleicht hat Götz Werner (Gründer der dm-Drogeriekette) dieses Zusammenspiel im Kopf, wenn er das Individuum als initiatives und die Gemeinschaft als tragendes Element bezeichnet.[194]

7.2.2 Kreise und Zirkel

Zu den linearen Hierarchien, aus denen eine typische Staborganisation besteht, werden soziokratische Organisationen durch Zirkel ergänzt, wobei es mindestens zwei Überschneidungen der Zirkel geben sollte. Die Umsetzung der Entscheidungen wiederum erfolgt in den Linien. Damit bestehen soziokratische Organisationen aus einer perfekten Mischung aus Stabilität und Agilität.

Die Kreise finden sich ähnlich anderen Zirkeln einmal im Monat zusammen, um alltagsrelevante Entscheidungen zu treffen. Schafft es ein Team nach zweimaligem Anlauf nicht, zu einem bestimmten Thema einen Konsent zu finden, geht die Entscheidung in den nächsthöheren Zirkel, wobei soziokratisch gewählte Teilnehmer des erste Zirkels die Entscheidungsfrage in diesen Zirkel einbringen. Damit wird nicht über ihre Köpfe hinweg entschieden.[195]

Typische Zirkelentscheidungen sind:[196]
- Ausrichtung, Vision, Angebote und Ziele der Organisation oder Abteilung
- Strategische Entscheidungen über Projekte, Pläne, Prozesse und Ressourcen, inklusive Finanzen
- Entwicklung des Zirkels
- Funktion und Aufgabenbeschreibung der Kreismitglieder
- Verteilung der Rollen und Wahl der Funktionen im Zirkel
- Einarbeitung neuer Zirkelmitglieder
- Planung von Weiterbildungsmaßnahmen

---

[194] Vgl. Sprenger, S. 69
[195] Vgl. Rüther, S. 26 f.
[196] Ebd. S. 30

MIT DEMOKRATISCHEN STRUKTUREN ZU MEHR AGILITÄT

Die restlichen Entscheidungen, die weitgehend das Tagesgeschäft betreffen, werden aus der Funktion in der Linie getroffen.

Damit übernehmen Zirkel eine wohlbekannte Idee aus dem alten Athen: Überlasse die alltäglichen Themen denen, die im Alltagsgeschäft damit zu tun haben, und kümmere dich umso mehr um die großen Entscheidungen.[197]

Anstatt einer kompletten Hierarchiefreiheit werden Zirkel und Linie kombiniert, was eine Einführung enorm erleichtert beziehungsweise Widerstände dagegen verringert, zumal die Zirkel der verschiedenen Ebenen immer noch die hierarchieentsprechenden Entscheidungen treffen. Allerdings mit zwei Ausnahmen:

1. Jeder Zirkel ist durchdrungen von Teilnehmern anderer Ebenen. Allein dieser Aufbruch der starren Machtabschottung führt zu einer Veränderung der Kultur. Gleichzeitig findet damit ein Informationsaustausch in beide Richtungen statt.
2. Auch auf den oberen Zirkel-Ebenen entsteht jede Entscheidung im Konsent. Vertreter unterer und oberer Ebenen haben damit die Möglichkeit, einen nachhaltigen Einfluss auf einer Ebene auszuüben, der ihnen ansonsten verwehrt bliebe, zudem jede Stimme gleich viel wert ist.

Das Problem der Diversity in Entscheidungen

Im Kontext freier Mitarbeiterentscheidungen stellt sich die drängende Frage nach der Konzentration auf das Wesentliche versus der Frage nach einer breiteren Ausrichtung viel häufiger, als wenn eine Big Person von oben die Strategie vorgibt. Was passiert, wenn Mitarbeiter Chancen in ganz anderen wirtschaftlichen Sektoren sehen? Die Entscheidung über die Integration solcher Abweichungen in das Gesamtportfolio hängt nicht nur von der Güte der Ideen ab, sondern auch von der Marktlage, was viele Firmen nach der engpasskonzentrierten Strategie (kurz: EKS)[198] vorgehen lässt. Diese wiederum widerspricht einer zu variablen Ausrichtung. Die EKS stammt allerdings aus den 1970er-Jahren und damit aus einer Zeit, in der das Winner-takes-it-all-Prinzip[199] vorherrschte. Natürlich ist es sinnvoll, sich auf seine Stärken zu konzentrieren. Doch für eine genaue Planung gemäß der EKS müsste ich wissen, wie der Markt in den nächsten Jahren funktioniert und wo sich die Marktni-

---

[197] Vgl. Surowiecki, S. 106
[198] Vgl. https://de.wikipedia.org/wiki/Engpasskonzentrierte_Strategie
[199] Der gleichnamige Song von ABBA erschien 1980 und befand sich damit mitten in der Hochzeit der EKS.

sche versteckt, in der ich mich ausbreiten kann. Weiß ich das nicht, erscheint es nachhaltiger, sich breiter aufzustellen.

De Geus verdeutlicht dieses Prinzip der Diversität anhand der Rosenzucht. Schneide ich meine Rosen inklusive der Büsche im Frühjahr weit zurück, werde ich mich im Sommer an einigen sehr großen Rosen erfreuen. Allerdings nur, wenn nicht Frost oder Ungeziefer zuschlagen. Ich muss abschätzen können, was meine Rosen in den nächsten Monaten an Wetter und Unwägbarkeiten erwartet. Kann ich die Wetterkapriolen nicht antizipieren oder ist mir der Aufwand zu groß, ist es sicherer, weniger zurückzuschneiden und ein paar Zweige mehr übrigzulassen. Statt mich auf wenige, sehr schöne Exemplare zu konzentrieren, verteile ich meine Hoffnung auf mehrere kleine. Die Wahrscheinlichkeit des Überlebens in einer komplexen Welt ist damit gesichert.[200] Selbst wenn nicht jeder Trieb zu einer schönen Rose führt, werden wir ab und an überrascht von kleinen, aber besonders schönen Exemplaren, die andernfalls niemals möglich gewesen wären.

Dauerhafte und kurzfristige Zirkel

Angelehnt an Endenburg unterscheide ich sechs verschiedene langfristige Zirkel:[201]

1. Der Eigentümer-Zirkel bestimmt einen Vertreter aus dem Spitzenkreis und stimmt über die eigenen Interessen ab.
2. Der Spitzenzirkel (CEO, externe Experten, Vertreter aus dem Eigentümerzirkel sowie aus dem Allgemeinen Zirkel) bestimmt die normative und strategische Ausrichtung der Organisation.
3. Der Allgemeine Zirkel (CEO sowie Vertreter aus den Bereichszirkeln) koordiniert die Entscheidungen aus allen Bereichen und sorgt für deren organisatorische Umsetzung.
4. Die Bereichszirkel (CEO, Bereichsleiter sowie Vertreter aus den Abteilungszirkeln) koordinieren die Entscheidungen aus den unteren Bereichen und sorgen für deren organisatorische Umsetzung.
5. Die Abteilungszirkel (Abteilungsleiter sowie Vertreter aus den Teams) koordinierten die Entscheidungen aus den Teams und sorgen für deren organisatorische Umsetzung.
6. Die Teamzirkel organisieren die eigene Arbeit.

---

[200] Vgl. de Geus, S. 225 ff.
[201] Angelehnt an Rüther, S. 31

MIT DEMOKRATISCHEN STRUKTUREN ZU MEHR AGILITÄT

Manche stoßen sich daran, dass es in soziokratischen Strukturen zu Überschneidungen der Entscheidungen kommt. Die meisten Entscheidungen betreffen jedoch ohnehin mehr oder weniger alle Bereiche, Abteilungen und Teams. Es gilt folglich, eine gute zeitliche Struktur zu finden, um Mehrarbeit durch Dopplungen in Entscheidungen zu vermeiden, was am besten durch transparente Prozesse im Rahmen von Aufgaben- und Entscheidungsplänen funktioniert.

Manche Entscheidungen lassen sich nicht in einem abgeschlossenen Zirkel beschließen, beispielsweise eine neue strategische Neuausrichtung der Organisation, die alle Bereiche und Teams betrifft. Hierzu ist es hilfreich, einen speziellen, größeren Zirkel aus Vertretern aller Ebenen zu bilden.[202]

Eine weitere Besonderheit bildet die Projektgruppe zur Implementierung einer agitalen Kultur, die sich am sinnvollsten aus Mitgliedern aller Hierarchieebenen zusammensetzt und so lange besteht, bis die Zirkelstruktur etabliert wurde.[203]

BEISPIEL: OPERATIONALES SWAT-TEAM

Störungen sind nicht strategischer, sondern operationaler Natur. Gilt es, agiler auf Unvorhergesehenes zu reagieren, muss dies folglich aus dem operativen Bereich erfolgen.[204] Warum nicht ein SWAT-Team als Zirkel bilden, das schnell und flexibel auf Kundenwünsche reagiert und seine Erfahrungen im Anschluss mit der oberen Führungsebene abgleicht, mit dem Zweck, diese in verbesserte Prozesse einzuspeisen?

Dass manche Zirkel nicht von Dauer sein müssen, zeigen verschiedene Beispiele aus der Praxis. In der Haufe umantis AG entscheidet jeder Mitarbeiter für sich, in welchem Projekt er drei Monate lang mitarbeiten möchte.[205] In der it-agile GmbH entscheiden die Mitarbeiter ebenfalls selbst mithilfe eines Vertriebsboards, in welchen Projekten sie tätig sein wollen.[206] Auf diese Weise findet jenseits der festen Zirkel zwischen Wissensarbeitern und Produktion ebenso wie zwischen verschiedenen Hierarchieebenen ein Austausch der Mitarbeiter untereinander statt, um die Silomentalität mancher Organisationen und Abteilungen zu knacken.

Als kurz- bis langfristige Zirkel zu bestimmten Fachthemen dienen uns wiederum unsere bereits bekannten Communities of Practice.

---

[202] Vgl. Rüther, S. 66
[203] Vgl. Rüther, S. 86. Unter Rüther, Christian: Soziokratie. Ein Organisationsmodell, 2010, www.christianruether.com, finden Sie eine Menge Beispiele über die Umsetzung des Soziokratie-Modells in der Praxis.
[204] Vgl. Oestereich/Schröder, S. 21, in: Sattelberger et al.
[205] Vgl. Stoffel, S. 279, in: Sattelberger et al.
[206] Vgl. Wolf/Havenstein, S. 290, in: Sattelberger et al.

Taktik, Strategie, Dezentralisierung und Bündelung

Um die Kontinuität in agilen Arbeitsprozessen zu gewährleisten, ist es sinnvoll, zwischen einem taktischen und einem strategischen Verhalten zu unterscheiden:

Ein operational agierendes Team, zum Beispiel ein operationales SWAT-Team, reagiert taktisch auf Kundenwünsche. Diese Reaktionen müssen nicht von Dauer sein, liefern jedoch wichtige Informationen, die als Feedback in die langfristigen strategischen Geschäftsprozesse einfließen sollten. Ein Beispiel liefert uns das US-amerikanische Militär im zweiten Irak-Krieg: Als es kaum Widerstand bei der Eroberung Bagdads gab, änderte das Oberkommando seine Strategie und ließ Bagdad zügig einnehmen. Die Maxime des Militärs dazu lautet: Lokale Informationen sind im Zweifel wichtiger als Strategien. Das bedeutet nicht, nur noch auf dezentrale Vorgehensweisen zu bauen, wie es manche Firmen als Heilsbringer tun.[207] Vielmehr sollten

1. Entscheidungen, soweit möglich und sinnvoll, kurzfristig taktisch dezentral entschieden werden;
2. wo nicht möglich und sinnvoll, Informationen dezentral gesammelt und gebündelt werden, um Strategien mittel- und langfristig zu überdenken.

Reflexion: Zirkel

- *Welche Zirkel können Sie sich in Ihrer Organisation vorstellen?*
- *Welche Entscheidungen trifft welcher Zirkel?*
- *Welche Entscheidungen bleiben in der Linie?*
- *Wie sollte der Austausch zwischen den Zirkeln stattfinden?*
- *Welche Informationen sollen zwischen den Zirkeln, Linie und Zirkeln fließen?*
- *Welche Rollen sollten in welchen Zirkeln vorhanden sein?*

7.2.3 Wahlen in soziokratischen Organisationen

Lässt es sich vermeiden, plädiere ich dafür, mit möglichst wenigen Wahlen auszukommen, da Wähler nach gängigem Verständnis meist diejenigen lieber wählen, die sich besser präsentieren. Manche Rollen im Team benötigen kaum Präsentationskompetenzen, was Wahlen erschwert. In anderen wiederum ist die Aufgabe des Präsentierens immanent in der zu wählenden Funktion enthalten. Eine Person mit Lei-

---
[207] Vgl. Surowiecki, S.112 f.

tungsfunktion braucht Durchsetzungsvermögen, wenn das Team Probleme nicht selbst anspricht und muss ab und an ein Thema, sich selbst oder das Team präsentieren respektive verkaufen. An diese Stelle eine stark introvertierte Person zu setzen, selbst wenn sie befähigt ist, schadet langfristig dem ganzen Team. Wir kommen daher neben der Verteilung von Rollen und Funktionen nach Kompetenzen um Wahlen nicht herum, sofern wir die Demokratie im Unternehmen ernst nehmen. Als Wahlverfahren bietet sich das Prinzip soziokratischer Wahlen an:[208]

1. **Funktionsschilderung:** Der Moderator der Wahl beschreibt Funktion, Aufgabe und Verantwortungsbereich sowie die notwendigen Kompetenzen und Anforderungen an die Funktion.
2. **Offene Wahl:** Jeder Teilnehmer bekommt einen Wahlschein und schreibt seine Präferenz auf, wobei er ebenfalls seinen Namen auf dem Zettel notiert. Die Wahlzettel werden eingesammelt und laut verlesen.
3. **Wahl überdenken:** Zu den zwei bis drei meist gewählten werden Argumente für deren Wahl eingeholt. Jeder hat jetzt die Möglichkeit, seine Wahl aufgrund der gehörten Argumente zu überdenken.
4. **Kosentfindung:** Nun werden Gegenargumente zum Meistgewählten abgefragt, worauf der Meistgewählte sowie die Fürsprecher darauf reagieren können. Können die Gegenargumente ausgeräumt werden, gibt es einen schnellen Konsent.
5. **Neuwahl:** Werden die Einwände nicht ausgeräumt, fragt der Wahlleiter die Teilnehmer, wen sie stattdessen wählen würden und der Prozess beginnt von vorne.
6. **Wahlannahme:** Zuletzt wird die vorgeschlagene Person gefragt, ob sie die Wahl annimmt. Dies mag seltsam klingen, da die Befürchtung im Raum steht, bei Nichtannahme eine Menge Zeit vertan zu haben. Bedenkt man, wie wertvoll der gesamte Feedbackprozess während der Wahl ist, wurde die investierte Zeit jedoch so oder so gut angelegt.

Dass Wahlen in der Praxis nicht nur auf Teamebene stattfinden, sondern bis hinauf in die oberste Führungsebene, verdeutlicht die revolutionäre Kraft freier Wahlen. Allein der Aspekt Führung auf Zeit zeigt, dass CEOs nicht gottgleich für die Mitarbeiter eingesetzt werden, sondern zyklisch Rechenschaft ablegen müssen.[209]

---

[208] Ebd. S. 46
[209] Vgl. Sattelberger, S. 11, in: Sattelberger et al.

Die Nachteile demokratischer Wahlen von Führungskräften

Wahlen sind immer ein Wagnis. Führungskräfte könnten erfahren, dass ihnen der Rückhalt im Team fehlt. Muss es ein Makel sein, abgewählt oder nach einer Bewerbung nicht gewählt zu werden? Wenn ich mir die Leichen im Keller mancher Organisationen ansehe, wäre es wünschenswert, hierfür Lösungen zu finden. Ich denke an all die Menschen,

- die sich oft mehrmals auf eine höhere Position beworben haben,
- nicht genommen wurden,
- was nicht aufgearbeitet wurde,
- weshalb sie nur noch Dienst nach Vorschrift ableisten und nachrückende, meist junge Führungskräfte zur Verzweiflung bringen.

Auch die Probleme, die eine unpassende Führungskraft im Team verursacht, sollten ehrlich und demokratisch bearbeitet werden.

Arnold bietet dazu als Alternative zum Kaminkehrer-Modell (rauf, rauf, rauf, raus) ein spiralförmiges Modell an: rauf, runter, sich weiter entwickeln, wieder rauf, usw.[210] Der Abstieg (oder fehlgeschlagene Aufstieg) ist nach unserem herkömmlichen Verständnis von Wahlen mit einem Gesichtsverlust verbunden. Eine Rückmeldung zum eigenen Entwicklungsstand wäre wesentlich weniger schmerzhaft. Ein Modell, das in der Politik regelmäßig genutzt wird, wenn ein Herr Özdemir sich nach seiner Bonusflugmeilen-Affäre für einige Jahre zurückzieht. Auch Herrn Schulz werden wir sicherlich bald wiedersehen, vermutlich auf europäischer Ebene.

Die Vorteile demokratischer Wahlen von Führungskräften

Die geschilderten Nachteile sind streng genommen keine Nachteile, sondern Bausteine auf dem Weg zu Klärungen, in denen demokratische Wahlen die letzte zu nehmende Bastion sind. Wahlen

- verdeutlichen den Rückhalt im Team.
- liefern konkrete Rückmeldungen.
- fördern den Dialog im Team.
- klären Funktionen und Aufgaben von Führungskräften.
- fördern die Verantwortung und Motivation der Führungskraft.[211]

---
[210] Vgl. Arnold, S. 182
[211] Ebd. S. 159 f.

MIT DEMOKRATISCHEN STRUKTUREN ZU MEHR AGILITÄT

Reflexion: Wahlen

Welche Wahlen können Sie sich in Ihrer Organisation oder Abteilung vorstellen?

7.2.4 Verantwortungsübernahme im Team

Warum die Übernahme von Verantwortung schwierig ist, wird deutlich, wenn wir die zeitliche Dimension der Konsequenzen betrachten. Langfristig sind Menschen sehr wohl bereit, eine moralische Verantwortung zu übernehmen. Kurzfristig gewinnen meist Überlebens- oder Lust-Instinkte wie Stressvermeidung oder Gewinnstreben. Auf der einen Seite gilt es, die Welt mit ökologischem Verhalten zu retten, auf der anderen Seite ist ein Steak für 3,50 Euro ein super Angebot. Genauso könnte ein Mitarbeiter die Entscheidung treffen, einem Kollegen gegenüber einem unverschämten Kunden den Rücken zu stärken. Oder doch dem Stress nachzugeben und zu beschwichtigen. Womit wird gleich wieder die Welt gerettet? Mit der ersten oder zweiten Option? Gar nicht so einfach.

Klarer wird es, wenn sich ein Team das Treffen verantwortlicher Entscheidungen wie eine Fahrt zwischen zwei Leitplanken namens Wollen und Nicht-Wollen vorstellt, wobei die Leitplanke des Wollens unsere ethischen Werte symbolisiert.

Team-Werte

1. Persönliche Einschätzungen

Die folgende Liste organisationsbezogener Werte soll Teams zum Diskutieren anregen. Üblicherweise lautet die erste Reaktion der Teilnehmer auf solche Wertelisten in Teambildungen: „Ist doch fast alles wichtig!" – was uns zeigt, dass kaum ein Wert nichtig ist.

Abenteuer	Abwechslung	Achtsamkeit	Akzeptanz
Altruismus	Anstand	Ausdauer	Ausgeglichenheit
Begeisterung	Beharrlichkeit	Bescheidenheit	Besonnenheit
Beständigkeit	Bildung	Dankbarkeit	Disziplin
Ehrlichkeit	Empathie	Entschlossenheit	Erholung und Ruhe
Fleiß	Flexibilität	Freiheit	Freude an der Arbeit

Geduld	Gelassenheit	Geld und Gewinn	Gerechtigkeit
Geselligkeit und Gemeinschaft	Gesundheit	Gewissenhaftigkeit	Glaubwürdigkeit
Harmonie	Herausforderung	Hilfsbereitschaft	Humor
Idealismus	Individualität	Innovationen	Integrität
Intuition	Karriere	Kompetenz	Kreativität
Lebendigkeit	Loyalität	Mitgefühl	Mut und Engagement
Nachhaltigkeit	Neugier	Offenheit	Optimismus
Persönlichkeitsentwicklung	Selbstdisziplin	Sicherheit	Solidarität
Sparsamkeit	Standfestigkeit	Status und Geltung	Toleranz
Unabhängigkeit	Unbestechlichkeit	Verantwortlichkeit	Verständnis
Vertrauen	Verzeihen	Vitalität und Fitness	Weisheit
Weitsicht	Wettbewerb	Zuverlässigkeit	

2. Werte-Cluster im Team

Um herauszufinden, welche Werte wirklich wichtig sind, ist es sinnvoll, in einem zweiten Schritt die Favoriten in Kleingruppen oder vom gesamten Team clustern zu lassen. Beispielsweise hängen Vertrauen, Zuverlässigkeit, Ehrlichkeit und Offenheit zusammen und lassen sich unter dem Oberbegriff „Vertrauensvolle Kommunikation" zusammenfassen. In der Regel lassen sich fünf bis sechs große Cluster bilden, die zeigen, welche Werte im Team ausschlaggebend sind.

3. Gelebte Werte

Schließlich kommt es darauf an, wie Werte im Alltag gelebt werden. Welche kleinen Handlungen zeigen uns, dass wir unsere Werte tatsächlich umsetzen? Wie entscheiden wir in strittigen Fällen? Was geht uns gegen die Hutschnur? Wofür würden wir kämpfen? Um zu prüfen, welche Werte gelebt werden, ist es hilfreich, Fallbeispiele zu diskutieren.

Was wir nicht wollen

Sich nur auf das Wollen zu beziehen reicht nicht. Das langfristige ethisch-moralische Wollen wird zu oft vom kurzfristigen Lust- oder Unlust-Wollen ausgehebelt: Die Welt retten wäre super! Aber jetzt muss ich nach Hause. Die Entscheidung im Team zu treffen wäre spannend, aber Mühe macht es auch. Und mit einem Mal die Verantwortung mittragen, wo es doch all die Jahre in meiner Die-da-oben-Kuschelecke so gemütlich war? Nein, danke.

Ein Mitarbeiter könnte morgens aufstehen und sich nach seinen epischen Zielen fragen: „Was kann ich heute Gutes tun?" – und eine Vision entwickeln, die so lange bestehen bleibt, bis er mit der harten Realität der täglichen Interessens- und Loyalitätskonflikte zwischen Kunden, Führungskraft und Kollegen konfrontiert wird. Ergänzend zur gemeinsamen Werteausrichtung des Teams könnte er den Tag auch mit der Frage beginnen: „Was möchte ich heute auf keinen Fall tun?" und eine entsprechende Not-to-do-Liste erstellen. Eine solche Liste lässt sich hervorragend aus den Gründen für unethisches Verhalten[212] ableiten:

Kultur in der Organisation
- Die Funktionalität, beispielsweise Geld einzunehmen, ist wichtiger als ethische Grundsätze: Erst kommt das Fressen, dann die Moral![213]
- Loyalität, Gehorsam und Disziplin sind zentrale Werte in der Organisation.
- Ein eigener Moralkodex, wie bei der Mafia, wird durch Ideologien gerechtfertigt: Wir sind alle eine große Familie. Wir tun, was wir tun müssen. Wir sind die Guten, alle anderen die Bösen.
- Der Zweck heiligt die Mittel: Die Organisationsethik ist auf einen extremen Utilitarismus ausgerichtet: Moralisch vertretbar ist alles, was am Ende mehr positive als negative Folgen hat. Kollateralschäden, zum Beispiel wenn der wichtigste Kunde Sonderkonditionen bekommt, unter denen die Mitarbeiter zu leiden haben, werden in Kauf genommen.
- Nach und nach gewöhnt man sich an unethisches Verhalten wie im Fall der massiven Bankenspekulationen: Zu Beginn geht es nur um ein paar Tausend Euro, bis die Summen immer größer werden. Die ZDF-Serie *Bad Banks* lässt grüßen.

Systemische Rahmenbedingungen
- Besteht nur eine eingeschränkte Sicht auf die komplexen Folgen des eigenen Handelns auf das Ganze, kann ich keine Verantwortung übernehmen. Transparenz ist folglich zwingend nötig, solange sie nicht wie im Roman *Circle* von Dave Eggers zur ultimativen Transparenz in allen Lebensbereichen ausartet.

---

[212] Inspiriert durch Schüz, S. 160 ff.
[213] Die Firma Johnson & Johnson folgte im Fall „Tylenol" dem Gegengrundsatz „Erst die Moral, dann das Unternehmen", als sie 1986 aufgrund mehrerer vergifteter Schlaftabletten, woran bereits sieben Personen gestorben waren, die gesamte Palette des Schlafmittels aus dem Verkehr zog. Nach einem Reputationsknick erholte sich das Unternehmen und die Marke jedoch schnell wieder (vgl. Schüz, S. 149).

- Damit einher gehen unklare Verantwortungsstrukturen.
- Wird die eigene Verantwortung nicht angenommen oder geleugnet und passiert dennoch ein Fehler, greift die Sündenbock-Psychologie.
- Etablierte Belohnungs- und Bestrafungssysteme, beispielsweise eine öffentliche Bloßstellung bei Fehlern, fördern ein Vertuschungsverhalten, statt sich offen mit ethischen Fragen auseinanderzusetzen. Die Folgen sind ein Gruppenzwang, der einzelne moralische Überlegungen negiert.
- Drogen vernebeln ebenso die moralischen Sinne, womit nicht nur die erstassoziierten gemeint sind. Auch ein Übermaß an Kaffee oder digitalen Medien kann überschnelle Entscheidungen befördern, die langfristig ethische Grundsätze außen vor lassen.
- Distanz zum „Opfer": Sind Entscheidungsträger emotional weit entfernt von den Menschen, über die es zu entscheiden gilt, wie es beispielsweise aufgrund der digitalen Ferne bei Versicherungen oder Direktbanken der Fall sein kann, führt auch das zu einer Distanz, die durch digitale Algorithmen weiter verstärkt wird. Das Unmenschliche fußt damit nicht im Digitalen, sondern im Unpersönlichen.

Orientierung an Autoritäten und Hierarchien
- Autoritäten- und Expertengläubigkeit: Wer es so weit nach oben geschafft hat und über mehr Informationen verfügt als ich, muss es wissen.
- Beweis von Kompetenz und Pflichttreue gegenüber dem Vorgesetzten: Mein Chef unterstützt mich, also unterstütze ich ihn. So funktioniert Karriere.
- Angst vor Widerspruch: Was soll ich schon tun? Mein Chef sitzt ohnehin am längeren Hebel.

Reflexion: Was wollen wir nicht?

Was wollen Sie nicht in Ihrem Team oder Ihrer Organisation?
Expertengläubigkeit?
Entscheidungen aus Pflichtgefühl?
Hektische Entscheidungen unter Zeitdruck?

Ethische Entscheidungen zu treffen hat mit Werten zu tun. Teams, Abteilungen und Organisationen sollten sich bewusst sein, welche Werte ihre Mitglieder teilen und bei welchen sie, sofern sie tolerant sind, abweichen.

Zwischen diesen beiden Leitplanken kann jede Entscheidung inklusive möglicher Folgen unter die Lupe genommen werden:

Freiwillige Verantwortungsübernahme

Da Verantwortung eine soziale Komponente beinhaltet, gilt eben nicht: Kümmert sich jeder um seine Belange, ist an alles gedacht, sondern: A handelt verantwortungsbewusst, sofern A entsprechend eines Team-Werte-Kodexes agiert, um gemeinsame Ziele zu erreichen. Damit das passiert, sollte A nicht nur verantwortungsbewusst handeln, sondern auch eine verantwortungsbewusste Einstellung und Meinung vertreten. Andernfalls besteht weder Authentizität noch Freiwilligkeit.

Genau hierin liegt jedoch ein (bewusster?) Denkfehler vieler moderner Firmen. Ein Unternehmen kann seinen Mitarbeitern Tischtennisplatten in den Firmenkeller stellen. Es kann gemeinsame Kegelabende organisieren und sogar die Hochzeiten seiner Angestellten ausrichten. Das alles sind Verbesserungen des Lebens, um die nicht jeder unbedingt bittet. Es sind freundliche Gesten des Gebens, die <u>nicht</u> zurückgezahlt werden müssen. Werden diese Geschenke als emotionale Inhaftnahme eingesetzt, wirken sie manipulativ. Mitarbeiter, die aufgrund der Super-Atmosphäre im Büro nicht vor Freude durch die Gänge springen, gelten dann als undankbare Nestbeschmutzer. Die altbekannte Manipulationsmethode des Schenkens hat es damit von den Bahnhofsvorhallen der Nation bis in die Chefetagen gebracht. Was für eine Karriere!

Wahre Verantwortung erfolgt nur auf der Basis freiheitlicher Entscheidungen. Erst die freie Entscheidung erlaubt die Übereinstimmung zwischen verantwortlichen Einstellungen und verantwortlichem Handeln, und das mit voller Kraft und nicht nur aufgrund sozialer Erwünschtheit.

Verantwortungsübernahme im Team

Als Peter Parker seine übersinnlichen Spinnenkräfte entdeckt und zu Spiderman wird, ermahnt ihn sein Onkel und Ziehvater, seine Kräfte wohlweislich einzusetzen: Aus großer Macht erwächst große Verantwortung. Auf die übermächtige Pippi Langstrumpf geht ein ganz ähnlicher Spruch zurück: „Wer stark ist, muss auch gut sein."

Wir Menschen verfügen über große Freiheiten. Wir können tun und lassen, was wir wollen. Wir sind das am wenigsten determinierte Tier auf unserem Planeten. Zu Freiheit und Macht gehört jedoch immer die Ergänzung „um zu": „Wir haben die Freiheit, um zu ..." oder „Wir haben die Macht, um zu ..." Aus diesem Kerngedanken heraus lässt sich der Hass der unteren Zehntausend in unseren Gesellschaften vielleicht am leichtesten erklären. Generell ginge es uns allen besser, wenn nur die schlechter Gestellten das Gefühl hätten, die oberen Zehntausend würden ihre Macht für etwas Positives einsetzen.

Organisationen sollten eine ethische Verantwortung übernehmen, für die Umwelt, den sozialen Frieden und ihre Mitarbeiter. Eine Verantwortung, die manchen zu schwer oder unmöglich zu tragen erscheint, als wären einzelne Organisationen der Atlas, der die Welt auf seinen Schultern trägt. Und ohnehin: Was machen die anderen Firmen? Im Rattenrennen wollen wir schließlich auch einen Teil vom Käse abbekommen. Wenn wir jetzt mit ethischen Sperenzchen anfangen, am Ende korrekte Messungen an unseren Dieselfahrzeugen einführen, stehen wir doch sofort auf dem Abstellgleis. Verantwortung zu übernehmen funktioniert also nur, wenn sie geteilt wird, zwischen Firmenleitung und Mitarbeitern ebenso wie in einer gesamten Anbietersparte. Verantwortung ist niemals eine Einzelleistung, sondern immer eine Verbindung zwischen Systemen und Menschen.

Von der Verantwortungsschere zur Verantwortungsteilung

Verantwortung zu teilen ist die eine Seite. Verantwortung zu übernehmen die andere. Blicken wir auf die Mesoebene der Mitarbeiterführung, vermittelt die Teilung von Verantwortung ein positives Gefühl auf der Seite des Verantwortungsübernehmenden. Jemand traut mir etwas zu. Mehr noch: Jemand vertraut mir, etwas zu tun, das im Gesamtgefüge der Organisation – jenseits von Schema F-Arbeiten – einen positiven, spürbaren Unterschied in der Gruppenleistung ausmacht, womit ich zu einem wertvollen Teil der Gemeinschaft werde:

MIT DEMOKRATISCHEN STRUKTUREN ZU MEHR AGILITÄT

- Der Teilhabende erhält ein Vorschussvertrauen, wenn ihm jemand sagt: Ich glaube, dass du dieser Verantwortung gerecht wirst.
- Damit einher gehen Anerkennung und Wertschätzung für die bisherige Arbeit.
- Das Selbstwertgefühl steigt, weil er das Gefühl bekommt, wichtig zu sein sowie einen wichtigen Beitrag zum großen Ganzen – dem epischen Ziel – zu leisten, statt nur ein kleines Rädchen in der Maschine zu sein.
- Schließlich erhöht sich sein Status, weil nur er in seiner ganz speziellen Rolle diese Aufgaben erledigen kann.

Klingt einfach, ist es aber nicht. Zu oft treffen wir in Organisationen auf weit geöffnete Verantwortungsscheren zwischen denen da oben und denen da unten. Wie also könnte der Weg zur gemeinsamen Verantwortlichkeit aussehen?

Gefühle, Wunsch, Entscheidung, Handlung

Um zu klären, wie gemeinsame verantwortungsbewusste Entscheidungen zustande kommen, muss ich ein wenig weiter ausholen.

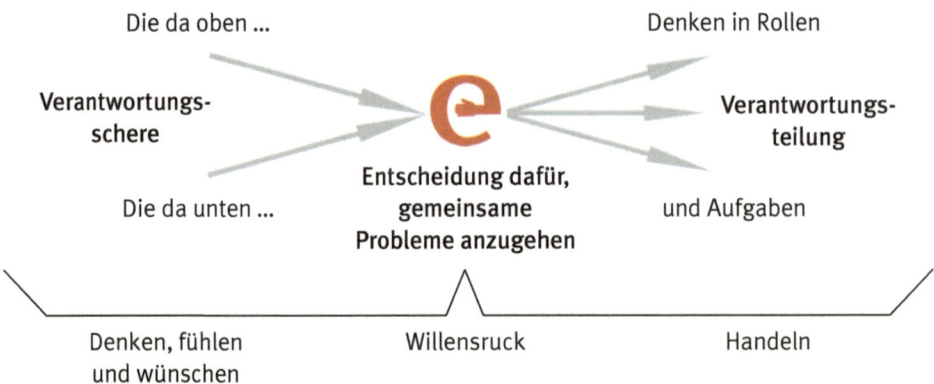

Die Verantwortungsteilung durchläuft drei zentrale Phasen:

1. In der emotionalen **Wunschphase** sind die da oben und die da unten, ebenso wie verschiedene Abteilungen, noch weit voneinander entfernt. Jede Partei hat ihre ganz persönlichen Wünsche und verfolgt ihre individuellen Ziele, die sich oft widersprechen. Im Organisationskontext treffen wir häufig auf den Widerspruch zwischen menschlichen Belangen, wie Anerkennung und Wertschätzung, und

sachlichen Belangen, wie Zeitdruck und Qualität. Die einen denken: Mit denen da unten kann man nicht arbeiten. Wenn wir nicht wären … Die anderen denken: Die da oben machen sowieso, was sie wollen. Die einen fühlen die volle Last der Verantwortung, dürfen sich aber auch nicht beschweren, wenn sie sich mit dem Delegieren von Aufgaben schwer tun. Die anderen tun nur das Nötigste, denn für die wirklich wichtigen Dinge sind sie schließlich nicht verantwortlich.

Führt das Denken und Fühlen zur Erkenntnis, dass ich weder in der Vergangenheit noch in der Zukunft Verantwortung übernehmen konnte, kann, durfte oder darf, wird der Ruf nach einer Big Person, die für mich Verantwortung übernimmt, umso lauter. Der Mensch möchte zwar gestalten und Verantwortung übernehmen. Wenn er dies jedoch nicht kann oder darf, schiebt er den Schwarzen Peter jemand anderem zu. Die Aufgaben guter Führung beinhalten damit zum einen, das Gefühl der erlernten Hilflosigkeit, die sich leider allzu oft in Vorwürfen gegen andere äußert, ernst zu nehmen, und zum anderen, echte Verantwortungsteilungsangebote zu unterbreiten, um eine Basis für die Verantwortungsübernahme zur Lösung verbindender Probleme vorzubereiten.

2. In der **Entscheidungsphase** trennen Teams und Abteilungen sich von manchen egozentrischen Wünschen, um gemeinsame Ziele zu verfolgen, sofern sie erkennen, dass sie verbindende Probleme nur gemeinsam lösen können, indem jeder seinen Part übernimmt. Alle zusammen befinden sich, als ein analoges Bild zum Digitalen, in der „cloud of concern", die die gesamte Organisation umspannt. Jeder Einzelne, jedes Team und jede Abteilung befindet sich in seinem oder ihrem „circle of influence", dem Kreis, in dem ein Handeln und Wirken möglich ist. Alle Kreise zusammen ergeben eine Wolke. An manchen Segmenten überschneiden sich die Wirkungen zweier oder mehrerer Kreise. Andere Kreisinhalte können nur vom entsprechenden Team alleine bearbeitet werden.

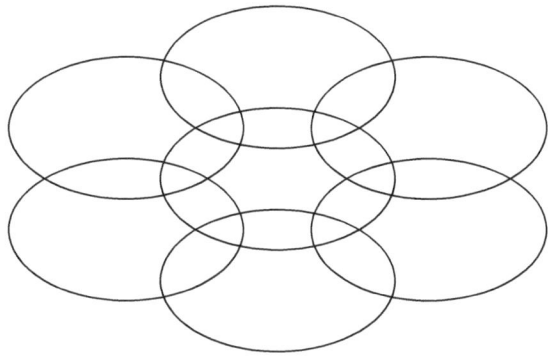

Denken wir diese Wolken-Kreis-Logik konsequent weiter, ergeben sich drei Leitfragen für die Verantwortlichkeit von Teams:

- Wofür sind im Wesentlichen wir verantwortlich?
- Worin bestehen die Schnittmengen mit anderen Teams oder Abteilungen?
- Welche Belange betreffen uns alle (mittlerer Kreis)?

In der Mitte des Prozesses unseres Willensruck-Modells konzentrieren sich die Wünsche, Empfindungen, das Denken sowie die langfristigen Folgen der Handlungen aller im Gespür und der Intuition für die richtige Entscheidung. Die eigenen Wünsche sowie die Bedürfnisse der Kunden kennen wir in der Regel: Wir wollen ökologisch sinnvolle Gegenstände produzieren, Kunden nachhaltig zufriedenstellen – und das am besten mit einer Mitarbeiterschaft, die gut aufeinander abgestimmt ist und sich in ihrer Atmosphäre wohl fühlt, um reibungsfrei miteinander zu arbeiten, auch und vor allem in Krisenzeiten. Schwierig wird es im Hinblick auf die Langzeitfolgen: Was macht Kunden wirklich glücklich? Was ist unschädlich für die Umwelt? Welche Maßnahmen und Strukturen sind sinnvoll, um die Mitarbeiter langfristig zu motivieren und zu mehr Selbstverantwortung anzuleiten?

In der Zukunft spielen so viele interne und externe Faktoren, glückliche und unglückliche Zufälle eine Rolle, dass wir niemals wissen können, ob unsere Entscheidungen und die daraus folgenden Handlungen der Verantwortungsübernahme tatsächlich zu den geplanten Folgen führen. Daher können wir uns in der Entscheidungsfindung im Kern nur auf drei Aspekte verlassen:

1. Auf unsere erfahrungsbasierte Intuition beziehungsweise die Erfahrungen des Teams.
2. Auf die Erhöhung der Wahrscheinlichkeit des Auftretens gewünschter Folgen.
3. Auf agiles Feedback, Feedback, Feedback.

Die Auseinandersetzung mit dem Thema Intuition würde an dieser Stelle den Rahmen sprengen. Die Erhöhung der Wahrscheinlichkeit des Eintretens angepeilter Ziele hat mit den Lenkungsmechanismen der Kybernetik zu tun, die Sie bereits kennengelernt haben: Gehe ich als Führungskraft klar und gleichzeitig neugierig in Gespräche, erhöhe ich die Wahrscheinlichkeit eines offenen Gesprächs mit einem ansonsten zurückhaltenden Mitarbeiter. Werden so viele (undramatische) Fehler wie möglich gemacht und anschließend aufgearbeitet, sinkt die Wahrscheinlichkeit für zukünftige ähnliche Fehler. Das Team oder die Organisation entwickelt sich evolutionär weiter. Installiere ich eine wertschätzende und fehlertolerante Feedbackkultur, erhöhe ich die Wahrscheinlichkeit, dass sich Mitarbeiter in ihren Rollen und Aufgaben weiterentwickeln. Stärke ich die Kooperationsfähigkeit meiner Teams, richte soziokratische Rahmenstrukturen ein und fördere die Vertrauensbasis untereinander, muss ich als Führungskraft weniger lenken als zuvor. Führung im Sinne einer klaren Lenkung ist dies nicht mehr. Da sich unsere Welt aufgrund der ständigen Wechsel jedoch nicht mehr vorbestimmen und lenken lässt, dies war schon immer so, wurde jedoch niemals so deutlich wie heute, ist eine Richtungs-Lenkung und ein Denken in Wahrscheinlichkeiten die einzige Möglichkeit, sich ein Stückchen Kontrollgefühl zu bewahren und sich damit als Führungskraft seiner Verantwortung bewusst zu sein.

3. In der **Handlungsphase** werden die Rollen und Aufgaben verteilt, die alle einen Teil zur Lösung des gemeinsamen Problems beitragen. Für Mathias Schüz bedeutet ein gemeinsames, verantwortungsvolles Handeln gut miteinander auszukommen. Er meint damit das

   - Auskommen mit Gütern und Ressourcen ebenso wie das
   - Auskommen mit einer Situation sowie das
   - Auskommen mit anderen Personen.

Diese drei Aspekte sollten sich in einem Team in ständiger Balance befinden.[214]

Da die Verantwortungsteilung in der Vergangenheit im Denken vieler Mitarbeiter nicht funktionierte, ist es wichtig, bereits in den vorherigen Phasen eine Bewusstheit für die Handlungsphase zu wecken, um verloren gegangenes Vertrauen wieder aufzubauen. Andernfalls bleibt der Willensruck in der Mitte des Verantwortungsprozesses stecken.

Konkrete Fragen in der dritten Phase lauten:
- Welche Erwartungen wurden bisher an die Rollen gestellt?
- Welche Verantwortung hatte jeder bisher in seiner Rolle?
- Welche Erwartung soll zukünftig an eine Rolle gestellt werden?
- Welche Verantwortung will jeder zukünftig in welcher Rolle übernehmen?
- Welchen konkreten Beitrag leistet jeder in Kooperation mit den anderen im Team?
- Welche Verantwortung hat wer für wen?
- Worin besteht der Mehrwert der Zusammenarbeit und Verantwortungsteilung?

---
[214] Vgl. Schüz, S. 87 f.

MIT DEMOKRATISCHEN STRUKTUREN ZU MEHR AGILITÄT

7.3 Demokratische Entscheidungen im Team

7.3.1 Entscheidungsthemen

Noch einmal: Mitarbeiter wollen nicht alles mitentscheiden. Bei manchen Entscheidungen sagen sie klar: Das liegt außerhalb meines Gehalts- und Verantwortungsbereichs. Bei anderen Punkten sind sie überfordert. Und in wieder anderen Punkten haben sie schlicht keine Lust, sich damit auseinanderzusetzen. Zu recht! Demokratie wird falsch verstanden, wenn sie suggeriert, dass zukünftig alle Mitarbeiter bei allen Themen mitentscheiden sollten, zumal die Übertragung von Entscheidungsbefugnissen auf Big Persons Freiräume schafft, sich nicht mit allem beschäftigen zu müssen. Gehe ich alle paar Jahre wählen, schaffe ich mir damit die Pflicht vom Hals, mich mit Themen auseinanderzusetzen, die mich nicht interessieren und nicht betreffen. Das klingt vielleicht egoistisch, doch wenn sich alle mit allem beschäftigen, wird nichts richtig erledigt. Gute Entscheidungen erfordern Einarbeitung, Beschäftigung und Zeit. Arbeitet sich jeder in alle Entscheidungen ein, wird dabei nicht viel mehr als Chaos herauskommen. So würde auf Organisationsebene eine Überdemokratisierung, in der sich alle mit allem beschäftigen, dazu führen, dass niemand wirklich Bescheid weiß und sich niemand verantwortlich fühlt. Das ist kein Argument <u>gegen</u> Demokratie, sondern ein Argument für die <u>richtige</u> Demokratie!

Mit den Themen
- Aufgaben- und Urlaubsautonomie,
- freie innovative Projekte,
- Kollegensuche, Einstellungsverfahren und Kündigungen,
- die Veränderung von Meeting-Strukturen,
- der Etablierung von Feedbackgruppen,
- die Einführung neuer Rollen im Team,
- die Verfügbarkeit von Materialien,
- die Umstrukturierung von Räumen,
- der Einsatz sozialer Medien,
- die Nutzung von Wissensplattformen im Intranet,
- die freie Verfügung über Jahresbudgets,
- bis hin zur Wahl der eigenen Führungskräfte

gibt es jedoch eine Menge struktureller Stellschrauben auf dem Weg zu einer umfassenderen Selbstorganisation, inklusive agiler Entscheidungsfindungen bei Mitarbeitern und Teams und damit zur Etablierung der passenden Demokratie in Ihrer Organisation.

Während die Gestaltungsfreiheit in der in Kapitel 3.3.2 zitierten Studie eingefordert wurde, hatten die Mitarbeiter kein Interesse an der Wahl ihres Vorgesetzten. Sie wollten auch keinen Einfluss auf die Strategie des Unternehmens nehmen. Bevor Sie Ihre Teams demokratisieren, gilt es folglich herauszufinden, in welchen Bereichen eine Mitbestimmung überhaupt erwünscht ist.

BEISPIEL: STELLENPROFILE

Warum entwickeln Sie nicht einmal im Rahmen eines Workshops gemeinsam mit Ihren Mitarbeitern deren Stellenprofile? Immerhin wissen diese am besten, was sie täglich tun, wofür sie verantwortlich sind und welche Punkte in ihrer Stellenbeschreibung nicht mehr mit der Wirklichkeit übereinstimmen. Damit würden Sie die Kluft zwischen Anspruch und Wirklichkeit überwinden und Ihren Mitarbeitern das Gefühl geben, mit dem, was sie tun, am richtigen Platz zu sitzen, statt einer unrealistischen Wunschvorstellung hinterherzuhinken.

Tauschen Sie sich dazu im Workshop über folgende Fragen aus:
- Wie sieht meine Aufgabe aus? Was mache ich wirklich und was sollte ich laut Stellenbeschreibung tun?
- Wie lautet mein Beitrag für das Unternehmen?
- Was kann ich richtig gut?
- Wovon würde ich gerne mehr machen?
- Was hindert mich daran?
- Was kann ich für meine Kollegen tun?
- Womit können meine Kollegen mich unterstützen?
- Was würde ich gerne abgeben?[215]

In passenden demokratischen Rahmenbedingungen müssen Mitarbeiter bei Entscheidungen nicht nachträglich „ins Boot geholt" werden. Im Direktkontakt mit Kunden und digitaler Ferne von ihrer Führungskraft treffen sie autonome operationale Entscheidungen. Die Entscheidungsfindung erfolgt als Prototyp, der adhoc entwickelt und getestet wird, für den Moment gilt, im Anschluss allerdings einer Prüfung unterzogen wird, um zu testen, ob er als Dauerentscheidung funktioniert. In der herkömmlichen Denke werden Entscheidungen im Hinterzimmer getroffen, während die an der Front verantwortlichen Mitarbeiter die Entscheidungen verkaufen und keinen Zoll davon abweichen dürfen, ob sie dahinter stehen oder nicht. Damit fällt ein ganzes Stück Überzeugungsarbeit weg.[216]

---

[215] Vgl. Arnold, S. 122
[216] Vgl. Oesterreich/Schröder, S. 31, in: Sattelberger et al.

Auch in Entscheidungen von organisationsumspannender Tragweite, wie der Frage, welche Dienstleistungen zukünftig ausgeweitet werden sollen, müssen die Mitarbeiter nicht mitgenommen werden, wenn sie von Anfang an am Entscheidungsprozess beteiligt sind.

Es gibt sogar Unternehmen, in denen die Gehälter der Mitarbeiter nicht top-down, sondern von einem gewählten Gremium bestimmt werden und transparent im Intranet einsehbar sind. Die Veröffentlichung wird dabei mit einer Feedbackrunde verbunden, in der jeder Mitarbeiter zu jedem anderen seine Meinung äußern und ihn für eine Gehaltserhöhung vorschlagen kann. Das Feedback darf auch negativ ausfallen, wenn der Kollege mehr für sein Geld tun sollte. Mit dem entsprechenden kollegialen Kooperationssicherheitsnetz sollte dies kein Problem sein.

Eine andere Vorgehensweise, um zu ergründen, über welche Entscheidungsbefugnisse Teams in Zukunft verfügen können, ist das Ausschlussverfahren. Demnach können Teams über alles entscheiden, was nicht ausgeschlossen ist, wie zum Beispiel der Schließung von Geschäftsstellen, der Aufgabe gesamter Geschäftsbereiche oder Kreditaufnahmen und Verschuldungen.[217]

Dass Autonomie und Demokratie kein Selbstzweck sind, zeigt die Forschung über die Folgen von Autonomie. Das Job-Characteristics-Modell zeigte bereits in den 1970er-Jahren, welche Kernaspekte einen guten Arbeitsplatz ausmachen:[218]

1. Sinnvolle Aufgaben
2. Die Möglichkeit, die eigenen Tätigkeiten in einem Gesamtzusammenhang zu sehen
3. Eine abwechslungsreiche Anforderungsvielfalt
4. Die Möglichkeit, eigenverantwortliche Entscheidungen zu treffen
5. Regelmäßige Rückmeldungen

Die Erfüllung dieser fünf Aspekte in der Arbeit führt zu einer Erhöhung der Motivation, Arbeitszufriedenheit und Leistung der Mitarbeiter. Wir wissen zwar schon lange, wo der heilige Gral der Mitarbeitermotivation zu finden ist, scheuen uns jedoch offensichtlich, uns ernstlich auf den Weg zu machen.

Reflexion: Autonome Entscheidungsthemen

- *Welche Entscheidungsthemen trauen Sie Ihren Mitarbeitern zu? Welche nicht?*
- *Wie wäre es, diese Themen gemeinsam mit Ihren Teams zu besprechen?*

---

[217] Ebd. S. 61
[218] Vgl. Arnold, S. 95

7.3.2 Entscheidungsplattformen und -tools

In Kapitel 1.7.6 lernten Sie die 4R-Methode zur Stabilisierung agiler Teams kennen, die ich in Hinblick auf praxisrelevante Entscheidungsmethoden als Überblick heranziehe:

- Open Space-Workshops können zu **ritualisierten Veranstaltungen** in Organisationen werden, um brennende Themen regelmäßig demokratisch zu bearbeiten.
- Das Berater-Modell ist ein Beispiel einer demokratisch-agilen verbindlichen **Regelung** zum Treffen von Entscheidungen für Mitarbeiter und Teams.
- Rollen-Canvas verdeutlichen, wie **Rollenfindungen und -verteilungen** im Team auf kreative Weise ablaufen können.
- Und das Systemische Konsensieren können Sie als **Richtschnur** zur Entscheidungsfindung betrachten.

1. Open Space-Veranstaltungen

Bei dem Großgruppenverfahren Open Space sind lediglich die zeitliche Struktur und das Rahmenthema festgelegt, bei dem es sich um ein für die Teilnehmer relevantes Thema handeln muss. Ansonsten ist die Methode nach dem Prinzip der Selbstorganisation konzipiert. Die Tagesordnung wird von den Teilnehmern zu Beginn der Konferenz selbst erstellt. Diese sind die Hauptakteure der Un-Konferenz, bei der es keine Hierarchie zwischen Experten, Moderatoren und Teilnehmern gibt. Der Grundgedanke dahinter lautet: Jeder Teilnehmer kann sowohl Experte sein als auch eine Interessensgruppe moderieren.

Jedes im Kontext des Rahmenthemas für wichtig erachtete Thema wird behandelt, sofern ein Teilnehmer die Diskussion dafür in die Hand nimmt und sich weitere Interessenten zur Arbeit an der Thematik finden. Die Methode eröffnet damit viel Raum für kreative Prozesse. Die Teilnehmenden sind für das Ergebnis und für den Inhalt ebenso wie für den Lernprozess, die Kommunikation und die Kultur der Open Space-Konferenz verantwortlich.

> **BEISPIEL: BARCAMPS**
>
> Die Gesellschaft für Knowledge-Management (GfKM) führt auf der Basis der Open Space-Idee seit einigen Jahren sogenannte Barcamps durch, deren Ablauf sich wie folgt skizzieren lässt:
>
> Auf einer eigenen Wissensplattform melden sich die Teilnehmer eines Barcamps vorab mit ihrem Profil und ihren Interessen an.

Teilnehmern, denen ein Unterthema zu dem gesetzten Oberthema wichtig ist, stellen dieses auf der Plattform ein. Damit bekommen auch Introvertierte die Chance, ihre Themen zu platzieren und vorab Meinungen dazu zu testen.

Die Unterthemen werden anschließend von den anderen Teilnehmern ergänzt. Ein Moderator fasst, wenn sinnvoll, mehrere Unterthemen zusammen.

Meist ergeben sich bereits zu diesem Zeitpunkt reichhaltige Diskussionen und Interessengruppen zu den Themen.

Zu Beginn des Barcamps, das in klassischer Form an ein oder zwei Tagen offline stattfindet, stehen damit bereits einige Unterthemen und Interessengruppen fest. Diese werden von einem Moderator an einer Pinnwand veröffentlicht. Die Themengeber stellen bei Bedarf ihre Themen kurz vor.

Die vorhandenen Unterthemen werden anschließend in einem offenen Setting von etwa 30 Minuten durch die Teilnehmer selbstständig ergänzt. Der Moderator hilft dabei, die Themen gegeneinander abzugrenzen oder gegebenenfalls zu clustern.

Nun geht es um die Organisation der zeitlichen und räumlichen Struktur. Für jedes Thema wird ein Zeitraum von 45 Minuten eingeplant. Anschließend folgt eine kurze Pause von 10 bis 15 Minuten. Da in der Regel mehrere Sessions parallel verlaufen, werden ebenso viele Räume benötigt.

Für die Sessions gibt es zwei grundlegende Modelle:
1. Der Sessiongeber stellt ein Modell, eine Methode, eine aktuelle Studie oder seine Erkenntnisse zu einem Thema vor. Dies sollte nicht länger als 15 Minuten dauern, um anschließend genügend Raum für Diskussionen zu haben.
2. Der Sessiongeber beginnt mit erkenntnisleitenden Fragen, steigt mit einer offenen Diskussion ein und übernimmt die Rolle eines Moderators.

Damit die Erkenntnisse aus den Sessions nicht verloren gehen, ist es wichtig, eine Person in der Session zum Dokumentieren zu gewinnen. Idealerweise überträgt diese die neuen Erkenntnisse in digitaler Form auf die Wissensplattform, so dass interessierte Teilnehmer aus anderen Sessions diese in den Pausen nachlesen können. Diese Vorgehensweise ist vor allem sinnvoll, wenn Sessions in ihrer Thematik aufeinander aufbauen.

Bei zweitägigen Barcamps bietet es sich an, die wichtigsten Erkenntnisse aus dem Vortag am Morgen im Plenum zu präsentieren. Eventuell ergeben sich daraus spontan neue Sessions zur Vertiefung von Fragen.

Nach dem Barcamp werden alle verschriftlichten Erkenntnisse online aufbereitet und finden klar strukturiert und auf den Punkt gebracht ihren Weg in Whitepapers und Praxis-Empfehlungen.

2. Das Berater-Modell als verbindliche Entscheidungsregel

Damit das funktioniert, bedarf es klarer Kriterien, um einer Willkür vorzubeugen:

1. Welche Entscheidungen darf ein Team oder eine Einzelperson treffen?
2. Wie hoch ist der Grad einer Partizipation?[219]
   – Mitwirkung
   – Mitbestimmung
   – Selbstbestimmung
3. Wie werden Entscheidungen in Teams getroffen?

Wie Teams und einzelne Mitarbeiter Entscheidungen treffen, ist weitgehend von der Tragweite der Entscheidung abhängig:

- Handelt es sich um eine zeitlich weitreichende Entscheidung?
- Handelt es sich um eine Entscheidung, die viele Personen betrifft?
- Ist die Corporate Identity oder Außenwirkung betroffen?

Das Beratermodell der Firma FAVI (Messinggießerei, 500 Mitarbeiter, Frankreich) geht hier denkbar einfach vor:[220]

1. Jeder Mitarbeiter darf grundsätzlich Entscheidungen treffen.
2. Vor einer Entscheidung muss er sich der Tragweite der Entscheidung bewusst werden: Einen Stift kann er sicherlich selbst besorgen. Eine Maschine für mehrere Tausend Euro eher nicht.
3. Bei höheren Tragweiten befragt er zum einen erfahrene Mitarbeiter, zum anderen Kollegen, die von der Entscheidung betroffen sein werden. Innerhalb dieser Meetings lässt sich das Berater-Modell mit dem Modell des Systemischen Konsensierens kombinieren.
4. Bei sehr hohen Tragweiten beruft er ein Meeting ein oder verfasst wie der Chef des Pflegedienstleisters Buurtzorg einen Blogartikel mit einem Vorschlag.

So simpel diese Vorgehensweise ist, so kompliziert könnte sie im Übergang zu einer neuen Evolutionsstufe sein:

---

[219] Vgl. Welpe, S. 81, in: Sattelberger et al.
[220] Vgl. Laloux, S. 67 ff.

MIT DEMOKRATISCHEN STRUKTUREN ZU MEHR AGILITÄT

- (Ver)Trauen wir unseren Mitarbeitern so weit, dass sie eigene Entscheidungen treffen können?
- Wenn nein, woran liegt es: an unserem Menschenbild? Trauen wir ihnen die Kompetenz nicht zu? Oder das Durchsetzungsvermögen?

Es war einmal ein Mann, der sich auf einen langen Weg zu seiner Traumstadt begab. Doch andauernd stieß er auf Hindernisse: einen Spalt in der Erde, beinahe unüberwindbare Berge oder riesige Seen. Nach jahrelangen Strapazen kam er endlich in der Stadt seiner Träume an. Sie lag verschlossen hinter einer beinahe unüberwindbaren Mauer. Er suchte und suchte, fand jedoch keinen Eingang. Endlich traf er auf einen kleinen Jungen, der ihn anlächelte. Wütend schrie er ihn an: „Was grinst du so? Und warum steht hier diese riesige Mauer? Will denn niemand, dass die Stadt besucht wird?" Der Junge zuckte mit den Schultern und entgegnete: „Ich habe keine Ahnung. Die Mauer ist erst da, seitdem du da bist."

Wir sollten damit aufhören, nicht existente Mauern auch nicht herbeizudenken. Die Erfahrungen moderner, agiler Unternehmen gehen in Richtung Ausprobieren und Wachsen. Verständlicherweise gibt es Übergangsphasen, in denen der Chef die Mitarbeiter zu den neuen Vorgehensweisen anleiten muss, da ansonsten manche Mitarbeiter in die alte Unsicherheit und Trägheit zurückfallen. Ein alteingesessener sozialer Träger, eine Kommune oder ein Unternehmen wie Siemens sind nun einmal keine Start-ups.

Funktioniert es, wirkt die Entscheidungsfindung der Mitarbeiter sinnstiftend und gipfelt in Fragen wie:

- Wer gibt die Ausrichtung des Unternehmens vor?
- Wer bestimmt, wie viel ich wert bin und verdienen sollte?
- Wer entscheidet über die kommenden Einstellungen?

Auch dazu gibt es bereits einige gelebte Konzepte:

- Das Unternehmen Morningstar (Tomatenverarbeitung, USA, 2.000 Mitarbeiter) lässt seine Mitarbeiter selbst Vorschläge zu ihrem Gehalt machen. Diese werden anschließend besprochen.[221]

---

[221] Vgl. Laloux, S. 75 f.

- Bei meinem früheren Arbeitgeber (Sozialbereich, Wohngruppe für Jugendliche) war es üblich, dass sich der Chef aus den Bewerbungsgesprächen heraushielt.[222] So konnte ich mit meinem Team die Personen aussuchen, die am besten zu uns passten. Zu einigen habe ich heute noch privaten Kontakt.

Durch solche Selbstorganisations-, Entscheidungs- und Rollenstrukturen ergibt sich automatisch eine evolutionäre Weiterentwicklung in Richtung Integrative Organisation.

3. Arbeiten mit Canvas

Im agilen Projektmanagement wird seit einigen Jahren mit grafisch schicken sogenannten Canvas (Englisch für Leinwand) gearbeitet.

Definiert sich ein Team hauptsächlich über Produkte oder Dienstleistungen für Kunden, um sich als Team weiterzuentwickeln, bieten sich Produkt- oder Dienstleistungs-Canvas an, um die Sichtweise verschiedener Personen strukturiert zu beleuchten. So oder so können Teams an der Frage der Abgrenzung von anderen Teams oder Dienstleistern, an der Historie des Kundenverhältnisses oder an der persönlichen Reflexion über die eigenen Kompetenzen und Ressourcen wachsen.

Produkt/Dienstleistung	Produkt/DL-Canvas	Persönliche Bedeutung
Kundensegmente: Wen?	Kundennutzen: Was?	Ressourcen/Kompetenzen: Wie?
Historie der Kundenbeziehung: Was und Wie?	Werbe-/Verkaufskanäle: Wo?	Partnerschaften: Mit wem?
Kosten/Investition: Wie viel?	Einnahmequelle/Pricing: Wie hoch?	Abgrenzung: Von wem?

---

[222] Eventuell war er auch einfach zu beschäftigt.

Als erstes ist es wichtig, die Bedeutung des Angebots zu erkennen: Handelt es sich um eine Besonderheit, um ein Herzensprojekt oder um eine Cash-Cow?

Anschließend geht es in die Analyse: Wie die Pfeile suggerieren, werden die neun Bausteine in den drei Spalten von links nach rechts und wieder zurück durchgespielt. Dahinter steckt die Idee, dass sich die Frage des Kundensegments (Massenmarkt, Nischenmarkt, neu, etabliert) auf den Nutzen auswirkt, welcher die Frage bestimmt, wie dieser Nutzen erfüllt wird, was sich wiederum auf das Kundensegment auswirkt, usw. Auch hier haben wir es wieder mit einem typischen Feedbackkreislauf zu tun (siehe Kapitel 4).

Die Geschichte der Kundenbeziehung (Neukunden, Bestandskunden, Laufkundschaft, Zufallskunden) bestimmt die Werbekanäle, welche durch Partnerschaften (Marketing, Vertrieb, Empfehlungen) wiederum neu definiert werden.

Zuletzt bleibt die Frage der Kosten und Investitionen offen, die eng mit dem Angebotspreis verbunden ist und davon abhängt, inwiefern sich das Angebot von anderen Angeboten abgrenzt.

Rollen- und Aufgabenverteilungen im Team

Um sich als Team nicht nachträglich um Claims und Konflikte mit internen oder externen Partnern und Kunden kümmern zu müssen, haben sich Rollen- und Aufgaben-Canvas bewährt, um Teams agil weiterzuentwickeln, indem die Kommunikationswege, Ansprechpartner und Verantwortungen von Beginn geklärt werden.

Projekt	Rollen- und Aufgabenverteilung	Rolle
Verantwortung für ...	Hauptaufgaben	Nicht zuständig für ...
	Ziele und Mission	Werkzeuge
Unterstützung durch ...	Informationstransfer an/von ...	

DEMOKRATISCHE ENTSCHEIDUNGEN IM TEAM

In zeitlich abgegrenzten Projekten sind die Rollen der Auftraggeber, die Projektleitung sowie die einzelnen Projektmitarbeiter gesetzt. Wird das Rollen- und Aufgaben-Canvas nach den Bedürfnissen modifiziert, lässt es sich ebenso auf gängige Teamsituationen übertragen, zumal die Teammitglieder oftmals Rollen einnehmen, die ihnen nicht bewusst sind.

Auslastungs- und Vertriebspläne

Eine Möglichkeit, diese Themen im Team zu entscheiden, ist der Einsatz von Auslastungs- und Vertriebsplänen: Auf dem Vertriebsplan stehen aktuelle Arbeitsaufträge, um die ich mich aktiv kümmere und – sofern nötig – ein Team zusammenstellen kann. Auf meinem persönlichen Auslastungsboard zeige ich hingegen an, wenn ich demnächst wieder Kapazitäten frei habe, damit Kollegen mich direkt ansprechen können, um zu unterstützen.[223]

Suche – Biete – Tausche: Der agile Aufgabenplan

Die in agilen Organisationen gebräuchliche Idee eines öffentlichen Marktplatzes, um Aufgaben autonom zu verteilen und Entscheidungen gemeinsam zu treffen, ist weit verbreitet und an die jeweiligen Bedürfnisse angepasst. Die Prinzipien bleiben dieselben:

1. Neben der alltäglichen Arbeit gibt es Projekte oder Aufträge, die den Rahmen eines Teams oder einer Abteilung sprengen. Diese bieten entsprechend den soziokratischen Zirkeln die Möglichkeit einer abteilungs- und hierarchieübergreifenden Zusammenarbeit.
2. Um nicht in Chaos auszuarten, braucht ein solcher Marktplatz eine klare Struktur.

Der Company Backlog der next U GmbH wird wöchentlich gepflegt und sieht in etwa so aus:[224]

---

[223] Vgl. Wolf/Havenstein, S. 288 ff., in: Sattelberger et al.
[224] Vgl. Oestereich, S. 240 f., in: Sattelberger et al.

MIT DEMOKRATISCHEN STRUKTUREN ZU MEHR AGILITÄT

Strategische Planungen/Entscheidungen			
Ideen			
Aktuelle Hindernisse in der Arbeit		Ideen für Experimente	
Aufgaben und Projekte			
in Planung	in Arbeit	fertig	Fazit

Führungsmonitor

Da Zirkel in vielen Bereichen nicht mehr nur von außen beziehungsweise oben bestimmt werden, sondern lernen müssen, sich selbst zu steuern, ist es wichtig, über interne Instrumente der Selbststeuerung zu verfügen. Neben den Rollen zum Aufbau einer internen Struktur, die jeder am besten wechselseitig übernehmen sollte, bieten sich Team- oder Zirkelmonitore zur Strukturierung und Verteilung von Aufgaben an:[225]

Monitor für Teamentscheidungen				
vorbereitet	in Arbeit	fertig	Fazit	archiviert unter ...
Thema X • Entscheidungen • Verantwortung • Sinn/Nutzen	Wer? Bis wann? Wo? Mit wem?	Entscheidungen	Folgen Konsequenzen Tatsächlicher Nutzen	Entscheidungen relevant für ...? Wo zu finden?

Parallel ist es sinnvoll, auf einem fest installierten Whiteboard Ideen und Inspirationen festzuhalten. Daran können sich entsprechend dem Brainwriting-Gedanken weitere Assoziationen anhängen, woraus nach und nach konkrete Aufgaben entstehen.

---

[225] Das Original von Oestereich/Schröder finden Sie unter: https://kollegiale-fuehrung.de/portfolio-item/fuehrungsmonitor

4. Systemisches Konsensieren

Wollen Sie schnelle Entscheidungen in größeren Gruppen auf den Weg bringen, bietet sich das Systemische Konsensieren an.[226]

Die Kernaspekte dieses Modells lauten:
1. Es gibt keine fertigen Entscheidungen, die lediglich kreativ umgesetzt werden müssen. Damit sind die Hierarchien zwischen Chef-Meinung und Team-Meinung vom Tisch.
2. Jede Idee ist gleich wertvoll und sollte deshalb ihren Weg in den Schlusskonsens finden. Damit werden die Personen wertgeschätzt, deren Vorschlag am Ende nicht genommen wird.
3. Vorschläge sind niemals richtig oder falsch, sondern sinnvoller oder weniger sinnvoll im Vergleich zu den anderen Ideen.

Systemisch zu konsensieren basiert auf dem Prinzip systemischer 10er-Skalen. Stellen Sie sich vor, Sie wollen mit Ihrem Team eine Vision entwickeln, wie Ihr Service Point in fünf Jahren aussehen sollte. Die einen wollen die Theke dorthin. Das passt leider nicht zur Version der anderen, die gerne den Drucker aufgrund der Feinstaubbelastung dahin haben wollen usw. Wie wäre es, wenn Sie das Team in drei Gruppen aufteilen und jeder Gruppe Stifte und Papier geben, um ihre Vision aufzuzeichnen, um die drei Versionen anschließend abzugleichen?

BEISPIEL: UNSER BÜRGERAMT 2025

So geschehen in einem Ein-Tages-Workshop zum Thema „Unser Bürgeramt 2025". Zuvor wurden die Räume exakt vermessen, so dass wir wussten, welche Spielräume es gibt. Außerdem wurden zur Vorbereitung Wünsche und Themen der Teilnehmer gesammelt. Damit konnten wir am Workshop-Tag sofort mit dem Systemischen Konsensieren beginnen:

1. Die drei Gruppen stellten nach etwa einer Stunde Gruppenphase im Plenum ihre Visionen vor, gerne kreativ und ein wenig marktschreierisch. Eine Gruppe führte einen humorvollen Dialog zwischen Service-Personal und Bürger auf.
2. Anschließend wurde abgestimmt: Jede Gruppe einigte sich nach der Vorstellung der drei Visionen jeweils auf einen Wert von 0 bis 10. Einzige Bedingung: Sie muss die Skala ehrlich (bitte Ego ausschalten!) und voll ausnutzen. Das

---
[226] Vgl. Visotschnig

heißt: Gefällt mir eine Vision voll und ganz (was auch eine fremde Version sein kann), vergebe ich 10 Punkte. Gefällt mir eine Vision überhaupt nicht, vergebe ich 0 Punkte. Dazwischen gibt es viel Spielraum, den ich zu meinem eigenen Besten ausnutzen sollte. Wird die eigene Vision nicht gewählt, ist es besser, wenn die zweitbeste Version gewinnt. Sollten tatsächlich alle drei Gruppen ihrer eigenen Vision eine 10 und den beiden anderen eine 0 geben, merken die Gruppen schnell, wie egoistisch und sinnlos dieser Prozess ist. Sollte das geschehen, liegt der Hase an einer anderen Stelle im Pfeffer.
3. Die Vision mit den meisten Punkten war der Gewinner. Anschließend wurden sinnvolle Komponenten der anderen Visionen mit in die Endversion aufgenommen, um die Gewinnervision zu ergänzen und gleichzeitig die anderen Ideengeber wertzuschätzen.

Am Ende hatten alle Teilnehmer das Gefühl, dass so viele Ideen wie möglich in die Vision ihres Bürgeramts einflossen.

Das Systemische Konsensieren in einer Nussschale

Als Handtaschen-Methode des Systemischen Konsensierens können die Teammitglieder anstatt der Skalen ihre Hände nehmen, um zu signalisieren, wie stark der Widerstand gegen eine Idee ist:[227]

- Daumen hoch: Alles prima!
- Zwei Finger hoch: Leichte Bedenken: Moment – haben wir an … gedacht?
- Drei Finger hoch: Schwere Bedenken: Die Idee ist nicht schlecht. Aber an der Umsetzung müssen wir noch feilen.
- Vier Finger hoch: Duldung: Ich bin nicht dafür, würde die Umsetzung der Idee aber dulden.
- Fünf Finger hoch: Enthaltung: Das Thema ist mir nicht so wichtig.
- Faust: Ich bin komplett dagegen.

Auch hier geht es nicht darum, aus einer Faust einen Daumen zu machen, zumindest aber eine Duldung zu erreichen.

Das Systemische Konsensieren als Geschäftsvorlage

Ähnlich wie das Berater-Modell eignet sich das Systemische Konsensieren hervorragend, um verschiedene Szenarien für Entscheidungen als Geschäftsvorlage vorzube-

---

[227] Vgl. Rüther, S. 25

reiten oder in einem erweiterten Team zu Entscheidungen zu kommen.[228] Auch in der schönen neuen Welt soziokratischer Strukturen gibt es Themen, die den Entscheidungsspielraum eines Zirkels übersteigen. Wichtig ist bei einer solchen Vorgehensweise allerdings, dass die Ideen tatsächlich vom Management berücksichtigt werden.

Reflexion: Entscheidungsfindungen

- *Welche (anstehenden) Themen lassen sich gut mit dem Berater-Modell, dem Systemischen Konsensieren oder dem Systemischen Konsensieren aus der Nussschale bearbeiten?*
- *Für welche Themen bieten sich Barcamps an?*
- *Für welche Aufgaben sind Aufgabenpläne (Canvas) ideal?*

7.4 Antifragile Strukturen

Der Begriff der Antifragilität geht auf Nassim Taleb zurück. Taleb unterscheidet fragile, robuste und antifragile Systeme. Fragile Systeme haben Schwierigkeiten, mit Chaos umzugehen, während robuste Systeme aus so festgefahrenen Strukturen bestehen, dass sie Chaos zwar an sich abblitzen lassen, sich allerdings nicht weiterentwickeln.[229]

Es liegt auf der Hand, dass fragile ebenso wie robuste Organisationen in einer Welt schneller und weitreichender Veränderungen kaum eine dauerhafte Chance haben. Sicherlich gibt es bei den robusten Systemen Ausnahmen, etwa die Kirchen oder die Mafia, um zwei Beispiele zu nennen. Evolutionär nicht gerade auf einer fortschrittlichen Stufe. Dennoch hält sie der stetige Durchlauf an Menschen, zwischen Kirchenaus- und -eintritt, Gefängnis, Mord und die Rekrutierung unzufriedener Jugendlicher[230] am Leben. Einen Durchlauf, über den große Konzerne und Organisationen ebenso verfügen und sich damit vor dem Zwang zur Anpassung freikaufen. Leider bleibt dadurch alles beim Alten. So klagen die Teilnehmer meiner Trainings großer sozialer Träger heute über ähnliche Themen wie vor zehn Jahren – mit dem Unterschied, dass zu den alten Themen neue Aspekte hinzukamen, wie der wach-

---

[228] Vgl. Häusling, Agile Organisationen, S. 222
[229] Vgl. Radermacher, S. 140 ff. Anmerkung: Das Buch von Taleb selbst habe ich zwar gelesen, kann es jedoch aufgrund seiner egomanischen Haltung kaum empfehlen.
[230] Die Kirche oder die Mafia?

sende Zeitdruck, Arbeitsverdichtung und kranke Kollegen. Die rigiden Strukturen bleiben dieselbe.

Es ist bezeichnend, dass in Diktaturen, Kirchen oder der Mafia der Humor keine Chance hat. Würde er doch die ein oder andere Überzeugung spöttisch ins Wanken bringen! Nicht umsonst gilt Humor als eine Möglichkeit, Veränderungen spielerisch anzugehen, das eigene Denken zu erweitern[231] und sich damit antifragil für die Zukunft zu wappnen. Veränderungen, die in rigiden Systemen nicht einmal gedacht werden dürfen.

Fragile Systeme hingegen wie das hundertste Café 300 Meter neben der Fußgängerzone einer Kleinstadt sind kaum von Dauer. Sind nach drei Jahren die finanziellen Ressourcen und vermutlich ebenso Geduld und Nerven aufgebraucht, ist es an der Zeit, den Laden wieder zu schließen. Es hat nicht sollen sein. Sollten solche Cafés trotz mangelnder Besucherzahl länger als drei Jahre bestehen bleiben, tauchen in meinem Gehirn grundsätzlich Assoziationen wie organisiertes Verbrechen und Geldwäsche oder ein zu hohes Gehalt des Ehepartners auf.

Ein obskurer finnischer Plattenladen schaffte es hingegen, in Fürth zu einer festen Institution zu werden. Sein Erfolgsrezept:

1. Der Laden ist so speziell, dass er regelmäßig eine gute Story in den regionalen Nachrichten abgibt.
2. Der Besitzer verkauft seine Produkte zusätzlich über Mailorder.
3. Er veranstaltet Konzerte in den eigenen Räumen sowie als Veranstalter in größeren Hallen.
4. Er tritt selbst als Musiker sowohl solo als auch in diversen regionalen Bands auf.
5. Der Laden ist nicht nur ein Verkaufsraum, sondern auch ein Café, in das Freunde auf einen Plausch vorbeikommen.
6. Der Laden befand sich jahrelang Tür an Tür mit dem örtlichen Independent-Kino. Da die Zielgruppe große Überschneidungen aufwies, war bereits die Lage eine kostenlose Werbung.

Neben dem Aufbau eines großen Netzwerks stellte sich der Besitzer auf mehrere Standbeine: Verkauf (analog und digital), Café, Organisation und Musiker. Ein wunderbares Beispiel für Antifragilität.

Ein System lässt sich antifragil beschreiben, wenn es Unvorhergesehenes als Information wahrnimmt, daraus lernt und daran wächst. Antifragile Systeme sind damit zutiefst agile Systeme. Auch hier brauchen wir wieder innerlich stabile, neugierige,

---

[231] Vgl. Hübler, Provokant – Authentisch – Agil, S. 103 ff.

offene, geduldige Haltungen, die in der Lage sind, Rückmeldungen aus der Umwelt adaptiv zu nutzen, um sich als Organisation evolutionär weiterzuentwickeln.

Maximen für antifragile Organisationen

- Verlassen Sie sich nicht auf ein Thema, sondern stellen Sie sich breiter auf. Sollte die Umwelt Ihnen die Rückmeldung geben, dass ein Weg nicht funktioniert, gehen Sie einen anderen, wie im Fall des finnischen Plattenladens.
- Untersuchen Sie, inwiefern die Organisationsinteressen mit den Mitarbeiterinteressen übereinstimmen und bringen Sie sie in Einklang, indem Sie zum Beispiel Mitarbeiter wählen, an Stellenbesetzungen beteiligen oder ihre Stellenbeschreibungen selbst erstellen lassen.
- Betrachten Sie Differenzen bei den Mitarbeitern, zum Beispiel die Kluft zwischen Millenials und Digital Immigrants, als gegenseitige Ergänzung und Lernchance.
- Wieder einmal: Lernen Sie aus Fehlern, um das System an sein Umfeld anzupassen und langfristig stabiler zu machen.

Nutzen Sie jede Störung, seien es Konflikte oder Stress, um daraus zu lernen.

7.5 Fragebogen zur agil-demokratischen Organisationsentwicklung

Um zu testen, wie weit Sie bereits in Ihrer Organisation gekommen sind und welche Möglichkeiten es gibt, noch agiler zu werden, hilft Ihnen der folgende Fragebogen:

1. Die Einführung einer neuen Führungskultur, die Mitarbeitern mehr Entscheidungsfreiräume und Verantwortung einräumt:
   - Führungskräfte überlassen die fachliche Kompetenz ihren Mitarbeitern und konzentrieren sich stattdessen auf ihre genuinen Führungsaufgaben.
   - Die Freiräume nutzen Führungskräfte, den Überblick zu behalten, anstatt sich im Alltagsgeschäft zu verlieren.
   - Führungskräfte definieren das WAS, führen ergebnisorientiert und schaffen dadurch Freiräume für ihre Mitarbeiter, um das WIE der Zielerreichung flexibel zu gestalten.

- Die Führung mit Haltungen wie Gelassenheit, Optimismus und Neugier sind wichtiger als Zielorientierungen.
- Die Führungskräfte agieren nach dem Motto „Vertrauen first – Feedback second".
- Führungskräfte führen ihre Mitarbeiter beziehungsorientiert statt Prozesse zu managen.
- Führungskräfte legen Wert auf einen offenen, authentischen und transparenten Kommunikationsstil, in dem Probleme und Konflikte respektvoll besprochen werden.
- Führungskräfte sind sich nicht zu schade, sich im Rahmen eines modernen Managements by Walking around um die Bedürfnisse ihrer Mitarbeiter zu kümmern.
- Führungskräfte besitzen Ambiguitätstoleranz. Sie halten es aus, wenn ihre Mitarbeiter andere Meinungen vertreten.
- Führungskräfte sehen das Feedback von Mitarbeitern als wichtige Information zur Weiterentwicklung ihrer Führungsqualitäten.

2. Die Etablierung entschlackter Prozesse, in denen Kundenfeedbacks eine größere Rolle spielen:
    - Die Teammitglieder arbeiten miteinander statt gegeneinander. Es herrscht ein großes Vertrauen vor.
    - Die Teammitglieder kommunizieren auf Augenhöhe. Sie gehen erwachsen miteinander um.
    - Statt Hierarchien wurden Rollenstrukturen etabliert, die jedem Mitarbeiter helfen, seinen Platz im Team zu finden.
    - Fehler werden im Team offen angesprochen und als Lernchance betrachtet.
    - Teams oder Abteilungen haben sich mit einer Algorithmen-Ethik auseinandergesetzt: Was soll und darf digitalisiert ablaufen und was nicht?
    - Der Wissensfluss in der Organisation ist organisiert, so dass jeder Mitarbeiter jederzeit bei kritischen Fragen abteilungsübergreifend Entscheidungshilfe bekommt.
    - Teams treffen autonome, selbstverantwortliche Entscheidungen, zum Beispiel nach dem Berater-Modell.
    - Kunden werden aktiv in Prozesse eingebunden.
    - Kundenfeedback wird als wichtige Informationsquelle in Prozesse, Produkt- und Dienstleistungsverbesserungen eingespeist.
    - Prozesse wurden von jeglichem Ballast entschlackt. Selbst an den Schnittstellen ergeben sich keine Übergabeprobleme.

3. Veränderung der hierarchischen Organisationsstrukturen:
   - Das Management ist sich bewusst, wie sehr Strukturen, zum Beispiel Einzel- vs. Großraumbüros die Art der Kommunikation verändern.
   - Das Management schafft hinderliche Regelungen ab, die spontane Entscheidungen nach dem Berater-Modell behindern,
   - Die lernfreudige Fehler- und Kooperationskultur spiegelt sich im gelebten Organigramm wider. Das heißt: Jeder Mitarbeiter kann jederzeit einem anderen Mitarbeiter, egal welcher Hierarchiestufe, eine Rückmeldung geben.
   - Das Management spricht bei größeren Problemen mit allen Beteiligten statt nur mit der nächsten Führungsebene.
   - Das Management macht transparent, welche Veränderungen anstehen (zum Beispiel über einen Blog) und fragt nach der Meinung der Mitarbeiter.
   - Dem Management ist klar, dass komplexe und komplizierte Aufgaben am besten kooperativ und enthierarchisiert gelöst werden.
   - Das Management versteht, dass komplexe Aufgaben niemals komplett durchgeplant werden können und überträgt seinen Mitarbeitern deshalb spontane Handlungsbefugnisse.
   - Das Management stellt freie Räume zur Verfügung, die zu einem Austausch der Mitarbeiter untereinander dienen.
   - Das Management stattet seine Mitarbeiter mit allen Ressourcen aus (Stifte, Papier, Diktiergerät, Notizbücher), die sie brauchen, um kreativ zu sein.
   - Das Management lebt nicht abgehoben im obersten Stockwerk, sondern ist jederzeit für Mitarbeiter aller Ebenen ansprechbar.

7.6 Demokratische Strukturen und Agilität – letztes Zwischenfazit

Ein letztes Mal testen wir die vorgestellten Methoden auf Agilität und Partizipation:

- An der Spitze der agil-demokratischen Ecke sehen wir das Berater-Modell. Kein anderes Tool erlaubt ähnlich autonome und demokratische Entscheidungen.
- Dicht gefolgt von den Aufgabenplänen, die zumindest eine hohe Mitbestimmung ermöglichen.
- Als Richtlinie demokratischer Entscheidungen sind das Systemische Konsensieren oder Entscheidungen im Konsent unerlässlich, wenn auch der Agilitätsgrad aufgrund des demokratischen Prozesses naturgemäß etwas niedriger ist. Diktatu-

ren sind schneller! Manchmal jedoch ist langsam das neue Nachhaltig, insbesondere, wenn es um den Konsens (oder Konsent) in einer großen Gruppe geht.
- Auch Open Space-Veranstaltungen etablieren den demokratischen Geist in einer Organisation, benötigen zwar ähnlich viel Zeit, die sich jedoch aufgrund der erhöhten Motivation der Teilnehmer am Ende bezahlt macht.
- Gruppen- und Raumsettings fördern Agilität rein strukturell. Ob sie zu einer hohen Agilität führen, ist damit noch nicht gesagt.
- Dazu braucht es zumindest klare Teamrollen und die Chance auf Selbst- oder sogar Mitbestimmung, wie es die Arbeit in Zirkeln gewährleistet.
- Stellenprofile und Wahlen schließlich sind die Speerspitzen der Demokratie. Ob sie allerdings zu einer höheren Agilität führen, muss sich zeigen.

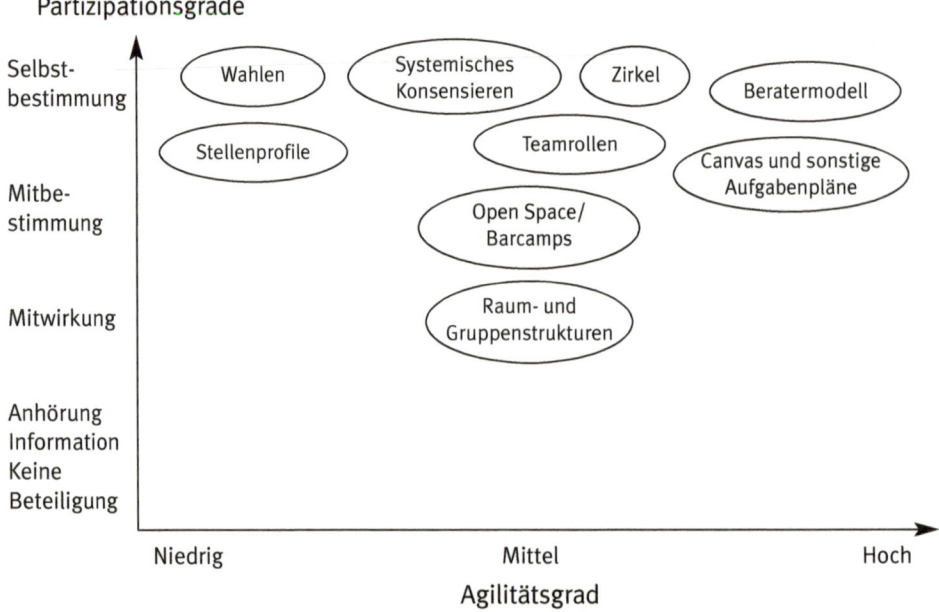

8
DIE AGITAL-DEMOKRATISCHE TRANSFORMATION

8.1 Vom agital-demokratischen Mindset zur Umsetzung

8.1.1 Betriebsblindheit

Es ist paradox: Womit wir in Veränderungsprozessen aus fraktallogischen und kybernetischen Gründen beginnen sollten – der Kultur und den Strukturen –, haben wir nicht im Blick. Selbst Führungskräfte erkennen vor lauter Betriebsblindheit nicht, was falsch läuft. Immerhin machten sie die letzten Jahre einen guten Job, erbrachten Leistung, setzten sich ein, trugen Umbrüche mit und fanden sich sogar mit ihrer Rolle als „strenge Kontrolleure" ab. Andernfalls wären sie nicht mehr hier oder zumindest nicht auf dieser Position. Warum etwas Neues wagen? Diese Aspekte müssen zuerst eine Wertschätzung erfahren, bevor Führungskräfte für den Aufbruch in das agiltale Zeitalter bereit sind. Vergangene Leistungen dürfen nicht geleugnet oder unter den Teppich gekehrt werden. Im Rahmen des damaligen Kontextes waren sie richtig und sinnvoll.[232]

Nicht wenige Unternehmen führen agile Prozesse im Umgang mit Kunden ein und merken später, dass das Thema Führung doch eine gewisse Bewandtnis hat. Verrückt – und dennoch verständlich. Ebenso werden Wissensmanagement-Systeme eingeführt, ohne zuvor die Kultur einer Corporate Identity zu entwickeln. Als könnten wir in ein Haushaltwarengeschäft gehen und einen neuen Deckel für unseren Lieblingstopf besorgen – ohne die Maße zu kennen.

Dass unsere Fehler-, Feedback- und Führungskultur an unserer Misere schuld sein könnte, weil wir zu langsam auf Kundenwünsche reagieren, sehen wir nicht. Was wir sehen, sind auf der Sachebene Prozesse, die nicht so laufen, wie sie sollten, und auf der emotionalen Ebene unzufriedene Mitarbeiter. Damit ist der Einstieg in die Thematik gesetzt:

1. Wertschätzung der Führungsgrundsätze, die bisher gut liefen.
2. Bewahrung der Prozesse, die bisher gut liefen und wir auch weiterhin übernehmen wollen.

---
[232] Vgl. Oestereich/Schröder, S. 43, in: Sattelberger et al.

3. Wertschätzung der Tätigkeiten von Mitarbeitern, die bisher gut liefen.
4. Aktuelle Probleme in Prozessen sammeln, zum Beispiel Übergabe- oder Schnittstellenprobleme.
5. Aktuelle Unzufriedenheiten der Mitarbeiter wie Zeitdruck oder Überlastungen sammeln und die Hintergründe dafür analysieren.

8.1.2 Der Drei-Schritte-Plan

Wollen Sie Ihre Organisation agital fit machen, genügt es nicht, ein paar Prozesse zu technologisieren. Agitalisierung bedeutet, die gesamten Prozesse, die Kultur, Führungsprinzipien, die Beziehung zu Kunden und die Sichtweise der Mitarbeiter komplett zu überdenken. So mancher Ablauf wird im Digitalen nicht stattfinden. Andere Abläufe werden hinzukommen. Und für agile Prozesse gilt dasselbe:

- Führung muss andere Aufgabenschwerpunkte setzen.
- Mitarbeiter werden andere Aufgaben übernehmen.
- Die Kundensicht wird wichtiger, zumal Kunden die wichtigsten Feedbackgeber sind.

All das ist nur möglich, wenn die Organisationswerte die agitale Transformation erlauben.

Aufgrund des Transformationsgedankens ist es wichtig, ein komplett neues Mindset zu entwickeln, ohne dass die Neuausrichtung sowie die konkrete, operative Umsetzung undenkbar wären. Zu häufig würden alte Maximen den neuen Prozessen und Vorgehensweisen dazwischenfunken:

1. Die Fraktallogik zeigt uns, dass Organisationen sich nur dann weiterentwickeln, wenn die Grundlagen sauber bearbeitet werden.
2. Die Kybernetik zeigt uns, in welchen logischen Zusammenhängen die Grundlagen mit den angestrebten Zielen hängen.
3. Als nächstes gilt es Prioritäten zu setzen. Womit sollen wir beginnen? Mit der Fehler-, Feedback- oder Führungskultur?

VOM AGITAL-DEMOKRATISCHEN MINDSET ZUR UMSETZUNG

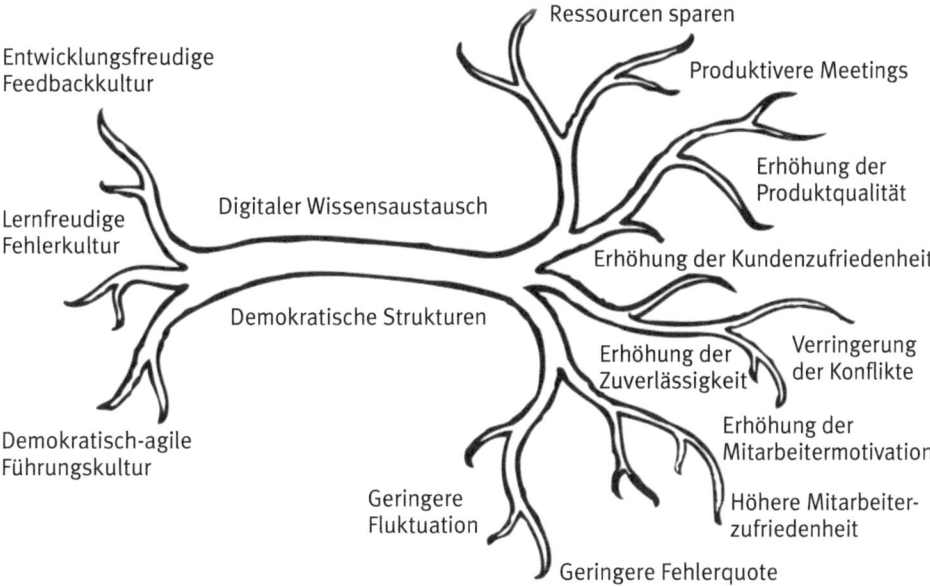

Roadmap zu einer stabil-agilen Organisation

Ich schlage Ihnen aufgrund der logischen Vernetzungen folgende Dreiteilung vor:

Schritt 1: Führungskultur

Führungskräfte sind maßgebend für die gelebte Kultur einer Organisation. Gleichzeitig beeinflussen sie mit ihrem Entscheidungs- und Kommunikationsstil Mitarbeiter und speziell die kommenden Nachfolgeführungskräfte. Deshalb ist die Einführung einer modernen Führungskultur, die Mitarbeitern mehr Entscheidungsfreiräume und Verantwortung einräumt, als erste Stufe unabdingbar.

Schritt 2: Feedback- und Fehlerkultur

Feedback- und Fehlerkultur hängen eng miteinander zusammen. Beide dienen der Verfeinerung von Prozessen sowie der Weiterentwicklung persönlicher Kompetenzen.

Nachdem die meisten Führungskräfte ihren Mitarbeitern Freiräume gewähren, gilt es, eine Feedbackkultur bei den Mitarbeitern zu etablieren, die sowohl untereinander, als auch im Umgang mit Kunden gilt.

DIE AGITAL-DEMOKRATISCHE TRANSFORMATION

Schritt 3: Soziokratie und Wissensaustausch

Auf dem Fundament eines wertschätzenden Dialogs zwischen Führungskräften, Mitarbeitern und Kunden ist es möglich, Strukturen zu etablieren, die diesen Austausch vertrauensvoll und ohne Bedenken weiterfördern. Eine solche Förderung kann nach soziokratischem Modell in Zirkeln oder nach dem Modell eines digitalen Wissensaustauschs in Wissensplattformen erfolgen.

Bevor Sie sich als Führungsriege oder leitendes Projektteam einer agital-demokratischen Transformation in einen Workshop mit allen Führungskräften zur Umsetzung der agitalen Pläne stürzen, sollten Sie all diese Punkte geklärt haben, ohne sich bereits zu sehr festzulegen. Getreu dem Motto: Wir wissen, wo wir hin wollen, lassen uns aber dennoch gerne im Austauschprozess mit unseren Führungskräften überraschen.

- Was wissen wir über unsere Führungskräfte? Werden sie mitziehen? Wie viele traditionell und wie viele modern eingestellte Führungskräfte haben wir? Welche Führungshaltungen und -werte wünschen wir uns?
- Wo sehen wir einen Lernbedarf? In welchen Bereichen könnten wir voneinander oder von unseren Kunden lernen? Was wünschen wir uns, um voneinander zu lernen?
- Wie sehen die technischen Möglichkeiten unserer Plattformen aus? Welche Art Wissensplattform (Sharepoint, Wiki, Weblog) stellen wir uns vor? Welche Strukturveränderungen können wir uns vorstellen? Sind Zirkel möglich? Wie wären sie umsetzbar?

Zusammengefasst sollten Sie sich stattdessen um folgende Baustellen kümmern:

- Klären Sie, welche Ihrer Geschäftsbereiche einfach, komplex, kompliziert und chaotisch sind, und ziehen Ihre Schlüsse daraus.
- Seien Sie so transparent wie möglich und so antitransparent wie nötig. Wenn auch nicht jede Information für jeden Mitarbeiter sinnvoll ist, werden Sie erstaunt sein, wie aufnahmefähig Ihre Mitarbeiter sind. Das gilt allerdings nur für relevante Informationen und nicht für die typischen CC-Massenmails.
- Fördern Sie Kooperationsstrukturen, indem Sie Team- vor Einzelleistungen belohnen.
- Stellen Sie Teams in Hinblick auf die Kompetenzen, nicht aufgrund von Hierarchien zusammen und verteilen die Aufgaben ebenso abhängig von den Kompetenzen der Teammitglieder.

- Schaffen Sie Experimentierräume zur Testung von Fehlern. In welchen Bereichen kann ein Team im Sinne eines Prototypen ein Produkt oder eine Dienstleitung testen, um daraus Erkenntnisse zu ziehen? Ist es möglich, Kunden direkt zur Testung miteinzubeziehen beziehungsweise die Testversionen zusammen mit den Kunden zu erarbeiten?
- Haben Sie Vertrauen in die Selbstorganisationsfähigkeit eines Teams und bauen gleichzeitig Sicherheitsnetze ein wie in der soziokratischen Mischung aus Linien- und Zyklen-Struktur. Oder wie ein afrikanisches Sprichwort sagt: Vertraue auf Gott und binde dein Kamel an.
- Schaffen Sie Freiräume für selbstständige Teamentscheidungen. Diese können sich langsam vom Kugelschreiber bis zum Einkauf einer neuen Software steigern. Ermöglichen Sie kreative Spielräume in Ihrer Organisation.
- Fördern Sie den digitalen und analogen kollegialen Austausch über Abteilungen hinweg, von Wissensplattformen bis hin zur Bildung soziokratischer Zirkel.
- Richten Sie Begegnungsräume in Ihrer Organisation ein. Betrachten Sie den Austausch in der Teamküche als einen wichtigen Aspekt der Arbeit.
- Betrachten Sie den Austausch auf Wissensplattformen als genauso wertschöpfend wie analoges Arbeiten.
- Reduzieren Sie unnötigen Ballast und unnütze Prozesse und Tätigkeiten in Ihrer Organisation, wie die Beschaffung eines neuen Computers über 100 Ecken. Der Smalltalk in der Teeküche sollte jedoch erhalten bleiben.
- Sollte die Umwelt Ihnen die Rückmeldung geben, dass ein Weg nicht funktioniert, gehen Sie einen anderen.
- Freuen Sie sich über Differenzen in Ihrer Organisation. Solange sie daran nicht zu zerbricht, sind Meinungsverschiedenheiten großartige Chancen, um voneinander zu lernen.
- Betrachten Sie Fehler, Feedback, Kritik sowie jegliche andere Störung im Betriebsablauf als Signal, darüber nachzudenken. Mit einer agil-adaptiven Haltung würden Sie sofort reagieren. Mit einer zusätzlich stabilen Haltung bewahren Sie als Organisation die Ruhe, um diese Signale zu analysieren, zu warten, ob sich die Störung wieder zum Ausgangspunkt einpendelt und erst im Fall einer dauerhaften Störung zu reagieren.

DIE AGITAL-DEMOKRATISCHE TRANSFORMATION

8.1.3 Vom Konkreten zum großen Ganzen

1. Beispielhafte Prozessveränderungen

Starten Sie mit konkreten Beispielen, etwa aus den Bereichen Produkt- oder Dienstleistungsplanung und -entwicklung, Vertrieb, Auftragsabwicklung, Service, Strategieplanung, Personal-, Finanz-, Ressourcen-, IT-, Qualitätsmanagement oder Controlling. Darin kennen sich Führungskräfte und Mitarbeiter aus.[233]

Sammeln Sie aus diesen Bereichen konkrete Baustellen, die drängend bearbeitet werden sollten:

- Die Einarbeitung in neue Softwaretools dauert meist länger als geplant.
- Die fachliche Einarbeitung neuer Mitarbeiter ist regelmäßig fehlerbehaftet.
- Die räumliche Distanz zwischen zusammenarbeitenden Teams führt häufig zu Missverständnissen und Abstimmungsproblemen.
- Die Abwehrhaltungen einiger Mitarbeiter gegenüber Neuerungen führen zu Blockaden in Veränderungsprozessen.
- Die Arbeit an einem Servicepoint lässt nicht viel Spielraum zu. Dennoch gibt es Grenzsituationen, die es erfordern, von der üblichen Linie abzuweichen. Wie jedoch entscheiden die meist unerfahrenen jungen Servicekräfte agil, ohne auf ihren Vorgesetzten zurückgreifen zu müssen, wenn die Rücksprache mit der Kollegin nebenan nicht weiterhilft? So manche Adhoc-Entscheidung wurde im Nachhinein böse kritisiert, von einer Aufarbeitung ganz zu schweigen.
- Bevor Ideen umsetzbar sind, müssen sie eine lange Kette der Prüfung durchlaufen, bis wir das OK von der Marketing- und Beschaffungsabteilung bekommen. Bis dahin haben wir das Problem selbst gelöst.
- Krankheitswellen stellen uns bei unserer engen Personaldecke regelmäßig vor große Herausforderungen.
- Wir wollen neue Mitarbeiter nicht gleich in eine Schublade stecken. Wie aber schaffen wir die Balance zwischen der Einarbeitung und damit der Vermittlung von Wissen an neue Mitarbeiter und dem Einholen der Erfahrungen der Neuen?
- Der Markt in unserer Branche ist eng. Dass Mitarbeiter nach zwei, drei Jahren gehen, um woanders Karriere zu machen, ist keine Seltenheit.
- Viele Mitarbeiter, die mehr Verantwortung übernehmen sollten, winken unsicher ab. Führung bedeutet in ihren Augen, mehr zu arbeiten, kaum mehr zu verdienen und keine Zeit mehr für Familie und Hobbys zu haben. So war das nicht geplant.

---

[233] Vgl. Rüther, S. 73

2. Erste Verbindungen zwischen Mitarbeiterbefinden und Prozessproblemen

Aus den Baustellen lassen sich erste Verbindungen zwischen Mitarbeitern und Prozessen herstellen:

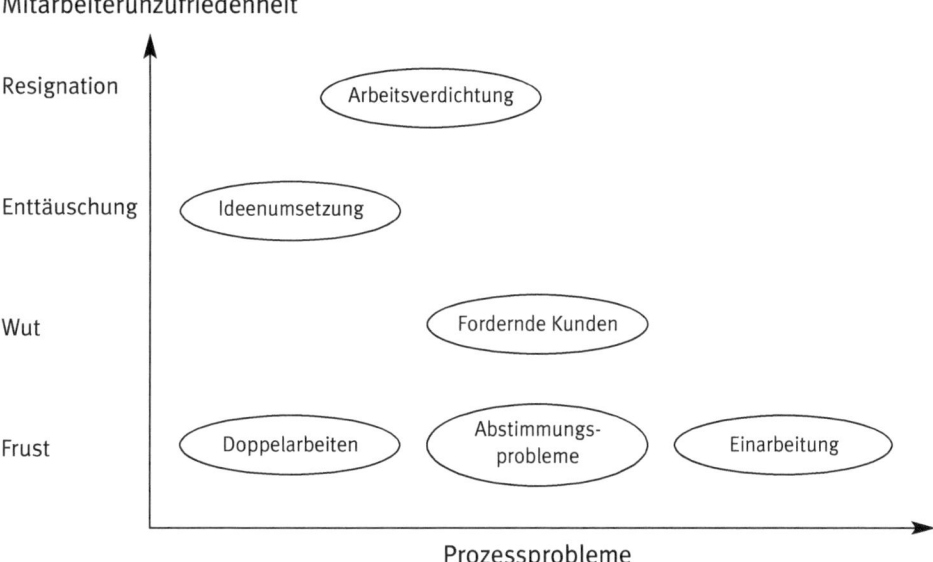

Die Mitarbeiterseite ist zwar nicht beliebig, kann aber in Ihrem Fall abweichen, je nachdem, welche Emotionen bei Ihren Mitarbeitern vorherrschend sind. Auch ist nicht gesagt, welche Emotionen schlimmer sind. Darum geht es nicht. Wichtig ist vielmehr, ein Gespür und Verständnis für die Mitarbeiter und daraus erste Ideen und Ansätze für den Transformationsprozess zu gewinnen.

Da wir die Vernetzung im Laufe des Transformationsprozesses auf weitere Dimensionen der Digitalisierung und Agilität[234] ausweiten werden, geht es an dieser Stelle nicht um Genauigkeit, sondern um einen ersten intuitiv-assoziativen Einstieg in die Transformation:

---

[234] Dieser Ansatz ähnelt dem Trafo-Modell nach André Häusling (Agile Organisationen, S. 47 ff.). Im Gegensatz zu Häusling betrachte ich die Strukturen als Organisationsthema auf einer normativen Managementebene, aus der Erfahrung heraus, dass das Thema Strukturen schwerer zu verändern ist als die anderen Dimensionen und die Strukturen nicht immer verändert werden müssen oder können.

DIE AGITAL-DEMOKRATISCHE TRANSFORMATION

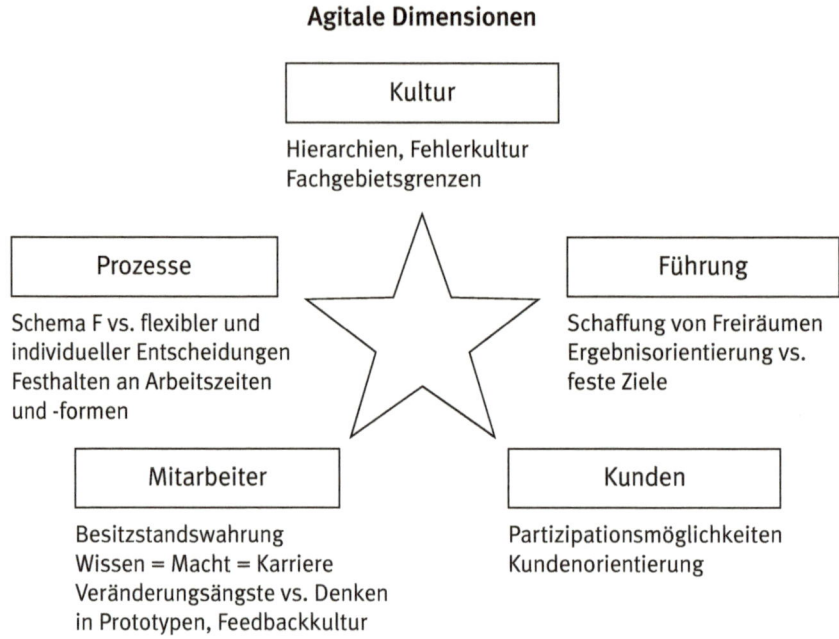

3. Von Beispielen zu Prozessen

Aus den konkreten Beispielen und ersten Vernetzungsassoziationen lassen sich fokussierende Fragen generieren für einen Workshop als Kickoff-Veranstaltung zur agitalen Transformation:

- Welche Prozesse wollen wir konkret verändern?
- Wer wird alles betroffen sein? Wer muss betroffen sein?
- Was an den Prozessen sollte digitalisiert werden?
- Was erwarten unsere Kunden?
- Handelt es sich um digitale Zusatzangebote, die unseren Kunden das Leben erleichtern? Oder bieten wir einen kompletten Ersatz unserer bisherigen Leistungen?
- Müssen Digitalisierungsmaßnahmen und Agilität in der gesamten Organisation umgesetzt werden?
- Welche Strukturen wollen wir beibehalten? Auf welche Strukturen können wir verzichten?
- Wie sollen Entscheidungen künftig ablaufen?
- Wie können wir mehr Demokratie in unserer Organisation einführen?

VOM AGITAL-DEMOKRATISCHEN MINDSET ZUR UMSETZUNG

- Welche Abteilungen sollten virtuell miteinander vernetzt werden? Welche Auswirkungen hat dies auf die Demokratie?
- Welche Entscheidungen dürfen unsere Mitarbeiter auf keinen Fall treffen?
- Welche Entscheidungen könnten wir ihnen zutrauen?
- Was kann, soll oder muss aus Kundensicht digital ablaufen?
- Inwieweit funktioniert Führung auch digital?
- Welche Prozesse sind unbedingt notwendig und schaffen einen Mehrwert für den Kunden oder die Umwelt?[235]
- Können wir Prozesse mit digitaler Unterstützung entschlacken (Stichwort: Dunkelverarbeitung)?
- Inwieweit ist es sinnvoll, Abteilungen digital zu vernetzen?
- Wie sollen zukünftig Entscheidungsprozesse ablaufen?
- Welche Rolle spielen hierarchische Strukturen für Prozesse? Sind sie hinderlich oder förderlich?

Mögliche Ansatzpunkte:

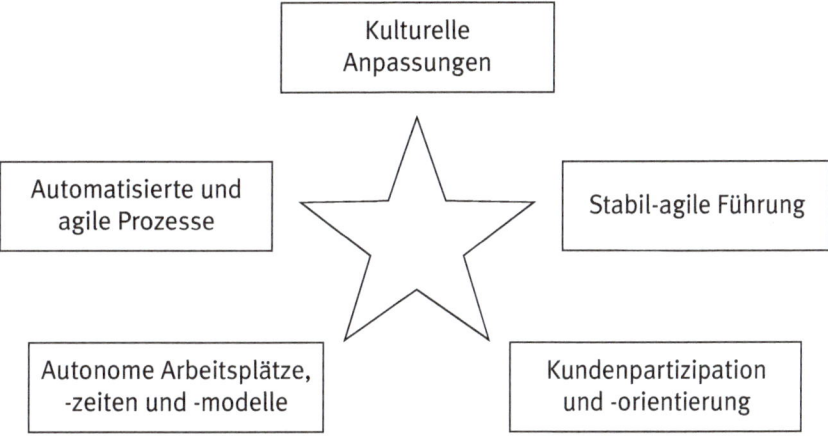

---

[235] Das herkömmliche agile Denken, das seinen Ursprung im Lean Management hat, merzt alle Prozesse ohne Kundenmehrwert aus. Bei manchen Supporter-Tätigkeiten wie Kaffee kochen wäre ich jedoch vorsichtig, da diese dem Kunden einen indirekten Mehrwert bringen. Leerlauf und Smalltalk sind nun einmal unsichtbare, nichtsdestotrotz essentielle Wertschöpfungsbausteine für kreative Höhenflüge.

DIE AGITAL-DEMOKRATISCHE TRANSFORMATION

Mögliche Unterthemen:

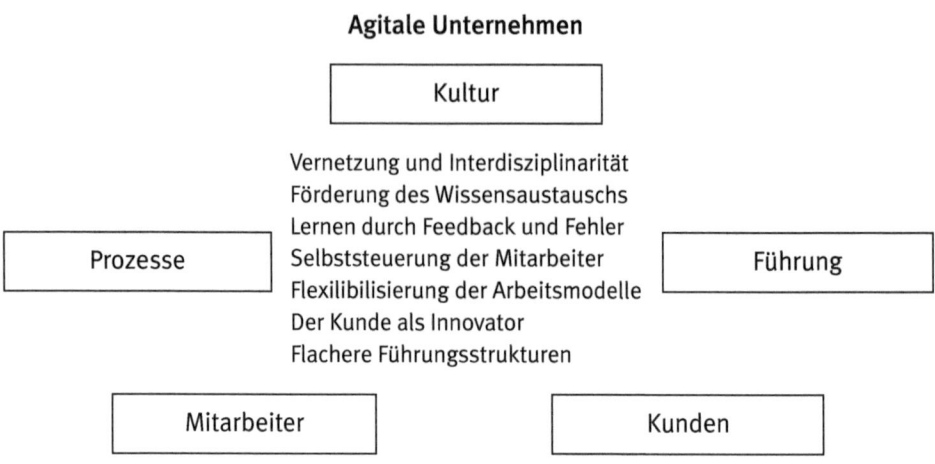

Zusammen mit dem ethischen und strukturellen Rahmen soziokratischer Strukturen ergibt sich folgende Roadmap auf dem Weg zur agitalen Transformation:

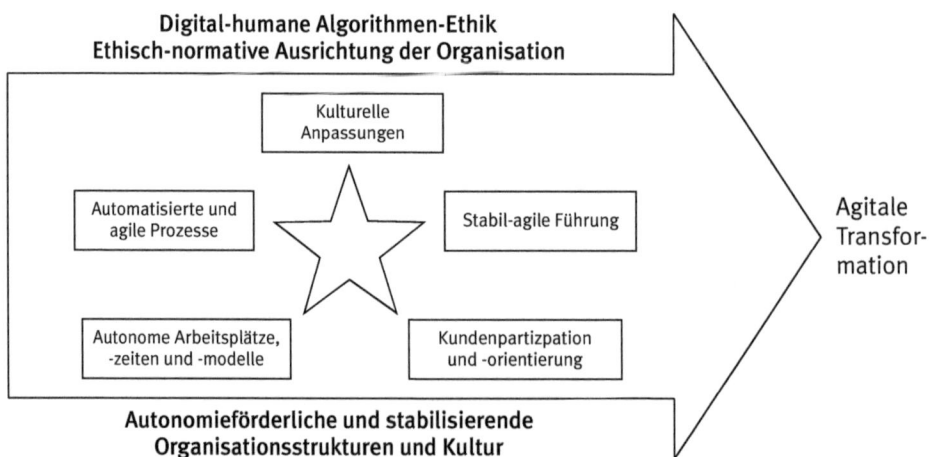

8.2 Der ethische Rahmen

Was würde Sie mehr reizen: eine Reise in den Weltraum oder eine Expedition zum Mars? Wenn Sie wie die meisten Menschen ticken, brauchen Sie eine Orientierung oder einen klaren Rahmen. Spontan würden Sie vielleicht behaupten, ein Rahmen wirkt beengend. Was jedoch wollen Sie im Weltraum anfangen? Der Mars hingegen als klares Ziel hilft Ihrer Fantasie auf die Sprünge. Im Kosmos hängen Sie lediglich in der Luft, auf dem Mars können Sie spazieren gehen, Steinproben entnehmen, etwas vermessen oder die Atmosphäre testen. Begrenzungen triggern unsere Motivation an, weil wir uns vorstellen können, zu was wir alles in der Lage sind.

Dieselbe Paradoxie passiert mit ethischen Grundsätzen. Wir nehmen Regeln als Grenzen wahr, die uns daran hindern, all das zu tun, was wir tun könnten. Was wäre, würden uns diese Grenzen dabei helfen, unsere Möglichkeiten so auszuloten, bis an diese Grenzen zu stoßen?

Agilität braucht Grenzen, um Mitarbeiter und Organisationen nicht in einen Burnout zu treiben. Anpassungsprozesse können sinnvoll oder sinnlos sein. Nicht jede Anpassung ist gut.

Ein Beispiel: Dadurch, dass Kinder weniger Zeit im Freien verbringen, werden sie weniger natürlichem Licht ausgesetzt. Das führt dazu, dass weniger durch Sonnenlicht angeregtes Dopamin ausgeschüttet wird. Dopamin wiederum erhellt das Auge und hilft ihm dadurch beim Scharfstellen. Um den gleichen Effekt ohne Dopamin zu bekommen, dehnt sich der Augapfel, was bei einer stetigen Tätigkeit eines Kindes in Innenräumen zu dauerhaften Verformungen des Augapfels und schlussendlich zu Kurzsichtigkeit führt. Tatsächlich sind mittlerweile 83 Prozent der 20-Jährigen in Singapur, einem sehr lern-ehrgeizigen Land, kurzsichtig.[236]

Ethische New Work-Begrenzungen

Nicht trotz, sondern aufgrund von Grenzziehungen erreichen wir im Zuge der Logik der Kreativität sogar eine Win-Win-Situation: Ethische Grenzen können Organisationen helfen, ihren Fokus klarer auszurichten.

Wir brauchen eine **Lern- und Selbstoptimierungsethik**. Nicht jeder Mitarbeiter möchte rund um die Uhr optimiert werden. Der Agilitätsgedanke auf der Basis des Lean Managements suggeriert uns: Reibungs- und Leerlaufprozesse gehören abge-

---

[236] Vgl. TV-Dokumentation „Generation kurzsichtig", Regie: Christoph Kiliane (https://www.youtube.com/watch?v=3URLu5WSOlM)

schafft. Menschen sind keine Maschinen. Sie sind nicht einmal Pflanzen, die bei Tag und Nacht Wind und Wetter ausgesetzt sind. Menschen leben in anderen Rhythmen. Sie brauchen Ruhe- und Reflexionspausen. Feedbackprozesse sind wichtig. Doch ab und an braucht es Zeit, bis eine Rückmeldung verarbeitet wurde, Zeit zur Reifung einer Idee.

Reflexion: Wann haben Sie Ihre besten Ideen?

- *In der Arbeit? Während Sie etwas tun?*
- *Oder in Ruhephasen? Unter der Dusche, auf dem Weg nach Hause, im Urlaub, beim Blick aufs Meer, beim Spazierengehen?*

Wir brauchen eine **Gamification-Ethik**. Spielerische Maßnahmen zur Motivationssteigerung und Weiterentwicklung müssen freiwillig sein. Niemand darf öffentlich an den Pranger gestellt werden, wenn er bei einem Spiel versagt hat.

Wir brauchen eine **Kooperationsethik**. Kooperationen können durch manipulative Hilfsangebote ausgenutzt werden. In der Regel nehmen wir Hilfen gerne an. Hilfe abzulehnen betrachten die meisten von uns als unhöflich. Anschließend haben wir aber das Gefühl, etwas zurückgeben zu müssen. Dies ist der banale Trick hinter Gratisangeboten und Incentives. Das Nehmen und Zurückgeben ist tief in unserem evolutionären Denken verankert. Wer nichts zurückgibt, gilt in unserer Gesellschaft als undankbarer Schmarotzer. Ausgenutzt wird das nicht nur in der Marktwirtschaft, sondern tagtäglich in U-Bahnen und Flughäfen von Blumen „verschenkenden" Drückerkolonnen. Erst gibt es ein kleines Geschenk und anschließend soll uns unser schlechtes Gewissen dazu verleiten, fleißig Spenden fließen zu lassen. Manche Menschen lehnen Geschenke darum kategorisch ab, weil sie befürchten, etwas zurückzahlen zu müssen. Solche Gläubiger können sehr mächtig sein, da sie nicht Hab und Gut, sondern das „Seelenheil" eines Menschen, dessen Schuld besitzen.

Hilfen und Geschenke halten Communities of Practice zusammen. Umso wichtiger, Manipulationen zu vermeiden.

Stichwort Herdentrieb: Eine alte Daumenregel lautet: „Mach, was die anderen machen." Dies kann in unsicheren Situationen sinnig sein, zum Beispiel, wenn ich mich in einem fremden Land befinde. Die Nachahmung anderer wird damit zu einem Zeichen kulturellen Respekts. Die Orientierung an meinem Umfeld kann ebenso mannigfaltig manipuliert werden. Um den Abschluss eines schwierigen Seminars zu retten, suche ich mir als Trainer zur Feedbackrunde lieber einen positiv eingestellten ersten Feedbackgeber aus, als eine Person, von der ich eine geharnischte Kritik erwarte. Der Kritiker könnte die Nachfolgenden zu weiteren Kritiken verführen, die sogar über die eigene ursprüngliche Kritik hinausgehen. Der positiv Gelaunte suggeriert den Nachfolgenden: War doch gut, oder?

Eine starke Truppe zu bilden ist wichtig für herausragende Leistungen. Auch Dankeskarten oder öffentliche Dankesrunden können eine teamstabilisierende Wirkung haben. Fühlen sich Mitarbeiter aufgrund des Herdentriebs dazu genötigt, verkommen diese zur bloßen Manipulation.

Wir brauchen eine **Begrenzung der demokratischen Möglichkeiten**. Immerhin sind die Mitarbeiter eben Mitarbeiter und keine Führungskräfte. Manche von ihnen hätten es werden können und ergreifen dankbar die Möglichkeiten, die sich ihnen bieten. Andere wollten niemals so viel Verantwortung. Sie fühlen sich wohl in ihrer Verantwortungslosigkeit. Das Denken in Linien verlassen sie ungern. Obwohl es mir als gnadenloser Optimist nicht passt: Manche Menschen brauchen das. Hier gilt es, reale Unterschiede anzuerkennen, ohne jeden Mitarbeiter per Dekret zum Unternehmer im Unternehmen zu ernennen. Wie heißt es so treffend: Zur Demokratie kann niemand gezwungen werden. Auch wenn wir uns hochmotivierte Mitarbeiter wünschen, wird es immer welche geben, die sich mit einem Dienst nach Vorschrift zufrieden geben. Kein Grund damit aufzuhören, für Selbstbestimmung und Gestaltungsfreiheit zu werben. All jenen, denen dies zu freiwillig ist, sei gesagt: Demokratische Agilität auf der einen Seite, insbesondere in der reaktiven Form, ist eine Chance. Auf der anderen Seite steht nach wie vor die Pflicht der Mitarbeiter, ihre Aufgaben zu erfüllen.

Und wir brauchen eine **Begrenzung unserer Reaktionen auf Kundenwünsche**. Wollen wir wirklich auf jeden Kundenwunsch eingehen? Wie schnell wollen wir darauf eingehen? Wie viel Zeit geben wir uns, an ausgereiften Produkten zu arbeiten? Müssen unausgereifte Ideen sofort auf den Markt, um der schnellste in der Warteschlange zu sein? Oder gönnen wir unseren Angeboten eine Reifezeit? Als Jean-Paul Belmondo mit Jean-Luc Goddard *Außer Atem* drehte, hatte er bereits zehn Jahre Filmerfahrung.

Oder nehmen wir dieses Buch: Seit Monaten denke ich: Jetzt ist es fertig! Solange, bis meine Gedanken auf die Kritik meiner wunderbar-skeptischen Frau treffen. Oder ich führe ein Gespräch mit dem Personalchef einer Bank wegen eines geplanten Vortrags zum Thema „Agiles Führen". Oder im Rahmen eines Workshops tauchen neue Aspekte auf, an die ich zuvor nicht gedacht hatte. Oft sind es kleine Ergänzungen, manchmal größere Erkenntnisse, wie die Unterscheidung zwischen aktiver und reaktiver Agilität. Oder uralte Binsenweisheiten, die wir in der agilen Hektik oftmals vergessen. In diesem Sinne gleicht dieses Buch einem alten Käse: Reiferer Käse ist bekömmlicher. Wollen wir oberflächlichen Milchzucker oder ein gut abgehangenes Ergebnis? Irgendwann jedoch ist es auch für einen reifen Käse genug des Guten.

Gerade der Umgang mit Kundenwünschen hat für mich mit Respekt zu tun. Es ist doch nicht respektvoll, jedem Kundenwunsch hinterherzuhecheln. Stattdessen halte ich es für wesentlich respektvoller, Kunden langfristig ernst zu nehmen und mit ihnen zusammen an Produkten zu arbeiten, die sie tatsächlich zufriedener machen, statt nur kurzfristig ihr Belohnungszentrum anzutriggern.

Reflexion: Welche Grenzen wollen Sie setzen?

- *Was müssen Sie tun, um Ihr Wertefundament zu verlassen?*
- *Wann sind Sie zufrieden mit den Lernerfolgen Ihrer Mitarbeiter?*
- *In welchen Situationen sind Spiele fehl am Platz?*
- *Welche Strukturen wollen Sie auf jeden Fall erhalten?*
- *Wie viel Führungsorientierung billigen Sie Ihren Mitarbeitern zu?*
- *Welche Themen gehören schlichtweg in Führungshände?*
- *Welche Nischen wollen Sie für Egoisten und unsoziale Nerds einrichten?*
- *Bei welchen Aufgaben sind Egotouren angebracht?*

8.3 Umsetzung der Erkenntnisse im Rahmen eines agitalen Transformations-Workshops

Als Start einer Transformation sind Workshops mit Führungskräften mindestens bis zur Abteilungsleiterebene unabdingbar. Der folgende Workshop verfolgt drei große Ziele:

1. **Alle Teilnehmer auf denselben Stand bringen:** Wo stehen wir? Wo wollen wir hin? Gibt es schon konkrete Ziele? Sind wir im Prozess? Was haben wir vor? Wie sieht es in den einzelnen Bereichen und Abteilungen aus? Wer ist weiter als andere? Wie sieht es mit der Technik aus?
2. **Testung der Motivation der Führungskräfte:** Bei welchen Themen oder Unterthemen gibt es Bedenken? Auf was sollten wir achten?
3. **Weiteres Vorgehen planen und präsentieren:** Wie sehen die nächsten Schritte aus? Was wird als nächstes passieren? Was haben wir alle aus den Workshops gelernt? Gibt es bereits einen Fahrplan oder ist dieser noch im Prozess?

Um das Mega-Thema Agilität und Digitalisierung anzugehen, teilen Sie im Laufe eines 2-Tage-Workshops die Teilnehmer in fünf Gruppen auf, um die fünf inhaltlichen Bausteine, die Sie aus dem vorhergehenden Kapitel kennen, unabhängig voneinander zu bearbeiten.

8.3.1 Veränderung der Organisationskultur

Durch die Digitalisierung verändern sich nicht nur Führungsstile und Arbeitszeitmodelle, sondern auch unsere Wertvorstellungen:

- Wie gehen wir mit Veränderungen um?
- Wie müssen sich die mentalen Modelle in unseren Köpfen verändern, damit Digitalisierungsmaßnahmen nicht blockiert werden und Agilität ermöglicht und gelebt wird?
- Wo liegen die Grenzen der Agilität und Digitalisierung?

A. Präsentation der Ziel- und Arbeitsaufgaben

Das Thema Kultur lässt sich schwerer greifen als die Themen Prozesse, Mitarbeiter- und Kundenbelange oder Führung. Laut Edgar Schein bestehen systemische Kulturen aus drei Ebenen:

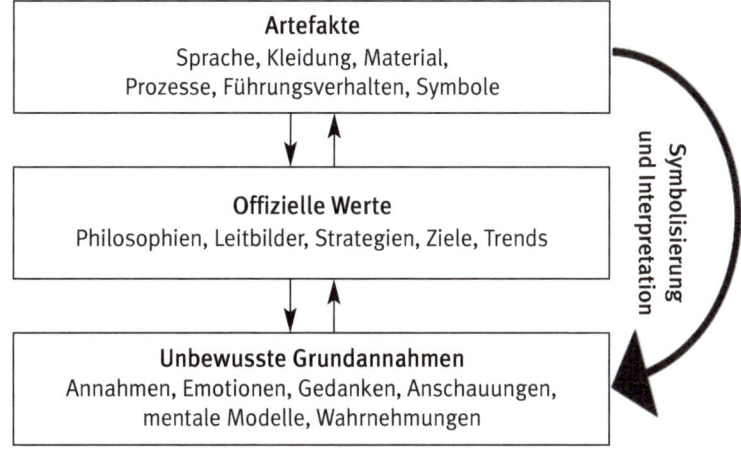

Kulturebenenmodell nach E. Schein

DIE AGITAL-DEMOKRATISCHE TRANSFORMATION

Unter unseren offiziellen Werten stehen meist unbewusste Grundannahmen, denen wir durch Fragen auf die Schliche kommen können:[237]

- Was musst du tun, um Karriere zu machen?
- Was darfst du auf keinen Fall sagen? Welches Verhalten darfst du hier auf keinen Fall an den Tag legen, weil es offen sanktioniert wird?
- Was muss jemand tun, um sein Ansehen oder seinen Status im Team zu steigern?
- Was muss jemand tun, um dazuzugehören?

Dabei könnte herauskommen, dass in unserer Organisation der Schnelle und Egoistische belohnt wird, und nicht der zurückhaltende Unterstützertyp eines Teams. Ebenso könnte herauskommen, dass die Selbststeuerung eines Teams zwar offiziell erwünscht ist, inoffiziell jedoch der Chef den Superhelden spielt, dem man in Krisenfällen nicht in die Quere kommen darf.

Für Kulturveränderer stellt sich zusätzlich die Frage, welche Tabus gefahrlos gebrochen werden dürfen, da sie nicht öffentlich sanktioniert, sondern allenfalls belächelt oder geduldet werden. Dadurch lassen sich kleine Gassen in die urbane Landschaft schlagen, die nach und nach zu größeren Wegen werden, um, wenn nicht ebenbürtig, so doch neben den etablierten Straßen Bestand haben.

Über den bewussten Wertvorstellungen stehen die Manifestationen der Kultur, die sich in den Unterschieden der Kleidung (Wer trägt den teuersten Anzug?) ebenso widerspiegeln wie in der Frage nach dem Parkplatz in der ersten Reihe, teuren Firmengeschenken, Lob oder Tadel oder 360-Grad-Feedbacks.

B. Kulturtest[237]

Die folgenden Unterpunkte beleuchten einige Aspekte, um die unbewussten Aspekte der Kultur sichtbar zu machen, Ziele zur Kulturveränderung abzuleiten und konkrete Maßnahmen dazu zu entwickeln.

1. Wie schätzen Sie die Kultur Ihrer Organisation ein?

Veränderungen gehören dazu.									Schon wieder was Neues.	
5	4	3	2	1	0	1	2	3	4	5

Immer dieser Mitarbeiterdurchlauf!							Neue Mitarbeiter = neuer Schwung.			
5	4	3	2	1	0	1	2	3	4	5

---
[237] Vgl. Hübler, Provokant – Authentisch – Agil, S. 51
[238] Vgl. die Regelbrecher-Übung aus Kapitel 2.5.2.

UMSETZUNG DER ERKENNTNISSE

Kontrolle geht über alles.						Freiräume sind Lernchancen.				
5	4	3	2	1	0	1	2	3	4	5

Konkurrenzdenken motiviert.						Ohne Kooperationen geht nichts.				
5	4	3	2	1	0	1	2	3	4	5

Manche Informationen sind nur für ausgewählte Mitarbeiter gedacht.   Informationen sind dazu da verteilt zu werden.

5	4	3	2	1	0	1	2	3	4	5

Es darf auch der „kurze" Dienstweg genutzt werden.   Dienstwege sind dafür da, eingehalten zu werden.

5	4	3	2	1	0	1	2	3	4	5

Der Kunde ist König.						Unsere Prozessabläufe sind uns heilig.				
5	4	3	2	1	0	1	2	3	4	5

Zuständigkeiten sollten klar geregelt sein.						Zuständigkeiten lassen sich regeln.				
5	4	3	2	1	0	1	2	3	4	5

Wir bieten qualitative Besonderheiten.						Wir bieten quantitative Effizienz.				
5	4	3	2	1	0	1	2	3	4	5

2. Welche Werte werden sich oder sollten wir im digitalen Wandel verändern und anpassen?

3. Welche kulturellen Werte bieten uns Stabilität in der täglichen Arbeit und sollten so bleiben, wie sie sind?

C. Veränderungs-, Bewahrungs- und Vermeidungsziele

Aus all dem lassen sich verschiedene Ziele ableiten, die den Visionen der Prozesse, Kunden, Mitarbeiter und Führung einen Rahmen geben:

Veränderungsziele:

Bewahrungsziele:

Vermeidungsziele:

DIE AGITAL-DEMOKRATISCHE TRANSFORMATION

D. Das Zusammenspiel zwischen Skeptikern und Optimisten

E-Mails und SMS haben unser Leben schneller gemacht. Dank ihrer Handys müssen Jugendliche Verabredungen nicht mehr langfristig planen. Und mit Smartphones tragen wir das gesamte Internetwissen in der Hosentasche mit uns herum. Der Megatrend der digitalen Transformation verändert damit nach und nach nicht unser Verhalten, sondern auch unsere Kultur und Werte. Was vor 20 Jahren schnell war, ist heute langsam.

Wie einzelne Personen mit diesen Veränderungen umgehen, hängt davon ab, ob sie optimistisch, skeptisch oder gleichmütig in die Zukunft blicken. Viel könnte sich verändern, doch nicht alles zwingend zum Guten. Andere sehen große Chancen in der Veränderung. Die Dritten denken sich: Es kommt, wie es kommt. Blicken wir aus den verschiedenen Brillen in die Zukunft, erscheint die Welt einseitig. Blicken wir auf vergangene Veränderungen, erkennen wir, dass alle drei Sichtweisen recht haben: Manches wird sich verbessern, manches wird zumindest komplizierter und manches wird gleichbleiben.

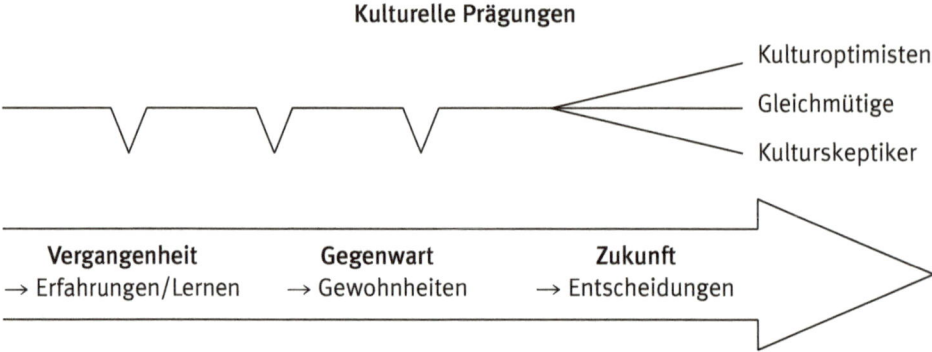

Diskutieren Sie in Ihrer Runde kulturelle Veränderungen der letzten Jahre (z.B. die Willkommenskultur, Einführung neuer Informationskanäle, neuer Software oder Dokument-Management-Systeme) und wie Sie diese meisterten. Welche Erfahrungen lassen sich daraus generieren?

E. Welche konkreten Maßnahmen lassen sich davon ableiten?

- Was müssen wir tun, um Optimisten nicht den Wind aus den Segeln zu nehmen, Gleichmütige zu begeistern und auf Skeptiker zu hören, um negative Effekte zu verhindern?
- Wie schaffen wir es, dass Digital Natives und Digital Immigrants voneinander ler-

nen? Welche Maßnahmen sind wichtig, um eine Kultur zu verändern und ein Team oder einzelne Mitarbeiter mitzunehmen?
- Welche kulturellen Risiken und Chancen bestehen in der digitalen Transformation?
- Was können wir tun, um die Risiken zu verringern und die Chancen zu vergrößern?

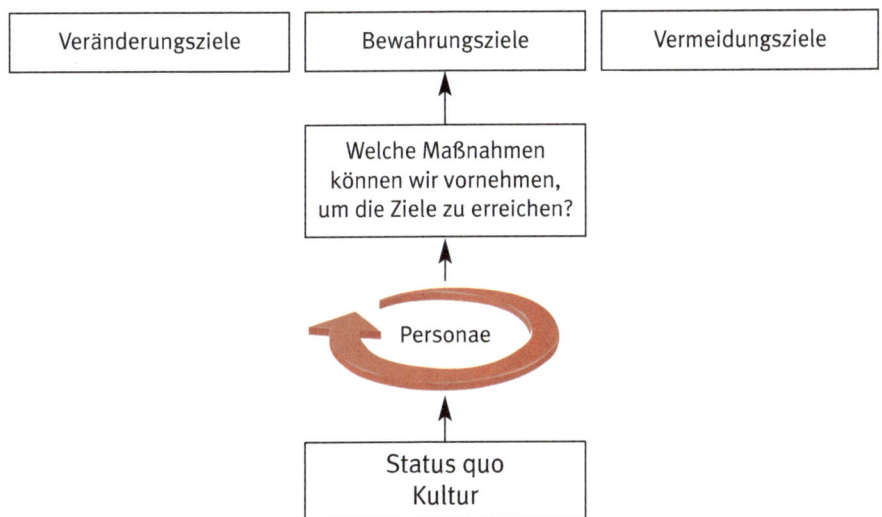

Die Ergebnisse können Sie mithilfe mehrerer Roadmaps zusammenfassen. Zur Ergänzung können Sie mit Personae arbeiten, die Sie aus dem Design Thinking-Konzept kennen (vgl. Kapitel 5.5), aus deren Perspektive die Hintergründe und Maßnahmen diskutiert werden. Wobei Sie die Personae beim Thema Kultur allgemeiner halten sollten als beispielsweise beim Thema Kunden. Statt konkreter Beschreibungen lässt sich hier mit den Skeptikern, Gleichmütigen und Optimisten arbeiten, um darzustellen, dass das Thema Digitalisierung eine Veränderung ist wie bereits vielzählige Veränderungen zuvor.

8.3.2 Agile Prozesse in einer digitalisierten Welt

- Wie verändert die Digitalisierung die Wahrnehmung der Dienstleistungen und Produkte?
- Wie können und sollen unsere Prozesse künftig gestaltet werden, um agiler auf Kundenwünsche zu reagieren?

DIE AGITAL-DEMOKRATISCHE TRANSFORMATION

- Was soll digital ablaufen, was nicht?
- Welche Organisations- und Rahmenbedingungen brauchen wir?

Ziel- und Aufgabenstellung:

A. Wie sieht Ihre Vision einer agilen prozessorientierten Organisation mit digitaler Unterstützung aus?

Die Vision einer digital organisierten, agil-optimierten und wissensvernetzten Organisation beinhaltet viele Aspekte:

- Das Aufgabenspektrum der Organisation ist an die zukünftigen Anforderungen sowie an die veränderten Rahmenbedingungen angepasst und wächst beständig an ihren Aufgaben.
- Neue Technologien werden in jeder Phase des Entwurfs, der Konzeptionierung und Weiterentwicklung neuer und bestehender öffentlicher Leistungen, sofern sinnvoll, eingesetzt. Der Einsatz muss auf den Bedarf und die Erwartungen einer digitalen Gesellschaft abgestimmt sein.
- Die elektronische Vorgangssachbearbeitung wird zur Gewährleistung der Mobilität (Zugriff jederzeit, an jedem Ort) und des lückenlosen Datenflusses in Echtzeit innerhalb der gesamten Organisation flächendeckend eingeführt.
- Prozesse werden wo möglich hinsichtlich ihrer digitalen Möglichkeiten und ihres agilen Nutzens optimiert.
- Virtuelle Vernetzungen über Wissensplattformen werden gefördert, um autonome Entscheidungen und Selbststeuerung einzelner Mitarbeiter sowie gesamter Teams zu fördern.

Diskutieren Sie diese Visionsbausteine aus der jeweiligen Sicht der verschiedenen Personae:

- Analoger Bewahrer
- Digitaler Nachzügler
- Digitaler Pionier

UMSETZUNG DER ERKENNTNISSE

B. Welche Maßnahmen sind möglich und nötig, um die Vision zu verwirklichen?

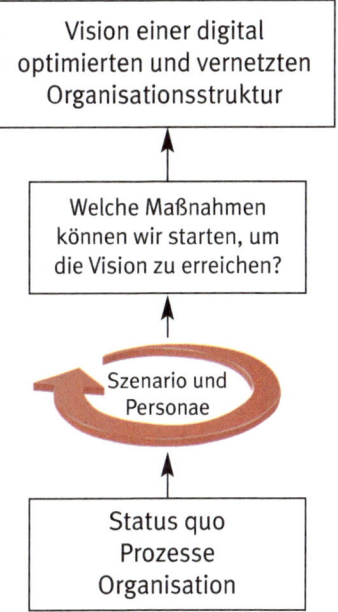

- Inwieweit gibt es bereits Instrumente zur vernetzten, lösungsorientierten und zuständigkeitsübergreifenden Zusammenarbeit? Inwiefern sollten diese unterstützend hinzukommen?
- Was können wir tun, um die elektronische Vorgangsbearbeitung zügig flächendeckend einzuführen?
- Welche Prozesse oder Prozessschritte sollten auf ihren Nutzen überprüft werden? Welche sind überflüssig? Welche lassen sich automatisieren?
- Was können Sie in Ihrem Verantwortungsbereich dafür tun, die angedachten Maßnahmen anzugehen?
- Wie lässt sich die Technik, die wir bereits nutzen, noch besser einsetzen?

8.3.3 Agilität aus Kundensicht

- Welche Erwartungshaltung an unsere Aufgabenerledigung haben unsere Kunden und Schlüsselpartner jetzt und in Zukunft?
- Wie können wir ihren Erwartungen gerecht werden?

DIE AGITAL-DEMOKRATISCHE TRANSFORMATION

Ziel- und Aufgabenstellung:

A. Wie sieht Ihre Vision einer kundenfreundlichen Organisation aus?

- Welche Erwartungen haben Kunden an unsere Produkte und Dienstleistungen?
- Welche Erwartungen erfüllen wir, welche nicht?
- Wie können Kunden stärker in Entwicklungsprozesse einbezogen werden?
- Welche Rolle spielen dabei Digitalisierungsmöglichkeiten?

Diskutieren Sie Ihre Vision aus Kundensicht.

B. Stärken und Hindernisse

- Welche Stärken bringen wir mit, um die Wünsche der Kunden zu erfüllen?
- Wo liegen Hindernisse auf dem Weg zur Vision aus Kundensicht?
- Was lernen wir aus diesen Hindernissen?

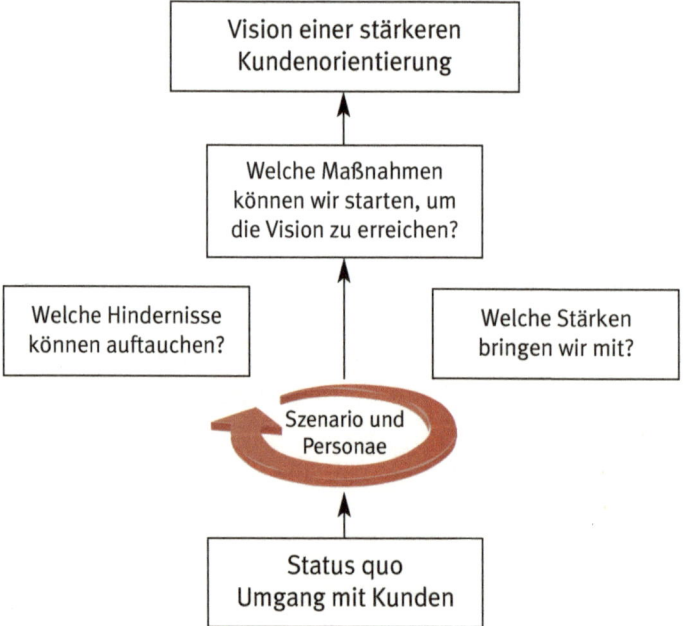

C. Maßnahmen

- Welche Maßnahmen sind möglich oder nötig, um die Erwartungen der Kunden zu erfüllen?
- Wie lässt sich eine höhere Kundenpartizipation erreichen?
- In welchen Bereichen oder zu welchen Themen ist eine höhere Partizipation wünschenswert und möglich?
- Welche dieser Maßnahmen können Sie selbst in Ihrem Verantwortungsbereich angehen?

Beim Thema Kundenorientierung bietet es sich an, mit möglichst detaillierten Persona-Beschreibungen zu arbeiten.

8.3.4 Auf dem Weg zu einer agitalen Führungskultur

- Wie verändert sich Führung in Zeiten, in denen die Zukunft weniger vorhersehbar, nicht mehr linear und berechenbar ist?
- Fühlen Sie sich als Führungskraft auf ein Führen in der digitalen Welt vorbereitet?

Ziel- und Aufgabenstellung:

A. Wie sieht Ihre Vision einer agilen Führung in einer digitalen Welt aus?

- Inwiefern verändern die Digitalisierung und damit die Individualisierung und Flexibilisierung von Arbeitsmodellen das Führungsverständnis? Stichworte: Ergebnisorientierung, Fehlerkultur, Vernetzung von Arbeitsbereichen, Demokratisierung von Entscheidungsprozessen, Enthierarchisierung und digitales Delegieren.
- Welche dieser Führungsbaustellen wird aus Ihrer Sicht in Zukunft besonders relevant sein und warum?
- Erfordert die Digitalisierung neue Regelungen, beispielsweise zeitliche Grenzen digitalen Delegierens, oder gehört es zum Selbstmanagement der Mitarbeiter dazu, mit digitalen Aufträgen nach 18 Uhr umzugehen?

B. Stärken und Bedenken:

- Welche Stärken bringen Sie auf dem Weg in Richtung Vision mit?
- Welche Bedenken haben Sie?

DIE AGITAL-DEMOKRATISCHE TRANSFORMATION

C. Welche Maßnahmen sind möglich und nötig, um die Vision zu verwirklichen?

- Wie schaffen es Führungskräfte, Orientierung im Land der digitalen Möglichkeiten zu bieten?
- Wie lässt sich der Umgang mit einer erhöhten Informationsmenge (Stichwort: alle in CC) und mehr Informationskanälen (E-Mail, Social Media, Intranet) handhaben?
- Wie regeln wir die Balance zwischen Online- und Offline-Zeit zur Kommunikation und Beziehungspflege?
- Wie gehen wir mit der zunehmenden Prozessgeschwindigkeit und damit einhergehend einem erhöhten Entscheidungs- und Handlungsdruck um?
- Welche IT-gestützten Informations- und Steuerungsinstrumente sind für welche Führungs- oder Mitarbeiterzielgruppe nötig (Beispiele: Mobiles Arbeiten, Mobiler Außendienst, Telearbeit)?
- Wie lässt sich eine moderne Fehlerkultur mit Experimentierfeldern zur Entwicklung der Mitarbeiter fördern? Welche Experimentierleuchttürme können wir uns vorstellen?
- Wie lässt sich der Freiraum der Mitarbeiter im Sinne einer Ergebnisorientierung fördern, um selbstverantwortliche Entscheidungen zu treffen? In welchen Bereichen und bis zu welcher Grenze ist das möglich und wo nicht?
Welche Maßnahmen können Sie selbst in Ihrem Verantwortungsbereich angehen?

In dieser Roadmap fehlen die Personae, da es Führungskräften nicht schwer fallen sollte, sich in sich selbst hineinzuversetzen.

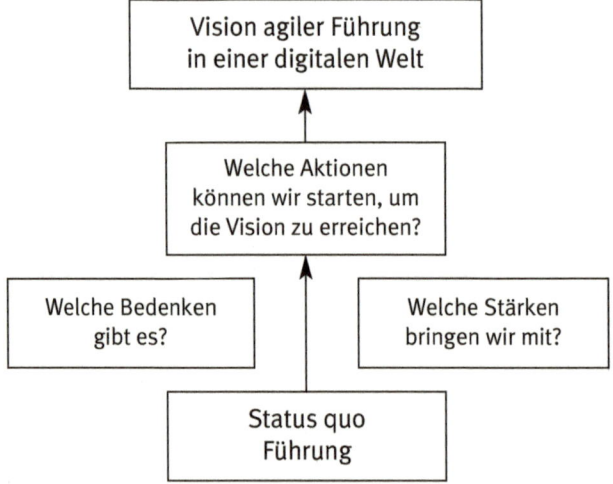

8.3.5 Wie Mitarbeiter agital laufen lernen und ihr Selbstmanagement erweitern

- Wer muss noch digital laufen lernen?
- Wie können wir das Selbstmanagement der Mitarbeiter fördern?
- Welche Qualifizierungsmaßnahmen brauchen wir?

Ziel- und Aufgabenstellung:

A. Wie sieht Ihre Vision einer agitalen, menschenfreundlichen Arbeitswelt aus Mitarbeitersicht aus?

- Welche Auswirkungen auf Arbeitsplätze, Arbeitsbedingungen, Arbeitszeitmodelle oder das Arbeitsumfeld könnten digitale Automatisierungen haben?
- Welche Berufsbilder (Stichwort: Routinearbeiten) sind besonders von Digitalisierungsmaßnahmen betroffen?
- Wo bieten Digitalisierungsmöglichkeiten Chancen einer Arbeitserleichterung?
- Wie ließe sich dieses freigewordene Arbeitspotenzial kreativ nutzen?
- Wie könnte die Vision eines lebenslangen Lernens aussehen?
- Welche Strukturen und Arbeitskonzepte sind aus Mitarbeitersicht erforderlich, gewünscht und sinnvoll, um agiler und selbstverantwortlicher zu arbeiten?
- Wie lässt sich eine entwicklungs- und lernfreundliche Feedbackkultur unter den Mitarbeitern entwickeln?

Diskutieren Sie Ihre Vision aus der Sicht von Bewahrern, Aufsteigern und Zufriedenen, beziehungsweise konkret am Thema Digitale Transformation:

Wie kann ich die digitale Transformation nutzen, um vorwärts zu kommen?
Was darf ich auf keinen Fall tun?

Die Aufsteiger

Veränderungstypen

Die Bewahrer/Etablierten
Inwiefern bedroht die digitale Transformation meine Position?
Wie bewahre ich meine Position?

Die Zufriedenen
Wie vermeide ich Ärger?
Wie behalte ich meine Freiräume?

DIE AGITAL-DEMOKRATISCHE TRANSFORMATION

B. Ängste und Bedenken:

- Arbeit anytime – anyplace? Wie lässt sich ein Ausgleich zwischen permanenter Verfügbarkeit und neuer Zeitsouveränität finden? Welche Rolle spielen dabei Führungskräfte? Was sagen Personalrat und Personalverwaltung?
- Welche berechtigten und unberechtigten Bedenken gibt es bei den Mitarbeitern?
- Was lernen wir aus den Bedenken?

C. Maßnahmen:

- Welche Maßnahmen sind möglich, um auf die Vision kurz-, mittel- und langfristig hinzuarbeiten?
- Wie lassen sich unsere Mitarbeiter für das Thema gewinnen? Was brauchen sie?
- In welchen Bereichen und zu welchen Themen sollten Mitarbeiter geschult werden?
- Welche strukturellen Veränderungen (Teams neu zusammensetzen, Raumkonzepte verändern, demokratischere Entscheidungsstrukturen einführen) wollen Sie einführen, um die Agilität Ihrer Teams und Abteilungen zu fördern?
- Welche dieser Maßnahmen können Sie selbst in Ihrem Verantwortungsbereich angehen?

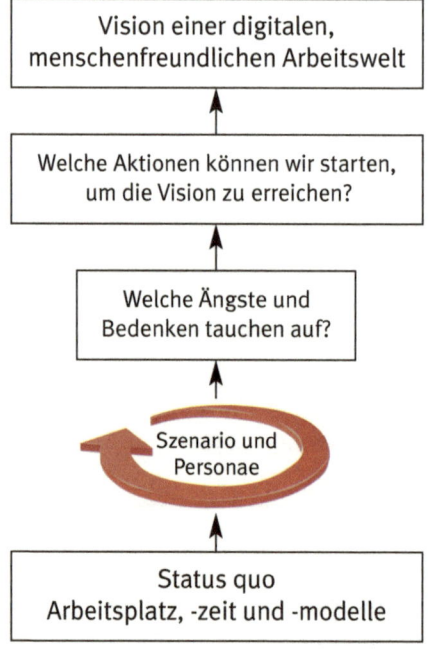

8.3.6 Vernetzung der Workshop-Ideen

In der Regel zeigt sich bereits während der Arbeit der Gruppen an den fünf verschiedenen Dimensionen, wie eng die Bausteine miteinander vernetzt sind. Dies gilt es, am Ende deutlich herauszuarbeiten:

- Welche Werte müssen neu gestaltet werden? Welche Auswirkungen hat dies auf Kunden, Prozesse, Führungskräfte und Mitarbeiter?
- Welche Prozesse werden sich verändern? Welche Auswirkungen hat dies auf Kunden, Mitarbeiter, Führungskräfte und die Kultur?
- Welche Erwartungen haben die Kunden? Welche Auswirkungen hat dies auf die Mitarbeiter, Führungskräfte, die Kultur und Prozesse?
- Welche Erwartungen haben (neue) Mitarbeiter und Führungskräfte?
- Welche Auswirkungen hat dies auf Kunden, die Kultur und Prozesse?

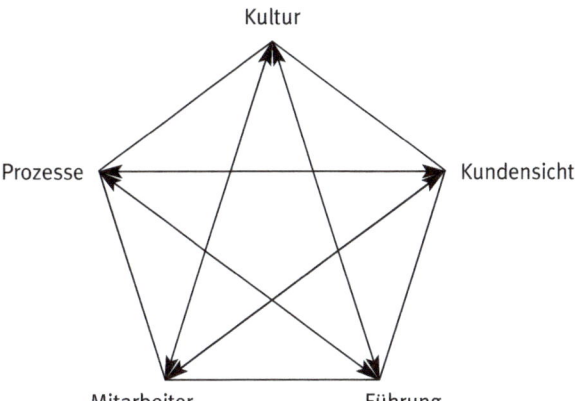

Digitale Transformationszusammenhänge

Die Vernetzung der wesentlichen Erkenntnisse hilft Ihnen, einen Gesamtüberblick über das Thema Digitalisierung zu bekommen:

- Erkennen Sie die Gesamtdynamik des Themas.
- Kristallisieren sich Faktoren heraus, die wichtiger sind als andere?

Konkret ergeben sich in der Regel folgende Lösungsansätze beziehungsweise weiterführende Fragen:

DIE AGITAL-DEMOKRATISCHE TRANSFORMATION

Lösungswege

Kultur

Was ist das Beste aus der alten und neuen Kultur? Wie schaffen wie es, beiden Kulturen gerecht zu werden?

Organisation Prozesse

Welche Prozesse und Aufgabenbereiche müssen angepasst werden? Was muss digital nachgerüstet werden? Wo brauchen Führungskräfte organisatorische Unterstützung? Was wird für eine interdisziplinäre Vernetzung getan? Wie müssen Arbeitszeiten und -formen angepasst werden?

Vernetzung und Interdisziplinarität
Förderung des Wissensaustauschs
Lernen durch Feedback und Fehler
Selbststeuerung der Mitarbeiter
Flexibilisierung der Arbeitsmodelle
Der Kunde als Innovator
Flachere Führungsstrukturen

Führung

Wie viel Verantwortung lässt sich abgeben? Wo brauchen wir Hierarchien? Wo nicht? Wie schaffen wir es, weniger zu managen und mehr zu führen? Was muss ich als Führungskraft wissen, um gut führen zu können? Wie gehen wir mit Millenials um?

Mitarbeiter

Welche Weiterbildungen (digitale Kompetenzen) benötigen unsere Mitarbeiter sofort? Welche langfristig? Wie schaffen wir es, in Zukunft mehr High Potentials zu bekommen? Wie gestalten wir den Übergang für ältere Mitarbeiter?

Kunden

Was will der Kunde und was nicht? An welchen Wünschen wollen wir uns orientieren? An welchen nicht? Wie nehme ich ältere Kunden mit?

Das digitale Transformationshaus

Zusätzlich lassen sich die Erkenntnisse eines agitalen Transformations-Workshops als sogenanntes Transformationshaus darstellen:

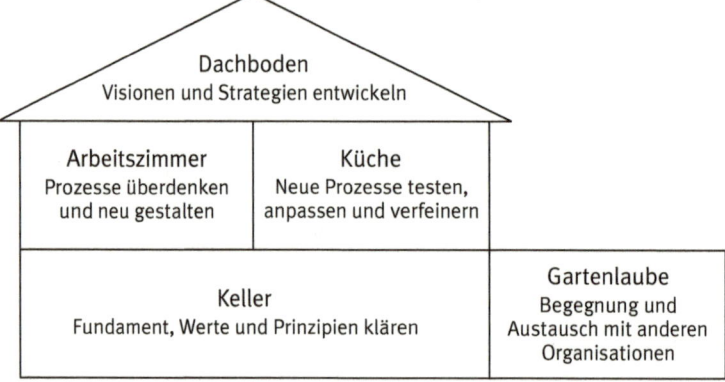

Gerade die Küchen-Experimentier-Metapher bietet eine Menge Freiraum für Diskussionen.

8.3.7 Umsetzung der Workshop-Ideen

Die Umsetzung komplexer Maßnahmen

Komplexe Projekte bergen die Gefahr in sich, dass es lange dauert, bis Ergebnisse sichtbar werden und Maßnahmen greifen. Um bereits zu Beginn die Workshop-Teilnehmer zu aktivieren und einen Teil der Maßnahmen auf den Weg zu bringen, ist es sinnvoll, den Maßnahmenplan in zwei Teile zu unterteilen:

Dies fördert zum einen die Handlungskompetenz und beugt zum anderen der „Die da oben sollen erstmal in Vorlauf gehen"-Haltung vor. Gleichzeitig macht es deutlich, welche Themen wirklich Organisationsthema sind. Es besteht allerdings die Gefahr von Stückwerk und gegenläufigen Ideen, wenn die Teilprojekte nicht von einer zentralen Stelle koordiniert werden.

DIE AGITAL-DEMOKRATISCHE TRANSFORMATION

Umsetzungs-Roadmap

Bei einem so umfassenden Thema ist es sinnvoll, mit einer Roadmap zu arbeiten, um ein Gespür für den Aufbau und die Dringlichkeit der Umsetzungsbausteine zu bekommen:

Für eine schnelle Priorisierung können die Workshop-Teilnehmer die Bausteine so lange still in die Roadmap einordnen, bis alle zufrieden sind. Strittige Abläufe können anschließend diskutierend aufgearbeitet werden.

Bausteine wie Führungsthemen, Informationspolitik, die bereits vorhandenen Informationen über die Wünsche der Kunden (Lebenslagenorientierung) und deren mögliche Einarbeitung in vorhandene Prozesse sowie der Aufbau von Wissensplattformen wurden gleich zu Beginn der Transformation in Richtung „Digitale Fitness" in Angriff genommen beziehungsweise analysiert und aufgearbeitet.

Mittelfristig wurden nach und nach die Prozessabläufe insbesondere am Servicepoint auf Herz und Nieren geprüft. Ebenso dringlich wurde es, die ethischen Grenzen der Digitalisierung zu klären und sich mit der Frage zu beschäftigen, was die Organisation unter Menschlichkeit versteht. Es folgten die schrittweise Ausweitung der Online-Angebote, die Flexibilisierung der Arbeitsplätze sowie, ganz wichtig, die Förderung der dienststellenübergreifenden Vernetzung mit und ohne Wiki.

Langfristig wurden die Teamleiter zu Vermittlern des Selbstorganisationsgedankens weitergebildet sowie die Kunden als dauerhafte Feedbackgeber zum lebenslangen Lernen genutzt.

Ohne eine zeitliche Einordnung der insgesamt zwölf Teilprojekte wäre das Gesamtprojekt „Digitale Transformation" vermutlich im Chaos versunken. Außerdem besteht in solchen Großprojekten die Gefahr, mit dem vermeintlich dringendsten Baustein zu beginnen. Was sich in diesem Projekt aufdrängte, war das Thema Kundenorientierung:

1. Wir müssen unseren Kunden mehr digitale Angebote bieten.
2. Wir müssen unsere Kunden lebenslagenorientierter bedienen. Konkret sollten Kunden mit mehreren Anliegen nicht mehr von A nach B rennen müssen, sondern an einer Stelle versorgt werden. Dies erforderte eine Menge interne Vernetzung und Dunkelverarbeitung.

Hätten wir uns im Projekt darauf gestürzt, wäre es vermutlich gescheitert, da die Grundbedingungen noch nicht gegeben waren. Wie die Baumstruktur der Grafik nahelegt, gibt es kurzfristig (der Baumstamm), mittelfristig (die Äste) und langfristig (die Verästelungen) wichtige Bausteine. Evolutionär gedacht sollte ich mit dem

Baumstamm beginnen und mich langsam nach oben (beziehungsweise nach rechts) vorarbeiten, um nicht in die Falle zu schneller, reaktiver, jedoch wenig nachhaltiger Agilität zu tappen.

8.3.8 Umgang mit Widerständen

Aufgrund der gefühlten Disruptivität von Agilität und Digitalisierungsmaßnahmen, wäre es ein Wunder, würden keine Widerstände oder Bedenken dagegen auftauchen. Diese sollten gezielt als Informationen aufgenommen und bearbeitet werden. Widerstände vonseiten der Mitarbeiter oder der Mitarbeitervertretungen können rein technischer Natur sein oder sich auf einer tiefer gehenden Werteebene abspielen.

Widerstände und Bedenken technischer Natur

Die Digitalisierung führt zu großen Umbrüchen bei den Mitarbeitern: Tätigkeiten fallen weg, Arbeitsaufgaben werden umdefiniert, Arbeitsplätze ausgelagert. Es gilt einige technische Fragen bezüglich Arbeitsschutz, Arbeitszeit und Arbeitsorganisation zu klären, insbesondere, wenn es um Telearbeitsplätze geht:[239]

Arbeitsschutz:
- Sind Arbeitssicherheit und Ergonomie an einem Telearbeitsplatz gewährleistet?
- Wollen wir, dass Mitarbeiter in Zukunft jederzeit von jedem Ort aus arbeiten, zum Beispiel in Bahnhofswartehallen oder in einem Café?

Arbeitszeit:
- Sind die Mitarbeiter mit einem Heimarbeitsplatz ausreichend in Selbst- und Zeitmanagement geschult?
- Wie wird gewährleistet, dass sie an einem Telearbeitsplatz Arbeit und Privatleben trennen und damit auf ihre Erholungsphasen kommen, insbesondere bei Personen, die Telearbeitsplätze in Teilzeit als Überbrückung zwischen Babypause, Vätermonaten und Volleinstieg nutzen?
- Gibt es Kernzeiten mit Anwesenheitspflicht und/oder Erreichbarkeitspflicht?

---

[239] Vgl. Schröder, S. 73 ff.

DIE AGITAL-DEMOKRATISCHE TRANSFORMATION

Arbeitsorganisation:
- Welche und wie viele Tätigkeiten werden wegfallen?
- Werden Kunden Tätigkeiten von Mitarbeitern übernehmen? In welchem Maße wird das der Fall sein?
- Lassen sich Mitarbeiter umschulen oder weiterbilden, um in Zukunft andere Tätigkeiten zu übernehmen sowie für den Umgang mit digitalen Medien gewappnet zu sein?
- Wie beugen wir einer Informationsüberflutung vor?
- Sind Daten in der Cloud oder auf den Wissensplattformen im Intranet sicher vor einem fremden Zugriff?
- Werden die Daten ausreichend im Sinne der neuen Datenschutzgrundverordnung geschützt?
- Wissen wir überhaupt, wo Kundendaten überall gespeichert und an wen sie ohne unser Wissen weitergereicht werden?
- Bestehen ausreichende Kommunikationszeiten mit den Kollegen im Falle weit verbreiteter Heimarbeitsplätze?
- Sind Prozesse zu sehr verdichtet und verhindern dadurch eine beziehungsfördernde Kommunikation?
- Entstehen durch die Agilität und Transparenz auf digitalen Netzwerken ein höherer Leistungs- und Verantwortungsdruck bei gleicher Bezahlung?
- Sind die Mitarbeiter ausreichend geschult, um mit Technologien umzugehen, Selbstverantwortung zu übernehmen und agile Entscheidungen zu treffen?
- Inwiefern können wir Digitalisierungsmittel nutzen, um das Selbstmanagement von Mitarbeitern zu fördern? Wo sind Digitalisierungsmittel hinderlich?

Ängste vor einer unmenschlichen Welt

Agilität führt zu Burnout. Und Computer sind unmenschlich. Spätestens seit Big Data und der künstlichen Intelligenz selbstlernender Computer müssen wir uns die Frage stellen, was uns als Menschen ausmacht und wie wir diese Menschlichkeit erhalten. Werden wir in der Zukunft noch gebraucht, wenn Computer mit künstlicher Intelligenz schneller und zuverlässiger arbeiten als wir?, fragt sich so mancher Mitarbeiter im Verwaltungsbereich. Die größte, nicht unberechtigte Sorge vieler Mitarbeiter betrifft damit die Frage nach der Arbeitssicherheit. Wenn Digitalisierung bedeutet, dass Routinetätigkeiten nach und nach von Computern übernommen werden, und Agilität bedeutet, den Kunden als externen Mitarbeiter anzusehen, der seinen Computer dazu nutzt, einen Teil der Arbeit eines internen Mitarbeiters zu übernehmen, geht logischerweise die Angst um den eigenen Arbeitsplatz um. Wie gestalten wir die Arbeitsplätze der Zukunft mitarbeiterfreundlich und menschlich?

- Wie verhindern wir, dass Arbeitsplätze wegfallen?
- Wie fördern wir stattdessen die Entstehung neuer Arbeitsplätze?
- Wie können Digitalisierungsmaßnahmen dabei helfen, Arbeitsplätze in Zukunft kreativer und spannender zu gestalten?
- Wie können Agilität und unterstützende Digitalisierungsmaßnahmen uns helfen, bisher verdichtete Arbeitsprozesse zu entschlacken und damit ein aktives Zeit- und Stressmanagement in Gang bringen?
- Wie können Agilität und unterstützende Digitalisierungsmaßnahmen uns helfen, die Demokratisierung und Autonomie der Mitarbeiter zu fördern?
- Welche menschlichen Grundbedürfnisse der Kunden und Mitarbeiter gibt es und wie verankern wir diese in einer agitalen Welt?
- Wie schützen wir Mitarbeiter vor sich selbst in punkto Transparenz? Haben Organisationen hier eine Fürsorgepflicht?
- Inwieweit ermöglicht die Digitalisierung Menschen eine Teilhabe am Arbeitsleben, die diese zuvor aufgrund eines Handicaps nicht leisten konnten?
- Wie gehen wir mit der Frage nach einer ständigen Erreichbarkeit um? Heißt agil zu sein, jederzeit und an jedem Ort, so schnell wie möglich auf Kundenwünsche zu reagieren? Brauchen wir Regelungen, die den Mitarbeitern Freiräume und Pufferzeiten erlauben oder sogar vorschreiben? Oder wird damit das propagierte Selbstmanagement der Mitarbeiter zunichte gemacht? Geht es vielmehr darum, die Nutzung digitaler Medien genauso wie die Nutzung von Freiheiten zu Verfügbarkeiten zu schulen, anstatt Regeln einzuführen?

Alte Arbeit – neue Arbeit

Analog zu dem bereits zitierten Pippi Langstrumpf-Spruch können wir das Prinzip eines ethisch vertretbaren und sowohl menschlich, als auch gesellschaftlich verantwortlichen New Work-Konzepts auf den Nenner bringen: Viel Freiheit erfordert viel Verantwortung!

Die Chancen einer menschlicheren, identitätsstiftenden, sinnvollen, selbstbestimmten und -organisierten Arbeit in unserer digitalen Wissensgesellschaft sind enorm. Jederzeit von jedem Ort daran zu arbeiten, was uns persönlich am meisten liegt und uns zudem am besten weiterentwickelt, sind vom Gedanken her nicht neu. Sucht der Mensch nicht schon immer nach einem Sinn in seiner Arbeit? Sie könnten jedoch auf verschiedenen Ebenen durch die Möglichkeiten der Digitalisierung Wirklichkeit werden:

- **Mitgestaltung und Mitbestimmung:** Querdenker und introvertierte Nerds können ihre Kompetenzen endlich so einbringen, dass sie nicht mehr als Sonderlinge, sondern als essentiell-wichtige Typen ihre Teams ideal ergänzen. Damit bekommt der Diversity-Gedanke einen ganz neuen Auftrieb. Es geht nicht (nur) um Mann oder Frau, Alt oder Jung oder um verschiedene Kulturen, sondern um unterschiedliche Persönlichkeitstypen.
- **Digitales Wissensmanagement:** Vernetzungen und ein hierarchieübergreifender Wissensaustausch finden in Echtzeit statt, nicht wie früher erst Tage später, worüber sich der Kunde selbstredend freut. Es geht nicht mehr darum, wer die Macht hat, etwas zu entscheiden, sondern darum, wer die besten Informationen zu einer nachhaltigen, den Kunden zufriedenstellenden Entscheidung hat.
- **Flexibilität und Agilität:** Die Möglichkeiten, raumungebunden zu arbeiten, sei es vom privaten Homeoffice aus oder im Café um die Ecke, ermöglichen kreative Erkenntnisse rund um die Uhr. Agiler zu arbeiten ist in diesem Sinne nicht die Grundvoraussetzung für Mitgestaltung und Wissensaustausch, sondern eine logische Folge. Selbstorganisierte Teams gehen deshalb adaptiver, spontaner und agiler mit Herausforderungen um, weil die digital-technischen aber auch wertebasierten Rahmenbedingungen es erlauben. Wurde zuvor keine (neue) Kultur aus

Transparenz, Partizipation, Fehlertoleranz und Vertrauen etabliert, kann die Agilität nicht funktionieren.

Da große Freiheiten eine große Verantwortung erfordern, sollten wir diese Chancen ethisch begrenzen, damit Spontaneität, Agilität und Adaptivität nicht aus dem Rahmen fallen. Gamification darf nicht zum Leistungsburnout führen. Teams sind kein Familienersatz, was die gegenseitige Transparenz betrifft. Rückmeldungen zur Selbstoptimierung brauchen menschliche Grenzen und Verschnaufpausen. Und Führungskräfte treffen immer noch die essentiellen Entscheidungen.

Dass der Aufbruch in das digital-agile Zeitalter kein Selbstläufer ist, sondern auf kulturelle und insbesondere führungsrelevante Werte aufbaut, sollte uns klar sein. Die händeringende Verzweiflung mancher Führungskräfte über Mitarbeiter, die ein Angebot zu mehr Selbstmanagement ausschlagen, ist verständlich. Verständlich ist aber auch, dass Mitarbeiter, die ihr gesamtes Leben negative Erfahrungen mit freiheitlichen Bestrebungen und eigenmächtigen Entscheidungen machten, nicht von heute auf morgen umdenken können. Ein weiser Mann sagte einmal, dass unsere mentalen Modelle der Realität um zehn Jahre hinterherhinken. Wenn das stimmt – und meine zwölfjährige Beratungserfahrung lehrt mich, dass dem so ist –, ist es umso wichtiger, diesen Mitarbeitern ein Gerüst an die Hand zu geben, das sie langfristig zu selbstbestimmteren und damit auch agileren Entscheidungen befähigt, indem wir über Rollen, Regeln, Richtlinien und Rituale im Team diskutieren, Canvas zur Selbststeuerung einführen und soziokratisches Denken lernen. Das Handwerkszeug ist vorhanden. Wenden wir es an!

Literatur

Arnold, Herrmann: Wir sind Chef: Wie eine unsichtbare Revolution Unternehmen verändert. Haufe 2016.
Beetz, Jürgen: Feedback. Wie Rückkopplung unser Leben bestimmt und Natur, Technik, Gesellschaft und Wirtschaft beherrscht. Springer Spektrum Verlag 2015.
de Bono, Edward: Laterales Denken für Führungskräfte. McGraw Hill 1986.
Bumiller, Meinrad/Hübler, Michael/Simen, Joachim: Wissensmanagement in der öffentlichen Verwaltung. Innovationsstiftung Bayerische Kommune und der Bayerischen Akademie für Verwaltungs-Management GmbH 2015.
Eggers, Dave: The Circle. Kiwi 2015.
Enders, Giulia: Darm mit Charme. Ullstein 2014.
Förster, Anja/Kreuz, Peter: Hört auf zu arbeiten! Pantheon 2014.
Gerstbach, Ingrid: 77 Tools für Design Thinker. Gabal 2017.
de Geus, Arie: Jenseits der Ökonomie. Klett-Cotta 1997.
Gillert, Arne: Der Spielfaktor. Heyne 2011.
Glasl, Friedrich: Konfliktfähigkeit statt Streitlust oder Konfliktscheu. Verlag am Goetheanum 2010.
Grolle, Johann (Hg.): Evolution – Wege des Lebens. Goldmann 2008.
Grots, Alexander/Pratschke, Margarete: Design Thinking. http://improjects.uni-koblenz.de/edschool/downloads/DesignThinking-Kreativitaet-als-Methode.pdf
Häusling, André: Agile Organisationen: Transformationen erfolgreich gestalten. Haufe 2018.
Häusling, André: Praxisbuch Agilität. Haufe 2018.
Howard, Pierce J./Mitchell, Jane: Führen mit dem Big-Five-Persönlichkeitsmodell. Campus 2008.
Hübler, Michael: Mitarbeitermotivation. Die neue Lust auf Leistung. Business Village 2014.
Hübler, Michael: Provokant – Authentisch – Agil. Metropolitan 2017.
Keese, Christoph: Silicon Germany. Wie wir die digitale Transformation schaffen. Knaus 2016.
Laloux, Frederic: Reinventing Organizations Visuell. Vahlen 2017.

LITERATUR

Lencioni, Patrick M.: Die 5 Dysfunktionen eines Teams. Wiley-VCH 2014.
Liebermeister, Barbara: Digital ist egal. Mensch bleibt Mensch – Führung entscheidet. Gabal 2017.
Owen, Harrison: The Spirit of Leadership. Führen heißt Freiräume schaffen. Carl-Auer Verlag 2008.
Paulus, Georg/Schrotta, Siegfried/Visotschnig, Erich: Systemisches Konsensieren. Danke-Verlag 2009.
Rademacher, Ingo: Digitalisierung selbst denken. Eine Anleitung, mit der die Transformation gelingt. Business Village 2017.
Rogers, Carl: Die Klientenzentrierte Gesprächstherapie. Fischer 1983.
Rüther, Christian: Soziokratie. Ein Organisationsmodell. Grundlagen, Methoden und Praxis, 2010. www.christianruether.com
Sattelberger, Thomas/Welpe, Isabell/Boes, Andreas (Hg.): Das demokratische Unternehmen. Haufe 2015.
Schätzing, Frank: Nachrichten aus einem unbekannten Universum. Kiepenheuer und Witsch 2006.
Scheller, Torsten: Auf dem Weg zur agilen Organisation. Vahlen 2017.
Scholz, Christian/Zentes, Joachim: Schizo Wirtschaft. Campus 2015.
Schröder, Lothar: Die digitale Treppe. Wie die Digitalisierung unsere Arbeit verändert und wie wir damit umgehen. BUND-Verlag 2016.
Schüz, Mathias: Angewandte Unternehmensethik. Pearson 2017.
Sentker, Andreas/Wigger, Frank (Hg.): Triebkraft Evolution. Spektrum Verlag 2008.
Sommer, Bernd/Welzer, Harald: Transformationsdesign. Oekom-Verlag 2017.
Sprenger, Reinhard: Radikal Führen. Campus 2012.
Stocker und Tochtermann: Wissenstransfer mit Wikis und Weblogs. Gabler 2012.
Surowiecki, James: Die Weisheit der Vielen. Bertelsmann 2005.
Tomasello, Michael: Warum wir kooperieren. Suhrkamp 2010.
Visotschnig, Erich und Volker: Systemisches Konsensieren. www.sk-prinzip.eu/wp-content/uploads/2016/12/Einf%C3%BChrung-in-systemisches-Konsensieren-2.pdf
Walter, Fritz: Appreciative Inquiry. http://www.fritzwalter.com/documents/AI_Mehr_von_dem_was_funktioniert.pdf
Wenzel, Florian/Landes, Judith/Boeser, Christian: Appreciative Inquiry. www.peripheria.de/app/download/10056884/WertschätzendeProzesse.pdf
Wolf, Chris/Jiranek, Heinz: Feedback. Nur was erreicht, kann auch bewegen. Business Village 2015.
Zeuch, Andreas: Alle Macht für niemand. Aufbruch der Unternehmensdemokraten. Muhrmann Publishers GmbH 2015.

zur Bonsen, Matthias: Appreciative Inquiry. www.all-in-one-spirit.de/pdf/artikel_AI.pdf

zur Bonsen, Matthias: Dynamic Facilitation. www.all-in-one-spirit.de/pdf/DynFac_ZOE.pdf

Michael Hübler

ist Mediator, Berater, Moderator und Coach für Führungskräfte und Personalentwickler.
Als Konfliktmanagement- und Verhandlungstrainer zeigt er, wie wertvoll der Schritt von einer „Heilen-Welt-Philosophie" zu einer transparenten, agil-mutigen Führung ist.

Außerdem von Michael Hübler bei metro**politan** erschienen:

Provokant – Authentisch – Agil
Die neue Art zu führen
Wie Sie Mitarbeiter humorvoll aus der Reserve locken
ISBN 978-3-96186-004-3